李明春◎著

简明中国海洋读本

"一带一路"的海洋思考

An Introduction to
China's Oceans

中国出版集团

中译出版社

图书在版编目 (CIP) 数据

简明中国海洋读本："一带一路"的海洋思考 / 李
明春著 . — 北京：中译出版社 , 2018.1
ISBN 978-7-5001-5473-0

Ⅰ . ①简… Ⅱ . ①李… Ⅲ . ①海洋—研究—中国
Ⅳ . ① P7

中国版本图书馆 CIP 数据核字（2017）第 295523 号

出版发行 / 中译出版社
地　　址 / 北京市西城区车公庄大街甲 4 号物华大厦 6 层
电　　话 / （010）68359376　68359303　68359101　68357937
邮　　编 / 100044
传　　真 / （010）68357870
电子邮箱 / book@ctph.com.cn

策划编辑 / 吴良柱　姜　军
责任编辑 / 姜　军　顾客强　刘全银　孙　建　张思雨
封面设计 / 韩志鹏

排　　版 / 北斗东瑞
印　　刷 / 山东泰安新华印务有限责任公司
经　　销 / 新华书店

规　　格 / 710 毫米 ×1000 毫米　1/16
印　　张 / 19
字　　数 / 300 千
版　　次 / 2018 年 1 月第 1 版
印　　次 / 2018 年 1 月第 1 次

ISBN 978-7-5001-5473-0　　　定价：53.80 元

"海上丝绸之路"的思考：
从中国寻找世界　到世界寻找中国

"世界怎么了，我们怎么办？"

今天，构建人类命运共同体合作共赢，实现中华民族伟大复兴的中国梦，是古"海上丝绸之路"给予我们的启示。不被思考的历史是不具有现实意义的。

要想深刻了解和认知海洋，不妨先提出一个发人深省的话题，关于"一带一路"的海洋思考——从中国寻找世界，到世界寻找中国？

先让我们追溯一个既让人难堪，又令人匪夷所思的历史疑问：一个人唤醒了欧洲，为什么却唤不醒中国？

中国元朝时，有一个意大利人，叫马可·波罗，他游历中国后回国，并留下一本记述中国、印度等地见闻的书——《马可·波罗游记》，正是这本被人称为"天下第一奇书"的书为欧洲编织了寻找东方"黄金之国"的梦想。但历史还告诉了我们这样一个事实，几乎与此同时，有一个中国人汪大渊也撰写了一本游历西洋诸国的书，叫《岛夷志略》，然而遭遇的是明朝开国皇帝朱元璋的一纸"禁海令"——寸板不许入海。之后的中国，本来由郑和率先扬起的寻找世界的风帆，悄然地坠落了……

《马可·波罗游记》一书又一次搅动了浩瀚寂寞的海洋，让整个世界变得躁动不安。这部其实很普通的游记，之所以能成为"天下第一奇书"，是因为顺应了当时欧洲人冲破大海藩篱去发现世界的强烈愿望，吊足了人们寻找和获取海外财富的胃口，对欧洲即将迎来高潮的世界大航海起到了启蒙作用。在风帆船时代，航海一直属于冒险家的乐园，猎奇、逐利或为了传播宗教"普度众生"是海上冒险家不可缺少的内在冲动。海上四顾茫茫，随风漂泊，险象环生，生死难料，前途未卜，没有一种置身家性命于度外，渴求财富的欲望或坚定无比的信仰，很难超越极限的挑战。

《马可·波罗游记》一书刺激西方人胃口的除了金银珠宝外，还有中国的丝绸和瓷器，在古罗马时代，东方的丝绸和瓷器就被视为豪华高贵的奢侈之物。

在这样的背景下，哥伦布捧着《马可·波罗游记》，立志远航寻找富庶的东方世界。这位后来被世界誉为伟大航海家的意大利人，出生在热那亚，即马可·波罗在监狱里讲述那些"东方神话"的城市。从小的耳濡目染，使哥伦布萌生了踏着偶像足迹寻找印度和中国的强烈冲动。他为此移居正在展开海上航行活动的葡萄牙，并选择了水手职业，还特意去法国的海盗船上历练了一番，积累航海和应对海上复杂情况的经验。他用马可·波罗叙述、已经人人耳熟能详的"东方神话"，先后游说了几位最有权威也最富有的国王，向他们描述印度和中国的风光、黄金、珠宝、满街的丝绸、香料和美女，极力诱惑国王投资航海，他这样告诉国王：通过航海，您就可以把远在东方的"人间天堂"搬到欧洲来，随之而来的是无尽的财富。

此时的葡萄牙，虽有亨利王子开启远航的先例，并在非洲西海岸大获而归，但统治者并不理睬哥伦布言过其实的夸张。此时的英国、法国也无强烈的远航欲望，没人肯资助哥伦布的航海计划。辗转西班牙后，哥伦布的游说让伊莎贝拉女王听得有些心动了，吩咐一名审查委员会审查其航海计划。那时"地圆说"只是一个猜想，尚无实践的佐证，传说有委员曾这样发问：即使地球真是圆的，向西航行可以到达东方，并能再回到出发的港口，那么必有一段航行是从地球底部向顶端爬坡，你的风帆船如何能够"爬上来"？这让口若悬河的哥伦布一时语塞。加之当时欧洲一些商人和贵族的阻挠，女王只好罢手。

哥伦布并没有因为这些挫折而灰心，后来他通过西班牙皇家一位女司库劝说女王道："哥伦布的航海计划要价不高，即使船毁人亡，血本无归，对皇室来说也损失有限；倘若成功，皇室可获利在百倍之上，女王陛下您何乐而不为呢？"终于，女王被说动了，在1492年8月3日，哥伦布率领一个由三艘小帆船组成的船队，从西班牙巴罗斯港出发开始向西航行。第二年9月，哥伦布再次上路，并误打误撞到了美洲，随后又接连三次来到这块新大陆，无意中完成了对整个美洲大陆的考察和发现。那时，这块陆地还处于原始状态，发现者们的大肆杀戮和劫掠，仍无法满足西班牙已经被刺激起来的欲望胃口。

哥伦布成功发现了一块新大陆，鼓舞了欧洲继续寻找东方神秘国度的热情，很快便有了葡萄牙人达·伽马的横渡印度洋，还有西班牙支持的麦哲伦所完成的环球航行。这两个人从欧洲本土出发，选择的是截然不同的两条航路，最终都如愿以偿地到达了梦寐以求的东方世界，按照西方"发现即占有"的强盗逻辑，他们疯狂抢占殖民地，掠夺和搜刮马可·波罗津津乐道的那些东方财富。

世界航海就是这样的无情，哥伦布、达·伽马、麦哲伦的航海活动，疯狂劫掠被发现与占领的土地，挑起战争，屠杀所到之处的原住民，理应被钉在历史的耻辱柱上，海洋反而成就了他们的伟大。三位航海巨人，成了人类航海史上的三座丰碑。

他们的航海实践，用无可辩驳的事实证明了地球是圆的，同时也发现了人类赖以生存繁衍的地球上，海洋要比陆地广袤得多。过去将人类各自生活的不同地域隔绝开来的海洋，因为航海成了将各民族联系起来的纽带，形成浑然一体的航行体系。由此蓬勃兴起的海上贸易，也将分散在地球各个角落的陆地连为一体，人类的历史自此才称得上真正意义上的世界史。

中国在寻找什么？

当人类文明进入 20 世纪末时，为纪念达·伽马横渡印度洋 500 周年，联合国将 1998 年定为"国际海洋年"，主题：海洋——人类的共同遗产。

这是人类历史的认知吗？那么中国的郑和呢？

1405 年开始的郑和下西洋，早于哥伦布发现美洲 87 年、达·伽马横渡印度洋 93 年、麦哲伦环球航行 114 年。郑和率领的 200 多艘各类船只及近 3 万人组成的编队，先后 7 次往返西洋，时间跨度长达 28 年之久，这些都是欧洲航海家所望尘莫及的。然而 500 多年以后，享受"国际海洋年"殊荣的，为何不是郑和而是达·伽马？

今天我们可以看到这样的事实，当欧洲兴起《马可·波罗游记》热时，与之同期的中国人汪大渊也写了一本《岛夷志略》。然而汪大渊没有这种幸运，遇到的却是冷待。这位元朝时的中国旅行家，曾附舶浮海到西洋，在书中也详细生动地记述了对沿途国家的亲历亲闻，其中描述的异国风情和新奇物产同样引人入胜。然而，这本书在中国被束之高阁，丝毫没有唤起我们民族乘桴浮于海的激情。之后，郑和虽然被公认为世界的大航海家，他所开创的和平友好远航之旅备受世人称赞。但就其对世界的影响而言，仅是昙花一现，只能用"过水无痕"来描述。

20 世纪末，有位美国女作家为写郑和下西洋，曾赴东非一些国家追访大明船队的遗踪。她竭尽全力调动东非人对那次声势浩大的远洋航行的记忆，最终得到的只是从他们老祖宗那里流传下来的一声叹息：曾有一支浩浩荡荡的中国船队，像一片云铺天盖地而来，又像一片云突然消失得无影无踪。梁启超曾说："自哥伦布以后，有无量数之哥伦布，维哥达嘉马之后，有无量数之维哥达嘉马。而我则我郑和之后，竟无第二之郑和。"这是因为在中国人的眼里海洋是"屏障"，而非"宝藏"。

历史本来很公平，曾将世界地理大发现的机遇给了中国，中国却撒手放弃了。何以如此？寻根究底，最直接的责任者乃是小农出身的大明开国皇帝朱元璋，他的一纸"禁海令"延续了好几百年，与中国业已呈现出来的"向海而兴"的轨迹背道而驰，与世界历史发展进程背道而驰。

过去的历史留给我们的思考是沉重的，马可·波罗能唤醒欧洲，汪大渊却唤不醒中国？当我们今天依然为明朝郑和创造的一段航海业辉煌历史而津津乐道时，是否想过就在汪大渊唤不醒国人时，却唤醒了我们的近邻日本？

朱元璋认为中国地大物博，财富取之不尽，告诫子孙休要眼睛向外盯着那些"蕞尔小国"的土地和财富，这自然体现了中华民族不愿侵略别国的美德。但由此形成了锁国心态，以为一切可以无求于人，轻视发展海外交往，拒绝互通有无。当然，偌大一个中国，那时只需养活 4000 余万人口，资源尚可自给自足，似乎没有向海外发展的内在冲动。严格说来，朱元璋本质上还是个农民，他一心向往的农耕经济与海洋贸易格格不入。而他作为封建专制帝王，自然不容许商品经济搅乱士、农、工、商等级森严的社会秩序。

导致朱元璋强令禁海还有一个直接原因，就是当时沿海地区出现的倭乱。据《明实录》记载，洪武四年（公元 1371 年），朱元璋正式颁布禁海诏令："禁濒海民不得私出海。"此后，每隔两三年颁一次诏，"禁濒海民私通海外诸国""禁通外番""申禁海外互市"，还撤了闽、浙、粤等地接待外商的市舶司。后来又将下海捕鱼也列入禁止范围，直至最终禁到造船，终至"片板不许入海"。

朱元璋以开国之君的威权，将其写进"祖训"，提升为既定国策，并且纳入"大明律"，使之制度化和法律化。严厉告诫子孙："有违祖制者，一律以奸臣论处。"由此，海禁便一直贯穿大明朝 200 余年的历史之中。

物极必反，朱元璋之后，明成祖朱棣是一位具有雄才大略的继承者，因而才有了郑和这一幸运儿。朱棣即位以后，目睹禁海已严重损害大明朝在海外的威望，一些比巴掌大不了多少的国家都敢扣押、拦截往来中国的使者和物资，毅然决定派出庞大船队重新恢复海上秩序，按他的说法是"耀兵异域，示天下富强"。然而，郑和航海始终笼罩在朱元璋禁海的阴影中，脖子上总架着一把"违反祖制"的刀子。朱棣尽管积极推动海外交往，是郑和下西洋的发动者、组织者和支持者，但他也只是隐约意识到了航海与维护大明天朝的安全和尊严有某种微妙的关系，可以断言他脑子里根深蒂固的仍是历代封建帝王向往的"万国来朝"的虚荣，并未真正弄懂海洋于国于民的重要关系。

正是由于这个原因，郑和下西洋从一开始就潜藏着一个致命弱点，航海既是一项勇敢者的事业，也是一个需要有无比巨大的经济实力支撑的事业，郑和所进行的朝贡贸易，按照历朝历代的传统，他国"薄来"、中国"厚往"以示天恩，资金出多进少，入不敷出。这虽然体现了中华民族扶助弱小的美德，在一定意上培育了国家的软实力，然而没有上升为国家战略。朱棣去世后，失去主心骨的群臣便在诸多争议下将下西洋列为"弊政"，致使继位的朱高炽断然宣布"永罢远洋航行"。

朱棣的孙子明宣宗朱瞻基尚有一丝乃祖遗风，即位之后，发觉海外交往太过冷清并非国家之福，又命郑和重整旗鼓下西洋。这次郑和死于此行的归途，葬身印度洋，随后明宣宗也驾鹤归西，整个远洋船队随即烟消云散，花重金建造的"郑和宝船"也任风雨剥蚀成了一堆引火之物。成化年间，有人偶尔提及永乐下西洋的往事，竟引发一些朝廷官员的惊惧，兵部侍郎刘大夏干脆将郑和积累的航海资料一把火烧成灰烬。正是这一把大火销毁明朝航海档案的事件，留给了今天一大历史谜团，也留给后人无尽的思索。

今天我们在思索历史时，无法逃避人类文化进程中的哲学现象，在自然界，对于脊椎动物来说，正常情况下是不食同类的，若食同类就意味着某一种自取灭亡。但是物种演进还有一个法则，即物竞天择，这是一条弱肉强食的法则。生命的延存并不在于一时的强盛，而在于演进策略的优胜。

世界为什么要寻找中国？

今日，在阿姆斯特丹运河出海口，依然保留着一艘中世纪的海船，据介绍是哥伦布时代远渡重洋的船只。那船并不大，载重量也很有限，船头、船尾和左右舷却布满火炮，完全是一艘攻击型的舰船，本地人毫不隐讳地称之为"海盗船"。这让人感慨万千，不禁想：从哥伦布的海上征服和劫掠，到当年欧洲大航海的动机及支撑这场大航海运动经久不衰的动力是什么？

当年的欧洲大航海是源于赤裸裸地追求物质财富的欲望，一定会让讲究"君子喻于义，小人喻于利"的中国士大夫阶层感到不齿。哥伦布在日记中这样写道："黄金真是个美妙的东西，谁有了它，谁就可以为所欲为。有了黄金，甚至可以使灵魂升入天堂……"难道仅是这种追求经济利益的直接动因，使得世界航海大潮一浪高过一浪，即使船毁人亡，仍然前赴后继吗？他们在美洲进行充满血腥的抢劫，在亚洲展开欺行霸市的不平等贸易，在非洲甚至从事贩卖奴隶的罪恶生意，让所有受害国民众至今记忆犹新。但欧洲列国的资本主义生产关系，也就这样随着它们在海外的殖民体系一起建立了起来。正如马克思所说："美洲金银产地的发现，土著居民的被剿灭、被奴役或被埋葬于矿井，对东印度开始的征服和掠夺，非洲变成商业性地猎获黑人的场所：这一切标志着资本主义的曙光。"

马克思曾阐述了自然与社会发展进程两个方面的问题。从科学演进的角度来说，自然科学与社会科学是一对孪生姐妹，科学的探索与发现往往会伴着政治目的一起前行。回顾西方列强的海洋探险历程，我们不难看出：历史的进步有时会孕育在无耻、野蛮、残酷和血腥中。而导致东、西两个半球文明交会和世界历史由分散走向整体的大航海运动，并非西方文明进程中的偶然事件，而是社会生产力发展、科学技术进步和世界居民朦胧觉醒，横空出现的一道历史需要迈过的门槛。

无论是中国还是欧洲，对于当时正在不断累积的资本主义元素来说，田园经济狭窄的地域环境，局限于小国寡民的商品交换都成了无法忍受的桎梏，冲破大海藩篱去广阔空间寻求发展已是时代的迫切愿望。欧洲因为有了不顾一切积累财富的强烈冲动，在大航海中强势迈过了这道历史门槛，率先用近代文明取代了中世纪的愚昧和落后。

还有一种现象很难说是巧合，欧洲的大航海与其文艺复兴几乎是前脚跟后脚出现的事。在15世纪、16世纪的欧洲，有许多看起来纷繁杂乱的前所未见的事物都带有航海和地理大发现的影子，这些给欧洲带来了生活秩序的变化，对人们思想观念产生了巨大冲击。

生存问题对那个时代的欧洲人来说，首先意味着要按照自己的强势意志去征服海洋，而征服海洋的过程也在大幅度改变欧洲的人文环境。大航海全面激活了西方人的智慧，各类自然科学和人文科学领域的探索不可思议地出现大突破，近代思想家和科学家争先恐后诞生在这片土地上，许多直到现在还拥有难以磨灭的光芒。

大航海既给工业革命提供了物质基础，也对工业革命提出了极为迫切的需求。更重要的是，从整个人类历史的进程来看，大航海开启了欧洲人的海权思想的新时代，人类活动的舞台从封闭的大陆转向开放、连通的海洋，改变了东、西两个半球被海水分割开来的格局，也改变了原来大陆各区域在封闭状态下踽踽独行的局面。大航海引发的商业革命，通过以西欧为中心的世界贸易网把地球上分散在各地区的经济联系起来，形成了资本主义的世界市场。同时，也将所有的国家和地区都卷入了优胜劣汰的世界性竞争之中，弱肉强食的世界性战争，不管你愿意不愿意都无法逃避。

历史没有假设，试想，如果世界大航海时代中国没有缺席，文艺复兴出现在中国这个具有五千年文明史的国度，那么今天的世界会是什么样子？

回头看当时的中国，唐宋时期海外贸易的成长，已经开始孕育孵化了纵横海内外的商品经济。在宋代，经商者只要在官府挂个号，照章纳税便可以自由出海，一度使私人海外贸易成为对外贸易的主体。还因此带动了造船、航海及其他相关产业的进步及科技水平的迅速提升。到了南宋时候，市舶收入已经成为国家财政的重要支柱，有效弥补了农业税收的不足。宋高宗因此说："市舶之利，颇助国用，宜循旧法，以招徕远人，阜通货贿。"

明代小说家凌濛初有一篇脍炙人口的短篇小说《转运汉巧遇洞庭红》，说的是主人公是一位"无心插柳柳成荫"的海外经商者。这个名叫文若虚的读书人，见别人经商获利眼红心热，毅然放下书本去做生意。他起初很不走运，无论怎么折腾都是"赔本赚吆喝"，几近囊空如洗。有朋友劝他趁朋友驾船去海外做生意时一同随船搭载外出散心。他临上船见太湖洞庭出产的橘子甚是便宜，随手掏出一把散碎银子买得几筐"洞庭红"，以备海途解饥渴。不想，海外一个国家视这橘子为稀罕物，一再抬高价钱也挡不住争先恐后拥过来的买主，这让他连本带利赚回不知多少倍的银两。回程中他舍不得抛出赚来的银子趸货，只带回当地人弃置海边的一只空龟壳，又被来中国经商的波斯人点破，龟壳内有十数颗夜明珠乃无价之宝，让其一跃成了富商大贾。这故事既反映了那个时代出海经商者的生活轨迹，也道出了那个时代人们出海经商的热切心声。

中华民族虽然已经走出了对海洋的恐惧，但在中国这块背负沉重积淀的黄土地上，海上商品经济的嫩芽太过脆弱。明太祖朱元璋的一纸"禁海令"，掐灭了海上贸易的发展势头，在其阴影下的远洋航海也霎时消失了帆影。历史学家评价，欧洲在海上崛起的时候，亚洲却在沉睡。落下郑和远洋风帆之日，即是中国进入沉睡状态之时，原本独领风骚的造船技术，船尾舵、水密舱、多桅帆停滞不前，打造长 44 丈、宽 18 丈郑和宝船的奥秘也因之失传，至今也难以完整复原，当自动航行的机器船取代风帆船的时代来临时，中国落伍了。中国四大发明之一的罗盘，被欧洲人用于了航海，而我们则停留在看风水时定位。

明万历年间，利玛窦等欧洲传教士踏海而来，曾经给了中国人一次警醒。他 1577 年参加耶稣会被派往远东传教，先在印度和越南布道，随后至中国继续传教，万历十年（公元 1582 年）抵达澳门。次年，获准入居广东肇庆，随后移居韶州，后由南昌、南京辗转到达大明京师。他在中国一直行事低调，小心翼翼避免冒犯中国人目空一切的自尊，有意迎合各级官僚的自傲和虚荣，博得了一些好感。而其真正的拿手好戏，是端出欧洲的科技产品，满足了与世隔绝的中国人的好奇心理。他在南昌拜见江西巡抚陆万垓，展示三棱镜、钟表和欧洲记数法时，众官员见所未见，闻所未闻，一个个惊奇得张开嘴巴。他来到北京，向万历皇帝进呈自鸣钟、《万国图志》、大西洋琴等耳目一新之物，还成功地预测了一次日食，让明神宗朱翊钧开了眼，龙颜大悦，敕居北京。

利玛窦在北京和南京时，以自己的学识吸引了当时中国精英分子的注意，明代著名科普著作家徐光启，同他一起将欧洲的《几何原本》翻译成中文。许多中文词汇，如点、线、面、曲线、曲面、直角、平行线、三角形、多边形、圆、外切、几何、星期以及汉字"欧"等，就由他们联手创造并沿用至今。按理说，包括万历皇帝在内的政坛高层，面对科学知识和技术上如此巨大的落差应当有所触动。无奈远离世界海洋的滚滚浪涛，闭关锁国的狭窄视野，无法从根本上打破自古传承下来的"中国中心论"。用"中华上邦"的高傲眼光俯视，所有那些皆为"奇技淫巧"，不过聊博一笑。利玛窦未能惊醒沉睡的万历皇帝本人，也未能惊醒沉睡的中国，难道就是因为"中华上邦"和"奇技淫巧"这么简单吗？

在利玛窦之后，荷枪实弹的欧洲殖民者接二连三地来到马可·波罗描绘的金色梦境里，而在农耕经济和封建制度古老驿道上徘徊不前的中国，此时已经让一些欧洲人觉得可以像对待美洲和非洲土著那样对待中国人了。

1574 年 1 月 11 日，西班牙人给他们国王上书说："如果陛下乐意调度，只要 60 名优良的西班牙士兵，就能够征服中国。"1576 年 6 月 2 日，西班牙驻菲律宾总督桑德在给国王的信中说："这项事业（指征服中国）容易实行，所需的费用也不多。"

十年后的 1586 年 4 月，西班牙驻马尼拉殖民政府首领、教会显要、高级军官及其他知名人士聚集马尼拉，专门讨论征服中国的方案。据说与会者草拟了一份包含有 11 款 97 条内容的备忘录，由菲律宾总督和主教领衔，纠集 51 位显贵联名签署并上报西班牙国王。这份文件还特别提到战争中应注意的问题，派出的兵力数量不能太少，同时又要谨慎地选择远征的人选，改变以往过于野蛮的侵略方式，切不可因滥杀平民而使中国人口减少，因为"人口减少就意味着财富的损失"。在侵占中国后，仍应保留中国政府，以保持它的繁荣和富裕。因此，所有参加远征的人都应当明白，这次远征并不是去对付我们的敌人，而是去征服那里的人心，以获取财富。进入中国之后需采取谨慎和温和的方式，"不能对中国民众犯下太多罪行……"

是有幸还是不幸？这次预谋已久足以促使中国从沉睡中猛醒的"温和侵略"并没有发生。西班牙的"无敌舰队"在赴中国之前，先进行了一场远征英国的战斗。1588 年 5 月，"无敌舰队"从里斯本扬帆起航，英、西两军在靠近英国本土的海上展开激战。此时的"无敌舰队"共有舰船 134 艘，实力远在英军之上，只因海上情势变化莫测，加上西军傲慢轻敌和纪律涣散，整个舰队竟被打得七零八落。此后，荷兰从西班牙统治下获得独立，国力不断上升，很快成为西班牙在亚洲强劲的竞争对手。荷兰殖民者斯佩伊贝格口吐狂言，要"派遣一支舰队和武装力量，直接到菲律宾进攻在那里的西班牙人"。英、荷两国虎视眈眈，让西班牙自顾不暇，那个侵华计划被一再推延，直至流产。在后来西方列强侵略中国长长一串黑名单中，西班牙也因此没有排到主角的位置上。

　　在北京，至今还保留着一座利玛窦墓，它给国人留下的是一段五味杂陈的历史，而留给我们更多的是对逝去的历史的无穷回味。中国从寻找世界到被世界寻找，竟会出现如此巨大的历史反差，中国寻找世界带去了多赢互利的"丝绸之路"，欧洲寻找中国带来的却是列强的野蛮侵略。事实说明，在那个世界由中世纪向近代文明转型的关键时期，一个国家一旦失去寻找世界的兴趣，也就失去了继续前进的活力。中华民族这个积累了数千年文明的古国，在大西洋滚滚而来的波涛冲击下竟不堪一击，蒙受了一连串的国难和国耻。

　　拿破仑说：中国？那是一头睡狮，千万不要让他醒来。

　　走向海洋，中国准备好了吗？

李明春

2017 年 5 月 12 日于青岛

目　录

导　语

中国有句成语：望洋兴叹。

这不由得让我们想问，古人面对沧海究竟在叹什么？

沧海茫茫，浩瀚无际。时而风和日丽，波澜不惊，帆樯渔影；时而潮涨潮落，狂风大作，怒涛汹涌……

神秘的海洋，即使是今天，人们对其也存有许多不知，古时以来便遗留下悬而未决的"川谷何泻，东流不溢，孰知其故"的"天问"实属自然，不足为奇！

这是因为，海洋与陆地相比，人们绝不像对陆地那样有着须臾不可离开的亲密与依赖。因此，也就不会有那种特别的依恋与深情，这是人类爬上陆地后对海洋的最大背叛。

但是，大自然的造物事实仍在无情地告诉我们，海洋是生命的摇篮，风雨的故乡。

其实，生命、伦理、感知、陆岸、城居、食物、天灾、人祸、远行、经略、自强，自从人类文明产生如此概念，这些便如魔咒般缠绕在人类的演进历程中。因为，这些是一条锁链，或是一种法则，或是一种逻辑而让人类无法摆脱，海洋亦是如此。

海洋，人类共同的家园。

中国海，华夏江河归宿之海。

渤海，是生命之根勃起之海；黄海，是中华儿女肤色之海；东海，是古陆延伸沉睡之海；南海，是血脉相承唇齿之海。

亘古以来，海洋，渔盐之利，舟楫之便，引多少豪杰称雄，毁无数志士梦想。

中国海有过亿万年沧海之痛，有过千万年桑田之砺；有过千年辉煌，有过百年屈辱。

感恩海洋！关于海洋，关于中国海，我们知道多少？

第一章　自然海洋

什么是海洋？

科学定义：海洋是地球上广阔水体的总称，海洋的中心部分称作洋，边缘部分称作海，彼此沟通组成统一的水体。也就是说地球表面被各大陆分隔的广大水体即是海洋，其总面积约为 3.6 亿平方千米，约占地球表面积的 71%，平均水深约 3795 米。

海洋是地球上物种的生命之源，人类从未放弃对海洋与生命形成的探索，这便有了科学认知，研究其内在的成分、结构与变化规律而形成了自然科学。然而，在对海洋的研究中如果仅是孤立地唯科学论显然有失偏颇，这正是因为海洋是物种生命之源。作为生命，无论是哪一物种以何种形式生存，其基因传承与生命繁衍都是在自身适合的自然环境和条件下延续的，这种自身的延续存在着一种伦理关系。物种伦理完全依赖于本体生命适宜的环境条件而存在，如果适宜的环境条件改变，物种本体生命的伦理延续将会随着环境条件的改变而改变，这相对于物种来说对自然环境是否派生出了另一种伦理关系呢？这种伦理关系不妨称为自然伦理，它要提示的便是在研究海洋自然规律中对于物种生命本体延续过程中同时派生出的海洋伦理关系不可偏颇。

中国位于太平洋西岸，拥有渤海、黄海、东海和南海，自古便是世界上的一个临海大国。

盘古开天，精卫填海，八仙过海，从神话到现实，中国海在沧海桑田、物竞天择的演进过程中都经历了什么？

今天，我们对海洋又应该了解和认知些什么？

第一节　海洋与人类

中国有这样一个神话传说：在很久很久以前，整个宇宙并不像现在这样明朗清晰，而是混混沌沌的，像个大鸡蛋。就是在这个鸡蛋里，孕育了一个伟大而神奇的生命——盘古。也不知道过了多长的时间，盘古渐渐地长大了，他不喜欢眼前这个黑暗、混沌的世界，于是他找来先天金石之精——斧。他举起斧头，用尽全身力气，将这一团混沌之气一分为二彻底劈开。随后轻的气向上漂浮成了天；重的气向下沉淀成了地，从此便有了天地之分。盘古担心天地有一天会合在一起，就用手托着蓝天，脚踏着大地，将天地支撑起来。天地每升高一丈，盘古也增高一丈，这样大约过了 1.8 万年，天已经升得非常高，地也变得特别厚了，开天地的盘古却累倒了再也没有起来。

盘古临死的时候，身体的各个部分分别化作天地万物——日月风云、山川湖海、良田沃土、矿藏宝物等，从此一个美好的世界诞生了。

又过了几万年，天神女娲来到这块土地上，看到眼前这块充满生机的世界，女娲被吸引住了。可是她感到这个世界太过寂静，便随手拾起一块湿泥巴，仿照自己的模样捏了个小泥人。没想到，这个小泥人竟然活了。女娲兴奋不已，赶紧又捏了几个……于是天地之间便有了人类。

女娲团黄土造人，这也是一个动人的神话。那么，人类究竟是从何而来的呢？

地球生命的进化这样证明：人类从远古走向了现代，从蒙昧走向了文明。科学告诉我们：地球上有了生命之后才诞生了人类，而生命的诞生源于水。

我们祖先的智慧不可思议，一个"海"字告诉了后人生命的真谛。

一个"氵""人""母"组成了"海"字，这个"海"字十分直观地告诉了我们水是人之母。

对于生命，英国著名生物学家赫胥黎哲学地解释称生命是"有灵性的反物质结构"，那么究竟什么才是生命？

科学的定义是：生命泛指有机物和水构成的由一个或多个细胞组成的一类具有稳定的物质和能量代谢现象，能回应刺激，能进行自我复制（繁殖）的半开放物质系统。

今天，随着科学认识的深入，生命新的定义的要点是：有机能代谢，能回应刺激，能自我繁殖。那么最初人类的生命之源又在哪里？

显然，在地球上，海洋是最大的水库，因此说海洋是"生命的摇篮"。

最早出现在海洋中的菌类和蓝藻是古海洋中的主人。随后，能光合作用的藻类大量繁殖，它们不断地消耗二氧化碳，产生氧气，为其他生命的出现创造着条件。直至达尔文《物种起源》一书问世，生物科学发生了前所未有的大变革，这就是现代的化学进化论。

生命的起源是一个亘古之谜。地球上的生命是怎样产生的？它产生于何时何地？它又是以什么样的方式产生的？这些问题一直在困惑着人类。

自古以来，对于人类生命起源的神话传说有很多，最著名的是这两种学说：一种是西方的创世说，一种是中国的盘古开天地说。

这些说法，对于科学来说也许都过于苍白。生物学家解释：对于一种生命，水是新陈代谢的重要媒介，没有水，生命体内的一系列生理和生物化学反应就无法进行，生命也就停止了。显然，水是生命产生的最为首要的条件。

在生命的起源问题上，人类走过了一个十分漫长的认识过程。达尔文帮助人们弄清楚了物种起源之谜，他创立了一门进化论的学说来阐述包括人类在内的各种生命起源的问题：最初的生命诞生于海洋，陆生脊椎动物起源于远古海洋鱼类。他毫不含糊地指出：人是从古猿进化而来。这一论断在当时引起了全世界的轩然大波，但最终大多数人还是接受了这一学说。

英国生物学家赫胥黎在1893年于英国牛津大学的一次讲演中对物种的进化这样描述："宇宙的最明显的属性，就是它的不确定性。它所表现的面貌与其说是永恒的实体，不如说是变化的过程，在这过程中除了能量的流动和渗透于宇宙的合理秩序之外，没有什么东西是持续不变的。"

正是基于这种认识，他在讲演中表示："我们对于事物本质认识得越多，也就越了解到我们所谓的静止只不过是没有被觉察到的活动；表面的平静乃是无声而剧烈的战斗。"因此可以说，这种表面的平静乃是无声的战斗，无时不发生在浩瀚的海洋里。

人类对物种起源的争论从未间断过，1960年，英国人类学家爱利斯特·哈代教授又一次爆出了冷门，他提出了轰动世界古人类史学界的"海猿说"。他说：陆地猿在走出森林并成为狩猎猿之前，曾经历过长期的水中生活而成为"海猿"。

哈代教授的"海猿说"虽然多少给人以突兀感，但也绝非空穴来风，信口雌黄之说。

经过对历史的多年研究后，哈代教授推断：大约在400万~800万年前，海水侵入非洲东北部的大片陆地，迫使生活在那里的古猿不得不下海谋生，日复一日逐渐进化成海猿。久历沧桑巨变的海猿为了更好地生存，慢慢学会了两足直立、控制呼吸等本领，从而为日后发展的直立行走、解放双手、发展语言、交流思想等大大不同于其他灵长类动物的进化步骤，创造了极为有利的条件。

哈代教授进一步提出：人类的种种生理结构和生理机能都表明，人与水兽而不是与灵长类动物有着更为密切的联系。

1871年，达尔文在出版的《人类的由来及性选择》一书中提出了"非洲是人类的摇篮"的观点。对于"人类的摇篮"还有"南亚说""中亚说""北亚说"以及"欧洲说"。这缘于"人类的摇篮说"随着人类化石的不断出土而摇摆于各洲，科学家较多支持的是"非洲起源说"。但近年来通过对新发现的化石分析，越来越多的证据表明，人类的起源地是亚洲。

中国位于亚洲大陆的东端，太平洋的西岸。

理论上来说，人类的起源过程分为三大阶段：古猿阶段、亦人亦猿阶段和能制造工具的人的阶段。

人类进化的过程昭示了这样一个事实：海洋首先孕育了生命，人类和其他哺乳动物的远祖都曾在海中栖息繁衍、生活进化，海洋给人类留下了永远难以磨灭的印痕。

然而海洋不满足于仅仅给生命以永恒的印痕，因为如此并不足以道尽海洋与生命的种种奇妙关联。

当生命还仅仅处于胚胎的状态在海洋里孕育生长的时候，海洋中的养分、海洋的灵秀就已深深地涌入生命之中，并一直保留到了今天。原始生命在海洋中诞生、演化、生活了相当长的时间后，开始逐渐向陆地迁移，到了约5.2亿年前，植物开始了艰难的登陆过程。所有迁移到陆地的生物，却无一例外地把诞生地的海水带到了自己的体内，并世代相传。

今天，通过现代的医学仪器，我们可以清晰地观察到这样的事实：胎儿在母体羊水中的发育，宛如自由自在生活在海水中的鱼儿。让人不可思议的是，人的胚胎在发育到一个月的时候，颈部的两侧居然也长着许多"鳃裂"。

这一明显的"鳃裂"现象，自然也是海洋的杰作，是海洋留给人类生命的印记。鳃是鱼类在海中赖以生存的重要器官，正是通过鳃裂，鱼类才能过滤水流中的空气，以供自己呼吸之用。

解剖学家认为，人的胚胎"鳃裂"现象意味着人类与鱼类具有某种亲缘关系。这说明人类与鱼类一样都起源于水中，人类的远祖也曾经有过鳃，虽然后来逐渐退化消失，但终究还是在人的胚胎早期留下了一道抹不去的印痕。毫无疑问，所有的这些现象都是一种生命源于海洋的象征。

这是科学的结论：人体的约70%是水分，构成了人体内部的"海洋"。这水在人体内循环往复，昼夜不止便如海水周流全身，生生不息。

亿万年来，太平洋之水波涛汹涌，延伸至中国大陆边缘有了南海、东海、黄海和渤海。人类的祖先在生命诞生后，经过漫长岁月的进化，从海中走上了陆地，在大海的沿岸开始了日出而作、日落而息的群居生活。

中国人常说：血浓于水。这话看似简单，其实有着可靠的科学依据，水在人的体内汇集，而血是水在人体内的浓缩。这也许就是我们的古人在几千年前对大海最早的感知。

苏联学者夫·弗·杰尔普戈利茨经过科学测定后，列出了海水与人类血液中化学元素对照表，指明：人类与海洋有着种种天然的亲和，海水与人的血液中的化学元素的含量比例非常接近，这绝非偶然的巧合，而是海洋在人类身上的遗传。

我们的祖先在创造"海"字的同时，还创造了"晦"和"悔"字。当"晦"字用于海洋时，凸显了海洋是神秘莫测的晦暗深渊。当人类再次面对这晦暗的深渊时，我们是否可以展开想象的翅膀，穿越历史的时空隧道，回到史前那遥远的年代，去猜测和感知当初"海猿"离开神秘莫测的海洋走上陆地后，是否开始从心里后悔了呢？悔恨自身为什么要从海洋走上陆地呢？

地球充满了神奇，同时也充满了无奈。对于人类，神奇也好，无奈也罢，地球依然按照大自然自身的规律前行。人类能做的只能是：敬畏海洋，尊重生命，物竞天择。

自然海洋在沧海桑田的变迁中演进着生命的历程，续写着地球生命的年轮。

第二节　海与洋

什么是海？

海的定义：海洋的边缘附属部分，只占海洋总面积的9.7%。海的水深较浅，平均水深一般都在2000米以下，甚至只有几十米水深。海与陆地相接，受陆地影响大，海洋水文要素随季节变化大，海流有自己的环流形式，但潮汐和洋流系统受大洋流系和潮汐的支配。

什么是洋？

洋的定义：海洋的中心主体部分称为洋，约占海洋总面积的90.3%。洋的深度大，平均水深一般都在2000米以上。大洋有独立的洋流和潮汐系统，远离陆地，受陆岸影响小，海水温度、盐度等水文要素比较稳定。

海与洋之间彼此连通，共同形成世界统一的海洋整体。

海，对于中国来说，大陆版图的东部边缘被一大片浩瀚的蓝色海水所包围。这一大片海水分别被称为渤海、黄海、东海和南海，这就是统称的中国海。对于中国海的形成，地质学家这样描述：原为陆的是渤海、海陆交替的是黄海、埋藏古陆的是东海、与陆有缘的是南海。中国四海的名称说来很有意思，南海因位居华夏之南而得名南海；东海因位居华夏之东而得名东海；黄海因古黄河由今江苏苏北入海，使海水泛起黄色而得名黄海；渤海古称"渤澥"，夏代称"薄姑"，《史记》作"渤懈"。

中国有了四海，那么四海是怎么分界的呢？渤海与黄海的分界线为辽东半岛南端老铁山角经庙岛群岛至山东半岛北端蓬莱角连线；黄海与东海的分界线为长江口北岸江苏启东角与韩国济州岛西南角连线；东海与南海的分界线为台湾岛南端与闽粤两省交界处连线。这种界线的划分科学家解释是根据水文地理特征划出来的。

洋，对于地球来说是由太平洋、大西洋、印度洋和北冰洋组成的。

太平洋：面积最大、海水最深的大洋，也是边缘海、岛屿、海沟最多的大洋。位于亚洲、大洋洲、南极洲和南、北美洲之间。

太平洋东西最长约两万千米，南北最宽1.55万千米，洋域面积约为1.8亿平方千米，占世界海洋总面积的49.8%，占地球总面积的35.2%，容积约为7.2亿立方千米，平均深度约为4000米，最大深度（马里亚纳海沟）达10920米，是目前已知世界海洋的最深处。

大西洋：世界第二大洋，被称为最狭长的海洋。

位于欧洲、非洲与南北美洲之间，南抵南极洲，北以冰岛和法罗岛海丘与威维尔—汤姆森海岭与北冰洋为界；西南以南美洲南端合恩角的经线与太平洋分界；东南以非洲南端厄加勒斯角的经线与印度洋分界，呈"S"形轮廓分布。

大西洋南北长约1.6万千米，东西最窄仅2400余千米，总面积约9336万平方千米，平均深度约3600米，最大深度为9218米（洋中部的西缘波多黎各海沟），占海洋总面积的25.9%。

印度洋：世界第三大洋，也是地质年代最年轻的大洋。

印度洋位于亚洲、大洋洲、南极洲与非洲之间，北部封闭，南部开放，西南以非洲南端厄加勒斯角的经线与大西洋为界，东南以塔斯马尼亚岛东南角至南极大陆的经线与太平洋为界，东北角自马六甲海峡北段沿苏门答腊岛、爪哇岛、努沙登加拉群岛南岸到新几内亚岛南岸的锡比迪里，越过托雷斯海峡与澳大利亚北端约克角的连线，与太平洋为界。总面积约7492万平方千米，平均深度为3897米，最大深度为 7450 米（爪哇海）。

北冰洋：世界最小和最浅的大洋，冰的大洋。

北冰洋位于地球最北端，为亚欧、北美大陆和格陵兰岛所环抱。在亚洲与北美洲之间有白令海峡与太平洋相通；在欧洲与北美洲之间以冰岛—法罗岛海丘和威维尔—汤姆森海岭与大西洋分界，并有丹麦海峡和史密斯海峡与大西洋相连。

北冰洋面积约 1310 万平方千米，平均深度为 1296 米，最大深度为 5449 米（格陵兰岛东北部）。北冰洋略呈椭圆形，表层广覆着平均厚度约 3 米的冰层。

北冰洋分为欧洲海域（包括挪威海、格陵兰海、巴伦支海和白海）和北极海域（位于斯瓦尔巴群岛、亚欧及北美大陆与加拿大北极群岛和格陵兰岛之间）。

对于世界海洋来说，人类对海洋的探索经历了漫长的涉海实践与认识过程。早期如丹麦、英国、法国、意大利、西班牙、葡萄牙等国和地中海区域（古希腊、古罗马）人类的涉海实践，中世纪欧洲和其他区域（阿拉伯、非洲、印度洋地区、大洋洲、东南亚、北极地区）人类的涉海实践。之后，缘起于欧洲的海上探险，使人类对海洋的认识进入了地理大发现时代。

地理大发现始于 1480 年，至 1780 年完成。期间最大的贡献是，1492 年哥伦布发现新大陆，1768~1779 年库克 3 次世界航行，揭开了地球上最大水域的地理秘密。在地理大发现时期，随着海洋探险的进程逐渐出现了科学探索海洋的萌芽，这为科学认知海洋奠定了坚实的基础，从而揭开了人类科学认识海洋的帷幕。

在生命诞生之后的很长时间，地球上才出现了人类，从此在这个蓝色的星球上，人类一直占据着独尊的地位。

人类生存的星球是蓝色的，因为地球的表面大多为海水所覆盖，在这个蓝色星球上除了陆上的世界外，还有一个人类目前难以深入涉足的海洋世界。在这个神秘的世界里蕴藏着世界上几乎所有的物质，孕育着地球上绝大部分生命，并以极为特殊的形态与形式主宰着人类未知的另一个世界。

人类想深入涉足那个蓝色神秘的海洋世界，渴望探知那个缤纷世界里的生命及其一切，因此最初的海洋科学意识诞生了。

在人类独尊的历程中，对于这个蓝色星球的认识，有着西方人种和东方人种间从未间断的博弈，而东、西方人种在博弈中对海洋的认知与冒险也有着完全不同的两种态度。

1840 年和 1856 年，英国人在两次对中国发动鸦片战争的同时，并没有放弃对海洋科学研究的不懈努力，他们深刻地懂得海洋不仅是通往世界各国的便捷通道，更具有特殊的政治、经济与科学的价值，要想实现对这些价值的追求，科学研究必不可少，并将会主导这些价值实现的方式与方法。

1872 年 12 月 21 日，英国"挑战者号"海洋科学考察船从朴次茅斯港起航了。

1876 年 5 月 24 日，"挑战者号"结束了海上考察返回了英国。这次历时近 4 年的历史性考察获得了空前的成就，不仅为世界现代海洋地质学研究奠定了基础，而且为唯物论世界观的形成和发展起到了巨大的推动作用，对各种解释海洋演变的唯心论、迷信观点进行了有力的抨击。"挑战者号"的发现，为地球上沧海桑田变化的研究，特别是在陆地上寻找已消失的古海洋提供了依据。

11 年之后，世界著名的奥地利地质学家修斯的年轻助手尼曼尔利用"挑战者号"考察的结果写成了《历史地质学》一书。随着之后的不断发现，濒临地中海的阿尔卑斯山成为欧洲乃至世界现代地质学的研究"圣地"。如果"挑战者号"的考察对于科学是重大的发现，那么对于西方强权者是否还蕴含着另一种野心呢？

地中海，这个处于欧、亚、非大陆之间的陆间海，被称为"上帝遗忘在人间的脚盆"。就在"挑战者号"进行海上考察的同时，修斯发现了古地中海遗址，古地中海是人类海洋文明的摇篮，而古地中海就蕴藏在阿尔卑斯山、喜马拉雅山等大山中。阿尔卑斯山和喜马拉雅山在遥远的地质时代脱离了古地中海的怀抱被抬高出来，在科学上犹如两座不朽的纪念碑，无时不在向世界吟唱着古地中海的挽歌。

▌ 第三节　海岸带

海岸带（又称滨），指海洋与陆地相接触的地带。

它一般是在水面和陆地接触处，经波浪、潮汐、海流等作用形成。在海滨向陆地一侧包括海崖、上升海成阶地、陆侧的低平地带、沙丘或稳定的植被地带。

海岸作为海水运动对于陆岸作用的最上限，其生态系具有复合性、边缘性和活跃性的特征。在这一地带生存的人，无论是城市、乡镇还是村落，这一区域都是生养他们的土地。这些逐渐形成并散布的城乡和村落成为人们群聚的载体。

古时以来，海岸地带初有村落，由于其特殊的地理条件和资源优势而持续发展成为城镇，进而快速发展成城市或都市。

古时称城镇为城郭，那时的城镇虽然规模没有今天这样大，但同样是我们先民定居的家。城郭中，城指的是内城的墙，郭指的是外城的墙，它们合起来一般泛指城市。沿海的一座座城镇有别于内陆，它们最大的特点就是可以让人们从这里走向大海。

一座城市的形成一般具有这样几个必备的条件：地气、人气和商气。地气是指优越或特殊的自然地理条件或特殊的地理位置；人气是指人群群居的时间与规模；商气是指商旅的繁茂程度，对于海岸地带来说这三个条件得天独厚。

我国沿海乡村、城镇、城市的形成与发展，正是得益于以上几个必备的条件而兴。一般说来，原始村落的雏形往往都是人群为了寻找生存的安居场所，而自然而然地集聚到了一起，由少至多逐渐形成，或是发展，或是消亡。还有一种则是人为的原因，或是商贾集散重地，或是军事要塞，或是海口门户等由行政权力干扰而形成，结果同样是随着历史的进程，或是繁荣，或是衰败。

例如，在距今 6000 年至 3000 年左右成陆的上海西部地区，考古发现东起闵行的马桥，西至金山区西部的金山坟，南起金山区的戚家墩，北至青浦区的福泉山、崧泽等地都曾出土过新石器文化遗址。与新石器共存的还有各种印纹陶器，有些遗址中还发现有青铜器、骨器及梅花鹿、麋鹿、野猪等文物和化石，最古老的文化遗址为青浦崧泽遗址，通过遗址中文化层动植物化石的 ^{14}C 年龄测定，确定其形成年代在距今 5300 年左右。这说明在距今 5300 年以前的上海先民，就已经在这块新生的陆地上从事渔猎和耕种。在漫长的岁月中，我们的祖先就劳动、生息、繁衍在这片沃土上。随着生产的发展，人口集聚的增多而逐渐形成部落。到了战国时代，上海西部地区已成为楚国册封给贵族，号春申君的黄歇领土的一部分。据说因此后来上海才有了"申"的简称。

海洋地质学研究表明，在距今 3000 年以前及之后的一段时期，东海海面仍有以下降为主的小波动，这为上海成陆提供了更有利的自然条件。在距今 2500 年以前及之后的一段时期，东海海平面趋于稳定，随着泥沙在海岸的堆积，上海的范围不断扩大形成新的陆地。距今 2000 多年前的秦代在现今金山区境内曾设置海盐县，汉代在今江苏省昆山市境内设置娄县。此时上海的古海岸线以东出现新陆地，上海在不断地扩大。

在公元 4 世纪至 5 世纪的晋代，随着这一带从事捕捞的人的增多，在松江，也就是今天的吴淞江一带的渔民创造了一种捕鱼的工具叫"扈"，这是用竹子编成的，把它插入水中，潮来淹没，潮落露出，以此来捕鱼。因此松江下游一段就被称为"扈渎"，以后改"扈"为"沪"，这就是上海继简称"申"以后的又一简称，并一直沿用至今。从"沪"的由来可知上海地区最早的聚落，具有浓厚的海滨渔村色彩。

秦统一中国后，人口密集的中原地区多次发生战乱，致使许多人口从黄河流域移至长江流域。人们大量开垦土地，引起水土流失，使长江的含沙量增加。加之黄河在南宋以后改由苏北入海，黄海冬季的沿岸流又将黄河泥沙中的一部分带至长江口附近沉积，这样就使长江口沿岸的海滩迅速淤长。据南宋初年《云间志》记载："旧瀚海塘，西南抵海盐界，北抵松江，长一百五十里。"这一描述，指的是 8 世纪唐代时上海海岸线的位置。

这说明宋代上海古岸线已位于今奉贤、南汇境内，上海城区已基本成陆。12 世纪下半叶，海岸线已移至高桥、惠南镇一线，这一海岸线的存在已被在上述地区发现的几处宋代墓葬所证明。南宋乾道八年（公元 1172 年），在高桥至惠南一线修建了海塘，以防止海潮入侵，至此上海的轮廓基本形成。这时的上海人烟已较稠密，大片荒滩变为良田，出现许多村落，进而发展成为集镇。大小商船开始云集上海，许多国内外商贾相继来此，大上海的雏形开始形成。

上海是一个大海孕育的城市。它土壤肥沃，河流纵横，航运便利，具有城市发展得天独厚的条件。它是一颗经历过大海数千年的沐浴而跃出海面的一颗城郭明珠。

上海诞生在东海之滨，当大上海以国际大都市的形象出现在世人面前时，在黄海之滨有一个小兄弟城市悄然地走进了中国近代史和中国海洋科学发展史，这个城市就是坐落在山东半岛南部、黄海之滨的青岛。

今天，在我国东部沿海地区一个个新兴的城市拔地而起，一座座耸立的城郭欣欣向荣。当人们在现代化的都市里尽情享受美好的生活时，往往会遗忘那些曾经兴旺而已逝去了的古老城郭。

2000 多年前，与黄海相邻的东海的海州湾畔，曾有过一座历史古城，她就是龙苴。

在那遥远的年代，从龙苴极顶望去，如今四方的辽阔平原和湖泊，那时还是浊浪翻滚的大海。龙苴城在当时只不过是浅海中的一块孤岭，海的东面和北面遥望可见云台山、锦屏山和大伊山。正是在这山海之间，龙苴发展成为一个重镇，在大海上打鱼，在大山上狩猎。

春秋战国时，由于龙苴地理位置险要，又是海洋与内河连接的要津，交通便利，商旅云集而闻名四方。明代时相对东海曾有西海一说，那么西海是指哪里？据《隆庆海州志》记载，"龙苴官河渡"下注明该渡在西海，由此看来西海即是龙苴。

如今的龙苴风光已去，今天当我们重新来到这里，面对遗存的圣佛寺、东岳庙时，我们应该如何去感知历史呢？

迟暮之年的古城，风烛残焰般的传统文化，这一切不由让人想起刘禹锡的慨叹："山围故国周遭在，潮打空城寂寞回。"我们应该有对故国的忧思，因为尽管我们的祖国日益强大，可终归是从那时一路走来；但不会有潮打空城的寂寞，因为现今城内外都是高楼林立，人群、车流熙攘，我们不会寂寞。

古人曾有过这样一句话："人无远虑，必有近忧。"当我们看到卧在华夏大地和万里海疆上历经战争洗礼和沧桑巨变的古城郭、古城墙时，是否还能深切地感到承载在它们身上的无处觅知音的传统文化？古城墙依然和古代一样环绕四方，但透视城内外窜起的高楼大厦，我们是否多少能体会到一点空廖、单薄、苍白、无魂和个性的丧失？

第四节　海岸线

海岸线定义：海岸线是海洋与陆地的分界线，更确切的定义是海水向陆到达的极限位置的连线。由于受到潮汐作用以及风暴潮等影响，海水有涨有落，海面时高时低，这条海洋与陆地的分界线时刻处在变化之中。因此，实际的海岸线应该是高低潮间无数条海陆分界线的集合，它在空间上是一条带，而不是一条地理位置固定的线。

海岸线，一般分为岛屿岸线和大陆岸线。

我国3.2万千米海岸线内的滨海地带，自古以来就是集地气、人气、商气的风水宝地。因此，自原始社会时开始，人类就已经来到这里，涉足沧海开始实践享用"舟楫之便、渔盐之利"。

从古至今，我国海岸线地带发生了许许多多，可以说是说不清道不明的，或大或小的人和事，这是海岸线地带的一种特殊的人文现象。因此，可以说海岸线是人类走向海洋的情感线。

作为情感线，无疑必将根植于各个时期人们的现实生活中。一提起伦理，人们往往会把它与"道德"联系在一起，这时自然而然地想到的是"姻亲"关系。其实不然，人类与自然界同样存在一种十分重要的关系，这就是自然伦理关系。

伦理是一种自然法则，也是有关人类关系的自然法则。它是指一系列指导行为的思考，是从概念上对道德现象的哲学思考，它不仅包含着对人与人、人与社会和人与自然之间关系处理中的行为规范，而且也深刻地蕴涵着依照一定原则来规范人类行为的深刻道理，这也是海洋存在演绎给人类的另一种文化特征。

人类在依附自然界的同时所产生的一系列人为干预活动，包括好的和不好的，这同样存在着一种人与自然间的伦理关系，同样存在着人对自然界干预的道德标准。人对自然界的干预要有度，有节制，而不可以随心所欲，肆意妄为。

人类往往会有这样的自我，在失去理性向自然界宣战时，总是忘记了人与自然之间也有着一种亲密的伦理关系，总是认为"人定胜天"，对海洋亦是如此，全无一点自我批判的勇气。而事实如一部外国影片所说：如果说地球患了癌症，那么，癌细胞就是人。问题在于，癌细胞还在扩散。这无疑应验了恩格斯的话："我们不要过分陶醉于我们人类对自然界的胜利。对于每一次这样的胜利，自然界都对我们进行报复。"

今天，在人类依然满怀着贪婪的欲望向大海索取的背后，留给后人的是什么？这正如莎士比亚所描述的，在文明影响之下，他们的子孙被"蒙上了惨白的一层思虑的病容"。

中国是一个临海大国。因此，有中国海就有人对自然界的亲近与干预行为。这是由人与自然界间的伦理关系所决定的。

这是人类文明进程中一种必然的文化现象。作为一种特定的人文形态，必定出现在与海相近相亲的人群社区，表现最充分的必定是与海洋打交道最多的人。

今天，原本曲折绵延的海岸线发生了变异，这是为什么？

海岸线，陆地和海洋的自然分界线。

海洋和陆地是地球表面的两个基本单元，海岸线就是划分它们的界线。海岸线分为岛屿岸线和大陆岸线两种，我国有18000千米的大陆海岸线，但海岸线并不是一条线而是一个狭窄的过渡带，一边是海域，一边是陆地。海水昼夜不停地反复涨落，海面与陆地的交接线也在不停地升降，而地图上的海岸线却是人为规定的，这条线取自平均高潮线。

海岸线是变化的，只是这个变化的周期相当长，其变化也相当缓慢，需要成百上千年的时间，简单地说，海岸线的变化与整个地球的冷暖有关，与地球的重大地质活动有关，绝不是人可以改变的。在公元前，天津还是一片大海，那时海岸线在河北省的沧县和天津西侧一带的连线上，经过2000多年的演变，海岸线向海洋一侧推进了几十千米。当然，有时海岸线也会向陆地一侧推进。在距今100万年左右，这里曾发生过两次大的海水入侵，最远的海岸线曾到达了渤黄海交界的庙岛群岛。后来经过几十万年的演变，现代的海岸线向陆地一侧推进了数百千米。

海岸线的变化还受到入海河流中泥沙的影响。当河流将大量泥沙带入海洋时，泥沙在海岸附近堆积起来，长年累月，沉积为陆地，这时海岸线就会向海洋推移。我国的黄河是目前世界上含沙量最多的一条大河，它每年倾入大海的泥沙多达数亿吨。泥沙在河流入海处大量沉积，使黄河河口以平均每年 2~3 千米的速度向大海延伸，每年新增加约 50 平方千米的新淤积陆地。不仅是黄河，辽河口也是这样，不过它的滩涂形成是另外一种机制，不断生长的碱蓬草随时固化着出露的浅滩，旧的滩涂被碱蓬草所覆盖，新的滩涂不断出现，以每年几十米的速度向海延伸。然而，自然是平衡的，有增长就有蚕食。

我国东部临海，海岸线总长度达 3.2 万千米（包括海岛），其中大陆海岸线北起鸭绿江，南至北仑河口，长达 1.8 万千米。

鸭绿江口界碑

第五节 入海河口

河口，科学定义为：河流的终段，是河流和受水体的结合地段。在我国 1.8 万千米的大陆海岸线上，分布着众多大小各异的入海河口，河水入海的受水体就是海洋。就入海河口而言，它是一个半封闭的海岸水体，与海洋自由沟通，河水流入海中，海水被陆域来的淡水所冲淡。因此入海河口的许多特性影响着近海水域，而且由于水体运动的连续性，测验方法和分析技术上的相似，往往把河口和其邻近海岸水体综合起来研究，因此它是海岸带的组成部分。

人类对河口的研究由来已久，早在公元前 5 世纪，古希腊已有许多有关河口的记载。18 世纪末期，世界上随着人们关注河口研究的同时出现了关于三角洲的系统论述。

中国的入海河口众多，类型复杂。古代就有记载河口的文献，尤其是地方志极其丰富。东汉的王充，早在公元 1 世纪就已科学地解释过钱塘江涌潮的成因。在护岸防灾方面，中国从开发海岸平原资源以来就已有工程措施，这些有文学的记载始于公元 3 世纪。1950 年以来，我国围绕河口的作用与开发，对长江、黄河、珠江、钱塘江等大河的河口开展了较系统的观测、调查和研究，并进行了不同规模的治理。这不仅解决了河口现实存在中的一些实际问题，而且对河口的拦门沙、冲刷槽、分汊潮波变形和环流等一些理论问题的研究也取得了进展。与此同时，研究手段也在不断改进，水工模型和数学模型已被广泛应用，遥感遥测等新技术也已开始应用于河口的研究。

现代河口是在地质冰期后期海侵的基础上发展而成的，距今只有几千年的历史。在第四纪最后一次冰期，海面下降了 130 米左右，河流因陆地基面降低而深深切蚀了河床。后因气候转暖，封锢在陆地上的冰川融化，水流入海洋，又使海面回升。在距今六七千年前，海洋已达到现在的海面高度，造成许多河谷末端被海水淹没，在水动力的作用下，泥沙搬运沉积而逐渐发展成为现代的河口。

根据成因，河口表现出的是这样一种自然状态：一种类型是溺谷河口，海侵淹没河谷末端，海水直拍崖岸。由于河流较小，或流域来沙不多，虽在湾头或局部地段有泥沙堆积，但溺谷状态仍然保留。

溺谷型河口的下段往往呈漏斗状，称为漏斗状河口或三角港。而对那些下段呈漏斗状而与河流相接的，又称为河口湾，如钱塘江河口和杭州湾。

漏斗状海湾受地形影响潮差较大，会成为强潮河口，其湾底地形常有潮流脊发育。

另一种类型是三角洲河口，流域来沙丰富，泥沙沉积于河口区，不仅改变其冰后期海侵所形成的溺谷形态，且有三角洲发育。一般而言，三角洲发育于弱潮河口和某些中潮河口以及河流挟带的泥沙不易为沿岸流带走的地区。河口三角洲又可分为 6 种类型：

第一类为波能低，潮差小，沿岸流弱，滨外坡度小，挟带细颗粒沉积物，普遍有和海岸垂直的指状沙洲。

第二类为波能低，潮差大，沿岸流弱，海盆窄，指状沙坝向滨外延伸，形成狭长的潮流脊沙坝。

第三类为波能中等,潮差大,沿岸流弱,海盆浅而稳定,水道沙体垂直于岸线,横向和沿岸沙坝相连。

第四类为波能中等,滨外坡度小,沉积物少,在水道和拦门沙外有沿岸沙坝。

第五类为波能高而持久,沿岸流弱,滨外坡度大,分布着大片的沿岸沙体,向陆地倾斜。

第六类为波能高,沿岸流强,滨外坡度大,有和海岸并行的多列狭长沿岸沙坝,水道中沙体减少。

我国的黄河三角洲河口和长江三角洲河口,分别属于第一类和第三类。

河口作为地球系统的大界面——陆—海界面,夹存于河流子系统和海洋子系统之间,它无时无刻不在自行组织调整其界面过程,包括不断变换界面的幅度与结构形式,并使出各种"招数",以尽可能适应其两侧河流和海洋环境的变化及其相互作用、相互联系和相互影响。河流或海洋系统的物质、信息与能量,要想分别通过河口出去或进来,都必须经过河口界面的"检查",结果有的遭"过滤"被拒于门口或口外,有的须"排队"分先后次序等候通过,有的被"储存"起来暂不予处理,有的要为之"扩容"增加传输渠道的容量,有的则"提速"让其快快通过……

正是由于入海河口具有重大意义,决定了河口在自然海岸线地带存在的特殊作用与价值。为此,让我们一起去寻觅和领略河流入海口"海纳百川,有容乃大"的过去吧!

陆地承载了河流,河流源远流长,最终注入了海洋。

当我们再一次面对山川、河流和海洋,追思人类社会早已逝去的岁月时,是否可以得出这样的结论:一个没有文化的民族,只能是人类文明历史进程中的过客;一个只序爵不序长的家族,只能是一代风骚;一个不知祖宗不认其父母的人,那是杂种。这话说起来难听,却是谁也无法改变的被历史所无数次证明了的天伦。对于这一特有的天伦来说,河口成了连接陆地与海洋的关隘和烽火台,把过去留在了现在,又将把现在延续至未来。

我们在描述中国海岸线时,通常说:北起鸭绿江口,南止北仑河口。这自北往南的说法,也许是一种文化习惯。沿袭这一习惯说法,我们不难看到在自北到南的海岸线上,依次分布着很多河流的入海口。如大的入海口有:鸭绿江口、辽河口、海河口、黄河口、长江口、钱塘江口、珠江口、北仑河口等。更为重要的是,与这些河口同时伴生的是一座座城市,如鸭绿江口有丹东市和东港市,辽河口有营口市和盘锦市,海河口有天津市,黄河口有东营市,长江口有上海市,钱塘江口有宁波市、舟山市和海宁市,珠江口有广州市、珠海市、深圳市、东莞市和香港、澳门等 14 个城市和地区，北仑河口有防城港市和东兴市等。

下面来介绍我国最具代表性的几处河口。

鸭绿江口是我国海岸线上最北端的河口。

鸭绿江发源于长白山南麓，沿中朝边界向西南，汇集浑江、虚川江、秃鲁江等支流，在辽宁丹东的东港市注入黄海，全长 795 千米。

鸭绿江是中朝两国的界河。如果我们找出 20 世纪 50 年代初和 20 世纪 60 年代的中国地图比对不难发现，50 年代初地图上入海口处两个最大的岛屿，一个叫绸缎岛，一个叫薪岛的岛屿都在国境线上，而 60 年代地图上这两个岛则已划到了朝鲜境内。50 年代初地图上的安东市就是 1953 年后改名的丹东市，东沟县就是今天的东港市。

这是为什么？今天我们只能这样解释：这是中朝两国人民用鲜血和生命凝成的战斗友谊的例证。

绸缎岛是鸭绿江入海口淤积形成的岛屿，其北部已和我国陆地相连，成了朝鲜在我国领土上的一块"飞地"。而这样的"飞地"在鸭绿江入海前的最后河段不止这一处，在明朝虎山长城的脚下同样有一块这样的"飞地"，为了吸引游客，此处被取名为"一步跨"，意思是一步即跨入朝鲜。

人们通常将我国万里长城的东端起点误认为是"天下第一关"——山海关。其实在《明史·兵志》中明确记载：长城东起鸭绿江，西止嘉峪关。

鸭绿江，中国万里长城的起点；鸭绿江口，中国海岸线的起点。从这里开始沿海岸线一路南行，将会有厚重过后的另一种振奋。

北仑河口是我国海岸线上最南端的河口。

北仑河发源于广西防城港市境内十万大山中，向东南在防城港的东兴市和越南芒街之中流入北部湾，全长 109 千米，其下游 60 千米构成中国和越南之间的分界线。

北仑河是我国与越南的界河，河口处宽百余米，最窄处仅一二十米，最深处水深五六米，最浅处不足一米。

河口中有一块沙洲叫中间沙，以前位于北仑河主航道中方一侧。中间沙上长满了红树林，这是南方海域特有的一种生态系统。

北仑河口，最引人注意的是古榕树下的"大清国一号界碑"。

这是一块一米多高的石碑，碑上面正楷镌刻着 6 个苍劲刚健的大字：大清国钦州界。右刻：光绪十六年二月立。左刻：知州事李受彤书。

这块大清国立于北仑河口的大清国钦州界碑告诉了人们一段这样的历史：1885 年 6 月 9 日，清政府和占领越南的法国殖民军在天津签订了《中法越南条约》，规定中越边界自北仑河口的竹山起界，循北仑河自东向西，以河心为界线。今防城港市与越南的边界线，从竹山的北仑河口循上至峒中的北岗隘，长 200 千米立石碑为标志，计有 33 块界碑。其中以河为界双方各于己方对岸相对之处，以山为界双方共立一碑，一面书"大清国钦州界"，一面书"大南"（即越南）。

在勘界立碑的过程中，勘界大臣邓承修正气凛然，据理力争，并同我国边境军民与法国殖民者进行了坚决的斗争，挫败了其侵占中国领土白龙尾、江平等地的图谋。

1890 年中越钦州界第一段 1 号至 10 号界碑立毕，北仑河口竹山的界碑为第 1 号。

北仑河口在今防城港的东兴市境内。这里还是一个以红树林生态系统为主要保护对象的自治区级自然保护区，区内分布有面积较大、连片生长的红树林，其中连片木榄纯林和大面积老鼠簕纯林群落为中国罕见。

朝代兴替，往事如烟，立于北仑河口的 1 号中越界碑已成为一个多世纪以来中国人民维护国家尊严和领土完整的历史见证。站在北仑河口，追思中国海岸线绵长的历史，会给一个伟大民族以新的启迪。

珠江口是我国海岸线上现代化的河口。

珠江是我国第三长河流，干流西江发源于云南省东北部沾益县的马雄市，流经云南、贵州、广西、广东及香港和澳门，在广东三水与北江汇合，从珠江三角洲地区的 8 个入海口流入南海，全长约 2300 千米。

珠江 8 个入海口分别是虎门、焦门、洪奇门、横门、磨刀门、鸡啼门、虎跳门、崖门。

珠江口附近 60 千米内，分布有深圳、珠海、广州、东莞、中山及香港、澳门等 14 个珠三角大中型城市和 7 个机场，是中国最具活力的现代化经济特区。

当年文天祥在零丁洋写下了"惶恐滩头说惶恐，零丁洋里叹零丁。人生自古谁无死，留取丹心照汗青。"的千古绝句。然而，在这零丁洋的海上，惶恐滩上说惶恐，零丁洋里叹零丁的何止文天祥一人？

19 世纪 30 年代以前，中国在与外国的贸易中始终处于出超地位。中国对英贸易每年都保持出超两三百万两白银的优势。为了扭转这种局面，英国资产阶级出于其掠夺本性，遂用鸦片来冲击中国的贸易市场。英国资产阶级先把纺织品输往印度，然后把印度的鸦片输往中国，再从中国把茶叶、生丝等输往英国，英国利用这种三角关系大获其利。除了英国大量向中国输入鸦片外，美国也从土耳其向中国输入鸦片，俄国从中亚向中国北方输入鸦片。由于鸦片大量输入而引起白银不断外流，更为严重的是鸦片的泛滥极大地摧残了吸食者的身心健康。

1838 年 12 月 31 日，清政府任命林则徐为钦差大臣监督全国禁烟。1839 年

4月10日，林则徐、邓廷桢乘船到达虎门。他们同关天培一起缴烟，共收约两万袋，总重量2376.254千克。1839年6月3日，林则徐下令在虎门海滩当众销毁鸦片，至6月25日结束，历时23天。林则徐采用"海水浸化法"成功地把鸦片销毁了，林则徐领导禁烟运动的胜利，维护了中华民族的尊严和利益。

"虎门销烟"是中国近代史上反对帝国主义的重要史例，也是人类历史上旷古未有的壮举。史学家认为，它展示出了中华民族反对外来侵略的决心，对中国人民抗击外来侵略有着标志性的意义。

虎门销烟的意义还远不止这些，更在于唤醒了当时的很多爱国的有识之士，他们开始反省，重新定位中国在世界上的地位，不再以"天朝上国"自居，这也为日后的鸦片战争埋下了随时都将发生的导火线。

自1839年3月林则徐到达广州查禁鸦片起，至1842年10月清廷革去林则徐两广总督职止，林则徐在广州主持禁烟抗英军事斗争共19个月。林则徐敢于学习外国先进科学技术的精神，受到人们高度赞扬，被称为"中国开眼看世界的第一个人"。林则徐是中国近代第一位带头起来反抗西方殖民主义侵略的民族英雄，是言行一致的爱国者。他领导的禁烟斗争，向世界表明了中国人民对鸦片烟毒的深恶痛绝和反抗外国侵略的坚强决心，表明中华民族是一个酷爱自由、不畏强暴的民族，也揭开了中国近代民主革命的序幕。

林则徐在中国禁鸦片的壮举得到了马克思的肯定。1858年，马克思在所著鸦片贸易专论中写道：林则徐是一位不避风险、以身许国的政治家，不但在侵略者面前表现出大无畏的英雄气概，英勇地捍卫国家主权和民族尊严，而且在遭受国内政敌陷害打击的时候，仍然始终坚持爱国理念，从不动摇。他一生清廉自好，恪尽职守，兴利除弊，锐意改革，发展经济、关注民生。

林则徐"苟利国家生死以，岂因祸福避趋之"的著名诗句，抒发了他决心为国家和民族的利益，不惜牺牲个人的崇高思想感情。这种不顾个人得失的高尚的爱国主义情操，正是中华民族历经艰难终能生生不息的精神源泉。

滦河口是我国海岸线上崇高的河口。

滦河发源于河北北部张家口境内的巴彦古尔图山北麓，流经内蒙古，再进入河北，从乐亭县流入渤海，全长885千米。

乐亭县大黑坨村，距旧时滦河主河道1.3千米，距老滦河口7.3千米，1889年10月29日（清光绪十九年十月初六），中国共产党创始人之一的李大钊出生在这里，滦河是李大钊家乡的母亲河。

120多年前，河北乐亭县的大黑坨村诞生了一个乳名叫憨头的男孩，他就是中国共产主义运动的伟大先驱、中国共产党的主要创始人之一的李大钊。

李大钊在《我的自传》中写道："我出生在离北戴河大约百里的海滨。当我刚刚两岁的时候，我的父亲就去世了，第二年我的母亲又去世了，丢下了一个十分需要她照顾的可怜的婴儿。我没有兄弟和姐妹，我和祖父母生活在一起。但等我长到十五岁的时候，他们又留下我孤独地生活在这个世界上。"

……

李大钊生在海之岸，长在海之滨。海水，深刻地影响了李大钊，他梦魂萦绕着大海。

1919 年的夏天，在北京大学放暑假时，李大钊带领妻儿由北京返回家乡。这一次回乡，他选择了水路，和家人由当时的滦州站下了火车，在滦河边上的横山脚下雇了一只小船，顺河而下直赴滦河入海口。

这一次李大钊全面审视了滦河。为此，他在这次回乡的《五峰游记》中记述道："很宽阔的境界，无边无际，一泻千里。"后来他又撰文《新纪元》，结合当时国内外新的斗争形势指出："人类的生活必须时时刻刻拿最大的努力，向最高的理想扩张传衍，流转无穷，把那陈旧的组织、腐滞的机能一一的扫荡摧清，别开一种新局面。"他又把"俄国革命的血"等"好比作一场大洪水——诺阿以后最大的洪水"，说这场大洪水"洗来洗去洗出一个新纪元来"。

李大钊 38 年的人生里程，在渤海岸边度过了 18 个春秋。而后走出了大黑坨村，走出了滦河，走出了渤海。东渡日本求学，归来寄身京华，投身民族解放事业，直至为共产主义信仰战斗到生命的最后一刻。

长江口是我国入海河口中温情的河口。

长江，亚洲第一大河。长江发源于青藏高原唐古拉山的主峰各拉丹冬雪山。流经青海、四川、西藏、云南、重庆、河北、湖南、江西、安徽、江苏、上海注入东海，全长约 6300 千米。

长江流域是人类居住时间最长的地区之一。长江地区以其农业潜力而对历代王朝始终具有重大经济利益，与黄河一起并称为中华民族的"母亲河"。

2000 多年前，长江在今镇江、扬州附近入海，呈漏斗状河口湾，南北两咀的距离为 180 千米。晋泰始元年（公元 265 年）长江口延伸到江阴附近，潮区界在九江附近。唐武德元年（公元 618 年）崇明岛出水，唐宋之后形成了现在的长江入海口。

1842 年，长江口有了海图。在这 100 多年的时间里，长江口南北两咀从苏北咀到南汇咀的宽度由初期形成后的 118 千米缩窄至 90 千米。

2000 多年里，长江口在自己的变迁中以她那特有的温情见证了长江下游城市的诞生与延续。而在那个年代，古人观长江日出却有着另一番景象。

清管同在《宝山记游》中写道："宝山县城临大海，潮汐万态，称为奇观。而予初至县时，顾未尝一出。独夜卧人静，风涛汹汹，直逼枕簟，鱼龙舞啸，其声形时入梦寐间，意洒然快也。夏四月……海涛山崩，月影银碎，寥阔清寒，相对疑非人世境，予大乐之。不数日，又相携观日出。至则昏暗，咫尺不辨，第闻涛声，若风雷之骤至。须臾天明，日乃出。然不遽出也。一线之光，低昂隐见，久之而后升。《楚辞》曰：'长太息兮将上'。不至此，乌知其体物之工哉！及其大上，则斑驳激射，大抵与月同，而其光侵眸，可略观而不可注视焉。"

……

此文写了长江口月光下的海涛，海上的日出和风平浪静时的大海。此时长江口月光下的大海潮汐不时骤然涌起，海上日出长叹徘徊而不忍骤然离开扶桑……

画坛巨匠张大千画有一幅《长江万里图》，他从岷江经流的索桥画起，一直到长江口的崇明岛为止，画出了长江深情脉脉，久远流长，令后人倾服。

▌▌第六节　滨海湿地

滨海湿地主要分布在海岸带，海岸线以上部分的湿地形成与分布多与河口相关，海岸线以下部分湿地则多与滩涂连接为一体。

滨海湿地的定义：陆地生态系统和海洋生态系统的交错过渡地带。按国际湿地公约的定义，滨海湿地的下限为海平面以下6米处（习惯上常把下限定在大型海藻的生长区外缘），上限为大潮线之上与内河流域相连的淡水或半咸水湖沼以及海水上溯未能抵达的入海河的河段。与此相当的用语有海滨湿地、海岸带湿地或沿海湿地带。地形上包括河口、浅海、海滩、盐滩、潮滩、潮沟、泥滩沼泽、沙坝、沙洲、潟湖、红树林、珊瑚礁、海草床、海湾、海堤和海岛等。

在人类赖以生存的地球上，湿地生态系统、海洋生态系统与森林生态系统并称为三大生态系统。仅占地球总面积2%略多一些的湿地生态系统，虽没有海洋的浩瀚、森林的广袤，但它兼有水域和陆地生态系统的特点，支持了全部淡水生物群落和部分衍生生物群落，其独特的生态功能，对地球生命系统有着重大的作用，是地球上一个重要的生命支持系统。

从广义上讲，湿地被定义为天然或人工、长久或暂时性的沼泽地、泥炭地或水域地带、静止或流动、淡水、半咸水、咸水，包括低潮时水深不超过6米水域的统称。按照这一定义，湿地便囊括了海岸地区的珊瑚滩和海草床、滩涂、红树林、河流、淡水沼泽、沼泽森林、湖泊、盐沼以及盐湖等。

作为湿地组成的溪流、河流、池塘、湖泊中都有可以直接利用的水。湿地不仅为人类生存提供了水源，湿地还像一块巨大的海绵，起着补充地下水、过滤和净化水源的作用。湿地类似一个巨大的蓄水库，可以在暴雨和河流涨水期存储过量的降水，然后均匀地把径流放出，以减弱下游洪水危害。

此外，湿地水分通过蒸发成为水蒸气，然后又以降水的形式降到周围地区，形成小气候，保持当地的湿度和降雨量，直接影响当地人民的生活和工业农业生产。假如没有湿地对生态的调节作用，地球上的水循环、大气循环都会发生巨大改变，所以，湿地也被称为"地球之肾"。

湿地有沼泽、极旱地、湿草垫、湖泊、河流、河口三角洲、滩涂、水库、池塘等多种形态，在自然界状态下，湿地是世界上最富生物多样性的地区，为水生动植物提供优良的生存场所，也为多种珍稀濒危野生动物提供了栖息、迁徙、越冬和繁殖的场地。正因为如此，科学家们也把湿地称为"生物超市"和"物种基因库"。湿地在保护生物多样性、维持淡水资源、调蓄洪水、降解污染物、净化水质等方面的作用自然是不容替代的。

滨海湿地是湿地的一种，包括河口、滩涂、盐沼、海湾、海峡和树林与珊瑚礁等，是介于海洋与陆地之间的一种特殊的生态系统。在我国北方沿海的海陆交汇处，有大片"荒闲"的一般人难以说清楚是海还是陆的区域，它们属于不同类型的滨海湿地。这里是一片空旷的荒僻静野，水洼连片，小鱼、小虾、小蟹繁衍不息，芦草蒿草杂生处鸟和飞虫翩翩起舞，一片繁茂的自然景象。

以渤海为例，渤海的沿岸主要有三大湿地分布，分别为辽河三角洲湿地、海河三角洲湿地和黄河三角洲湿地。辽河三角洲湿地位于辽宁省盘锦市境内，盘锦滨海湿地以生产水稻和芦苇为主，是国家重要的商品粮基地，也是世界第二大芦苇生产基地。

盘锦滨海湿地在辽东湾辽河入海口处，是由淡水携带大量营养物质的沉积并与海水互相浸淹混合而形成的适宜多种生物繁衍的河口湾湿地。仅鸟类就有191种，其中属国家重点保护动物有丹顶鹤、白鹤、白鹳、黑鹳等28种，是多种水禽的繁殖地（为世界濒危鸟类黑嘴鸥的最大繁殖地）、越冬地和众多迁徙鸟类的驿站，同时这里既是丹顶鹤最南端的繁殖区，也是丹顶鹤最北端的越冬区。

海河三角洲湿地位于天津市滨海地区濒临渤海湾西岸，地处海河等河流的入海口，又称七里海，地势低洼，其贝壳堤、牡蛎滩规模之大、出露之好、连续性之强、序列之清晰是我国沿海最为典型的，是西太平洋各边缘濒海平原罕见的，并且两类截然不同的生物堆积体在如此近的距离内共存也为世界所罕见。

七里海湿地风光

黄河三角洲湿地位于山东省东营市境内，黄河三角洲地处渤海之滨的黄河入海口，是黄河携带的大量泥沙在入海口处沉积所形成，为全国最大的三角洲，也是我国温带最广阔、最完整、最年轻的湿地。生态系统类型独特，湿地生物资源丰富，有植物约116种，海洋生物800多种，鸟类约187种，其中属国家重点保护鸟类有丹顶鹤、白头鹤等32种，属《中日候鸟保护协定》保护种类有108种，是东北亚内陆和环太平洋鸟类迁徙的重要停歇地和越冬地。

滨海湿地，作为"地球之肾"告诉我们，大自然沧海桑田的蛮荒是永远的科学。

第七节 边缘海

边缘海定义：位于陆地边缘，以岛屿、群岛或半岛与大洋相分隔，以海峡或水道与大洋相联系的海域。

边缘海，于国之计是疆域，于民之计是生存之地，于国家安全之计是海疆屏障。

黄海、东海和南海是我国的边缘海。黄海北依辽东半岛东部陆地的边缘，且与鸭绿江口相连，东邻朝鲜半岛，南出黄海进入东海，这一片海域从古至今都是我国主权管辖的边缘海。

这是祖先留在我们家门口的一片海，却被刻上了中华民族历史上最为耻辱的一页历史。也许是太多的历史沧桑，让这片海疲惫了，可历史永远抹不去那块不堪回首的疮疤。

1894年9月7日，震惊中外的中日甲午黄海大海战就发生在这里。清王朝北洋水师"致远"舰等4艘战舰就沉没在附近海面，民族英雄邓世昌及700多名北洋海军将士也在这里沉入了海底。

这片海的主人，大鹿岛上的老人曾这样说过：那次海战过后，这里的海边上，到处都飘着爱国将士的遗体和衣物。大鹿岛人用了几天的时间才把这些遗体安葬。1938年，日本侵占东北，日本人来大鹿岛盗窃北洋水师沉船，聘用一王姓潜水员下海捞取"致远"舰遗物时，王姓潜水员发现了一具遗骸仍坐在"致远"舰指挥室的龙椅上。他没有告诉日本人，后来捞出忠烈，与大鹿岛人一起安葬了。大鹿岛人无法确认这遗骸是邓世昌还是无名将士。但大鹿岛人每年坚持祭典，逢年过节往海里放灯，面对曾经的甲午海战主战场静默3分钟寄托哀思，因为那是一群铁骨铮铮的闯海汉子。

120多年前的那个甲午马年，随着最后一颗日本军舰上炮弹的爆炸，一代英杰"师夷长技以制夷"的强国之梦随着哭不出的泪和北洋水师的炮舰一同沉入了黄海……

这不是故事，更不是一场噩梦，而是真真切切发生在120多年前的一段令中华民族耻辱天下的历史。

1895年2月17日，北洋水师大本营刘公岛被日军攻陷，宣告北洋海军全军覆没。

如今，站在大鹿岛上望着眼前的这片海，曾经的甲午海战主战场，想到沉入黄海的忠烈枯骨，忠魂似乎和着海浪在向今人宣告：你们有权选择自己的追求，但无权玷污历史的英灵。

北洋水师，这个在现代青年心中可能已经生疏的名字，却会使上一代人的心头为之战栗。每每提及，上一代人总会鄙视流行歌星的嘶吼；蔑视富豪清点手中大把钞票时的贪婪眼神。因为毕竟我们120多年前的铁甲舰队已全军覆灭，毕竟今天中国南海上驰骋着一支别国的强大的航空母舰编队……

今天，偌大的中国海在焦急地期待着什么？

海明威说："人可以被消灭，但不能被打败。"

▌▌第八节　陆内海与陆间海

陆内海定义：深入大陆内部的海，海洋水文特征受周围大陆的强烈影响，它仅以一个或几个狭窄的海峡与大洋或其他海相连。陆间海定义：位于大陆之间的海，面积和深度都较大，一般只有狭窄的水道和大洋相通。

渤海是我国唯一的陆内海，辽东湾、渤海湾和莱州湾是渤海内的三大海湾，而接纳"母亲河"——黄河入海的海域便是莱州湾。正是渤海内的三大海湾和渤海内的庙岛群岛，演绎了渤海沧海桑田的历史画卷。

黄河是我国第二长河流，在历史上黄河及沿岸流域给人类文明带来了巨大的影响，是中华民族最主要的发源地之一，是中华民族伟大的"母亲河"。

历史上黄河多次改道，曾有过入黄海的经历，但最终还是选择了渤海而入莱州湾。

黄河发源于青海省青藏高原的巴颜喀拉山脉北麓，流经青海、四川、甘肃、宁夏、内蒙古、山西、陕西、河南和山东九省流入渤海，全长 5464 千米。

这是一条奇怪的大河，她从巴颜喀拉山北麓的冰峰雪山一路走来，向东流去时经过一座黄土高原后，变成了一条黄色的泥河。正是这条黄河孕育了一个黄肤色的民族。

"黄河之水天上来，奔腾入海不复回"，诗仙李白这千古绝句道出了古老的黄河千万年奔流不息之魂。

当我们站在黄河大堤上，面对滚滚黄河水会油然而生冲天之豪气；当我们来到黄河口的新生土地上，又会感叹黄河造陆竟是这般的神奇。

我们的民族发源于黄河，得益于黄河。然而这一千万年天定的事实，在 20 世纪下半叶出现了前所未有的危机。黄河断流，断流，再断流。人们看到的是，不见黄河入海流。

有资料统计：1978 年黄河断流一次，时间是 1 天；1988 年断流一次，时间是 13 天；1997 年断流从 2 月 7 日起至 9 月 30 日，时间长达 164 天……

黄河干枯了，入海口处两岸的退海地又泛出了盐碱，本来不多的树木枯萎了，少有的庄稼枯死了。

黄河入海口，本来海潮一涨一落，黄河有水则黄，黄河无水则清，海水倒灌后，黄河在这里变成了黄海。

海洋生物学家说：黄河水入海可以从陆地带来大量的营养物质。这些营养物质又经过海水的流动均匀地在海中散布开来成为海水中的初级生产力，是海洋生物最好的饲料。同时黄河淡水注入海中可以降低近岸海水的盐度，满足某些海洋动物产卵和繁殖环境需求。因此，河口海域往往是某些海洋动物理想的产卵、繁殖和索饵、洄游的场所。不见黄河入海流，结论十分明确：黄河断流将直接影响渤海莱州湾的海洋生态与环境的变化，影响海洋生物资源的分布与现状。

黄河是中华民族的"母亲河"，黄河之水就像母亲的乳汁，哺育了华夏文明。黄河没有了乳汁，黄河苍老了吗？上苍也许会质问：黄河的子孙，你们该何作何为？何去何从？

渤海中有一片群岛，与莱州湾相邻，它就是庙岛群岛，隶属今山东省烟台市的海岛县长岛县。庙岛群岛位于辽东半岛和山东半岛之间的渤海海峡南部和中部，由32个大小岛屿组成，北自北隍城岛，南到登州头。各岛之间形成了老铁山、长山、庙岛等重要水道，控制着出入黄海、渤海的门户。在黄海和渤海的交汇处，32座岛屿就像32颗珍珠散落在渤海海峡。这些岛屿的陆地面积为56平方千米，海域面积8700平方千米，构成了大小99处海湾、65处山峰。岛上的显应宫是中国北方最大的妈祖庙，与湄州岛妈祖庙南北呼应，传承着妈祖文化。

长岛海洋公园

长岛的蓬莱、瀛洲、方丈素有海上三神山之称，古人早有"曾在蓬壶伴众仙"

的诗句，传说中的蓬莱仙岛指的就是长岛。长岛地处水中，碧波环抱，山清水秀，风景独好。由于其地理条件特殊，气候温差小，冬暖夏凉。既无城市车辆的轰响，又无人流的喧嚣，还有那些没有污染的天然海水浴场，所以长岛获得了一致评论："长岛是一片原始的、自然的、未经加工的、得天独厚的旅游处女地。"

长岛历史悠久，早在旧石器时代晚期，这里就有人类活动。据记载：长岛在夏以前属莱峣夷地，商代属莱侯国地，周属莱子国地，战国时属齐国。秦朝开始设郡，属齐郡。汉朝属东莱郡，晋朝属东莱国，南北朝又属东莱郡，北魏属东牟郡，北齐天宝七年属长广郡，后又改属东莱郡，隋唐仍属东莱郡。唐贞观八年（公元 634 年）属黄县蓬莱，神龙三年（公元 707 年）始属登州蓬莱县。宋、元、明、清仍属登州。民国元年（公元 1912 年）拆府设道，属胶东道蓬莱县，民国 17 年（公元 1928 年）废道仍属蓬莱县。至 1956 年成立长岛县。

作为我国北方的群岛，庙岛群岛不仅传承了起源于南方沿海的妈祖文化，同时根据北方沿海的特点，演绎了北方闯海人与海抗争的动人传说，积淀了北方海洋文化。

北宋建隆年间，今庙岛时称沙门岛，是朝廷囚禁犯人的地方，从建隆三年（公元 962 年）开始，凡军人犯了法，都发配沙门岛。就这样年复一年，岛上犯人越来越多。但朝廷每年只拨给全岛 300 人的口粮，所以粮食越来越不够吃。后来，沙门岛看守头目想了个狠毒办法：当犯人超过 300 时，便将其中一些捆住手脚，扔进海里淹死，使岛上犯人总是保持在 300 人内，如此下来，两年被杀者便达 700 余人。为了活命，犯人们经常跳海凫水逃命，但绝大部分都被海浪吞没。一次，有 50 多名囚犯得到即将被杀的消息，便趁着天晴月朗，避开看守，抱着葫芦、木头等轻而能浮起的物体跳入海中，往对岸蓬莱山方向游去。从沙门岛到蓬莱约 30 里之遥，途中多数犯人因体力不支淹死水中，只剩下身怀武功、体格健壮的 7 男 1 女共 8 位善游者，借着海流游到了岸边，在蓬莱城北丹崖山下的狮子洞内躲了起来。第二天，渔民发现了他们，当闻知 8 人从沙门岛游水越海而来，无不惊奇万分，把他们称作"神人"。此事在民间传开，并且越传越神，他们便被传称为"八仙"，他们用来渡海的物品也被传为他们各自的法器，"八仙"渡海的故事演变为后人的"八仙过海"故事。

这"八仙"便是张果老、吕洞宾、铁拐李、汉钟离、蓝采和、何仙姑、韩湘子、曹国舅。

"八仙过海"的动人故事充分寄托了古人打破枷锁，与海抗争，求生存，求自由的美好愿望。此后，世事沧桑，天有不测风云，当外强压境时，北方之岛依然彰显了中华民族不畏强势，不畏欺辱的抗争精神。

第九节 海湾

海湾定义：海洋延伸入大陆，深度逐渐减少的海或洋，通常以湾口附近两个对应海角的连线为海湾最外部分分界线。

海湾的水文特征明显，湾内海水多与相邻海洋海水性质相似，但潮差较大。

在我国沿海岸线从北至南，依次分布的大海湾有辽东湾、渤海湾、莱州湾、杭州湾、泉州湾、北部湾和三亚湾等。每一个海湾由于所处的自然地理位置不同，因而所具有的自身特征各不相同，正是这些不同的特征赋予每一个海湾独自的风采，它们都有着属于自己的故事。

杭州湾是我国海湾中最为暴烈的海湾，这里每年都要出现海潮奇观——钱塘潮。

钱塘潮指发生在钱塘江流域，由于月球和太阳的引潮力作用，水面发生规模巨大的周期性涨落的潮汐现象。

钱塘江大潮是天体引力和地球自转的离心作用，加上杭州湾喇叭口的特殊地形所造成的特大涌潮。每年农历八月十八，钱塘江涌潮最大，潮头可达数米。海潮来时，声如雷鸣，排山倒海，犹如万马奔腾，蔚为壮观。观潮始于汉魏，盛于唐宋，历经2000余年，已成为当地的习俗。

观赏钱塘秋潮，早在汉、魏、南北朝时就已蔚成风气，至唐、宋时，此风更盛。相传农历八月十八，是潮神的生日，故潮峰最高。南宋朝廷曾经规定，这一天在钱塘江上校阅水师，以后相沿成习，八月十八逐渐成为观潮节。北宋诗人潘阆在《酒泉子》中写道：

"长忆观潮，满郭人争江上望。来疑沧海尽成空，万面鼓声中。弄潮儿向涛头立，手把红旗旗不湿。别来几向梦中看，梦觉尚心寒。"

为什么钱塘秋潮如此壮观而又如此准时呢？

这是许多人自然会想到的问题。这有一个传说：春秋战国时期，在今江苏、安徽一带有一个吴国，吴王夫差打败了今浙江一带的越国。越王勾践表面上向吴国称臣，暗中却卧薪尝胆，准备复国。此事被吴国大臣伍子胥察觉，多次劝说吴王杀掉勾践。由于有奸臣在吴王面前屡进谗言，诋毁伍子胥。吴王奸忠不分，反而赐剑让伍子胥自刎，并将其尸首煮烂，装入皮囊，抛入钱塘江中。伍子胥死后9年，越王勾践在大夫文种的策划下，果然灭掉了吴国。但越王也相信传言，迫使文种伏剑自刎。伍子胥与文种这两个敌国功臣，虽然分居钱塘江两岸，各保其主，但下场一样，同恨相连。他们的满腔郁恨，化作滔天巨浪，掀起了钱塘怒潮。

当然，传说不过是传说而已。钱塘秋潮如此之盛的原因，主要是其独特的地理条件。

钱塘江外杭州湾，外宽内窄，外深内浅，是一个非常典型的喇叭状海湾。出海口江面宽达100千米，往西到澉浦，江面骤缩到20千米。到海宁盐官镇一带时，江面只有3千米宽。起潮时，宽深的湾口，一下子吞进大量海水，由于江面迅速收缩变窄变浅，夺路上涌的潮水来不及均匀上升，便都后浪推前浪，一浪更比一浪高。到大夹山附近，又遇水下巨大拦门沙坝，潮水一拥而上，掀起高耸惊人的巨涛，形成陡立的水墙，酿成出奇的潮峰。

是不是所有喇叭状的海湾都能产生涌潮呢？

回答是否定的。海宁大潮的形成，还有另外一个原因。浙江沿海一带，夏秋之交，东南风盛行，风向与潮波涌进方向大体一致，风助潮势，推波助澜；潮波的传播在深水中快，在浅水中慢，钱塘江由深变浅的特点极为突出，这种特殊条件，能使后浪很快赶上前浪，层层巨浪叠加，形成潮头。此外，潮涌与月亮、太阳的引力也有关。东汉思想家王充在《论衡》中说："涛之起也，随月盛衰，小大满损不齐同。"因为在农历每月初一和十五前后，太阳、月亮和地球排列在一条线上，太阳和月亮的引力合在一起吸引着地球表面的海水，所以每月初一和十五的潮汐就特别大，而农历八月十八前后，是一年中地球离太阳最近、引力最大的时候，此时出现的涌潮，自然也就最猛烈。

猛烈之钱塘潮，暴烈之钱塘潮！

渤海湾，是我国海湾中最沉重的海湾。

海河是华北地区流入渤海诸河的总称，亦称海滦河水系。诸河干流流经河北省、北京市、天津市和山东省。又以漳卫新运河为源流，以天津至大沽口的海河为干流，全长1050千米。

在历史上，海河水路的使用，主要在于适应征战的需要。据《旧唐书·地理志》记载：唐朝为经略河北和东北地区，在幽州、渔阳等地派驻军队10万余人，使天津地区成为漕粮转运的必经之地，同时它也是金王朝漕运码头。

海河与渤海湾浓缩了天津这座城市的岁月，收藏了这座城市的历史，也决定了这座城市的文化走向。

天津因海河入海而以漕运成市。明建文二年（公元1400年），朱棣兵发北京与其侄争夺皇位，旗开得胜遂成为天子君临天下。

天津是北京的出海口和东大门，外国侵略者曾遵循这样一个信条：侵略中国只要封锁了渤海湾或占领了天津，比毁灭 20 个沿海或边境上的城市还要有效。正是这一信条，决定了渤海湾沉重的命运。

清道光年间，英国军舰 8 艘驶进了渤海湾并靠泊大沽口，向清王朝递交所谓的抗议书，导致林则徐被免职，禁鸦片运动失败。中法联军曾 3 次攻打大沽口，两次占领大沽炮台、攻陷天津。八国联军从大沽口登陆，占领了天津，打进北京火烧圆明园……

天津曾有 9 国租借，这在中国，在世界上都是独一无二的历史现象。

说渤海湾沉重，我们不妨深究这样一段鲜为人知的历史。据有关文献记载的资料显示，我国最早确定潮高基准面（深度基准面）的时间为 1902 年，是由英国人司麦斯在渤海湾大沽口海岸经过 16 天潮位观测，得到一次强低潮的水面，观测的基本水准点下高度 452.7 厘米。

对于这一观测资料、潮高基准面的确定及观测人英国人司麦斯目前无任何资料可供考证。司麦斯为何人？以何身份来到中国？他出于何种目的进行潮位观测？该资料又是在大沽海岸何处测得？他又是使用什么样的观测仪器进行的观测？如此种种疑问目前均无法考证。

但上述资料可以提示我们对这一潮位观测的后续思考。

据天津塘沽区志记载：清道光二十年七月（公元 1840 年 8 月），英国舰队 8 艘军舰，在司令懿律和英驻华商务监督义律率领下驶抵大沽口外。8 月 11 日，义律向清政府投送信件，要求派官员到英军舰上接受照会。8 月 13 日，琦善派千总白含章赴英舰接受照会。英政府在照会内攻击林则徐在广东禁烟侵犯了英国权益，无理地提出 6 项要求，限 10 天内答复。英舰队在等待答复期间，派船从渤海湾浅海深入内河测量水位，窥探炮台虚实，并绘制地形图。

1860 年 8 月 1 日，英、法舰船 30 余艘，军队 5000 人，乘海潮偷偷地从塘沽北塘海岸登陆。

清光绪二十六年（公元 1900 年），义和团运动迅速蔓延到直隶及津京各地，世界各帝国主义国家以威胁其在华权益为由，策划出兵进行武力干预。

1900 年 6 月，天津租界内的英、美、法、俄、德、意、日、澳八国军队组成八国联军，集结各国舰队于大沽口，密谋用武力强占大沽炮台。

6 月 17 日零点 50 分，八国联军舰队向炮台发动进攻，仅 6 个小时大沽炮台被先后攻陷，随后八国联军大批从塘沽登陆，大举向天津、北京进犯。

上述战事将这样提示我们：英国人司麦斯其人和其进行塘沽潮位观测会否与塘沽先后所发生的一系列入侵我疆土的战争有关联？

　　塘沽海岸地处渤海湾超浅海西部湾顶，海岸为河流冲积形成土泥岸，经后来观测，确定沿岸的潮汐为半日潮，大潮涨落 3 米左右，最大可达 5~6 米；小潮涨落约 2 米，最小时不足 1 米。由于沿海滩涂平缓，潮水涨落 1 米时，海滩常可出没 1000 米以上。高潮时是开阔的海面，低潮时为一片泥滩。大沽、新港、北塘等地，无论高潮、低潮海水均可与河道相通。就是这样一个看似简单，其实对于海防至关重要的海洋岸滨观测数据，对它的观测历史竟一无所知，直至今天查阅已知文献，关于司麦斯其人其事仍然毫无可知线索，这不能不令国人汗颜，令海洋人羞愧。

　　三亚湾不是很大，却是我国地理位置最南的一个海湾。

　　作为城市，也许是三亚过于年轻的缘故，人们只看到了三亚的日益繁荣，却忽视了三亚湾在这座城市诞生之前久远的存在。

　　三亚河，古名临川水。由于有东西两河会合于此地成了"丫"字形，故取音译词三亚为城市名。

　　三亚湾很小，只是一个小海湾，这在全国入海河口的海湾中是独一无二的。

　　传说很久很久以前，有一个残暴的峒主，想取一副名贵的鹿茸。强迫黎族青年阿黑上山打鹿。一次，阿黑上山打鹿时，看到了一只美丽的花鹿正被一只斑豹追赶，阿黑用箭射死了斑豹后又去追赶花鹿。追了 9 天 9 夜，翻过了 99 座山岭，一直追到三亚海边的珊瑚崖上。花鹿面对浩瀚的南海前无去路，阿黑正欲搭箭，花鹿突然变成了一位美丽的少女回头向他走来。鹿姑娘找来一群鹿兄弟，和阿黑一起打败了峒主，他们结为了夫妻，便在珊瑚崖下定居了下来。

　　也许是上天的造化，三亚河入海口的小海湾不仅就在鹿回头的山脚下，而形状恰如女性子宫，是一个极好的天然避风港。

　　有人说三亚是一个被大自然宠坏了的孩子。大自然把她最宜人的气候、最清新的空气、最和煦的阳光、最湛蓝的海水、最柔和的沙滩、最风情万种的少数民族、最美味的海鲜……都赐予了这座海南岛最南端的年轻城市。

　　正是这富足的条件，养育了这座年轻的城市。然而，当我国设立了三沙市，三亚，中国最南端城市的称誉被三沙市取代了。

　　百年风雨，百事浮沉，以入海河口的海湾为中心及周边区域写就了中国海的百部春秋"论语"。

　　子曰："齐一变，至于鲁；鲁一变，至于道。"今天之中国入海河口的海湾，百船待发，百舸争流，在这一特殊的沿海区域是一个需要思想，并将产生思想的区域！

第十节　海峡

海峡定义：位于两个大陆或大陆与邻近的沿岸岛屿以及岛屿与岛屿之间，两端连接两大海域的狭窄通道。

海峡是由于地壳运动而生成的，往往是航海的通道，更是航路的咽喉。

哪吒闹海、孙悟空龙宫借宝、张羽煮海的传奇故事均发生在东海，这些故事体现了中华民族眷恋大海的精神寄托，不知激动过多少代人的童心。人们憎恨暴戾的东海龙王，却对瑰丽的"龙宫"羡慕万分。那么东海龙王住在哪里？迄今为止，还没有一点有关东海龙宫遗址的信息。科学的结论是：东海根本就没有龙王，龙宫只不过是虚无缥缈的幻景。

科学家通过对东海海平面的变化，特别是对近些年东海沧桑的深入研究，并通过对在东海采集到的海底沉积物的分析与研究，将遥远的东海时空变化，用现代的 ^{14}C 放射性同位素测年技术——定格在电脑屏幕上，一张东海距今 4 万 ~1 万年的海平面变化图清晰地呈现在人们面前。

这是东海的一段漫长的海枯石烂的历史，当时东海广大的浅水区出露海底形成大平原，台湾岛、舟山群岛等大小数千个岛屿脱离海水，成为丘陵或高山，因此也形成了许多大小各异的海峡水道。

台湾海峡，是我国最为重要的海峡。

在台湾海的一次重要的古遗存发现，称得上是令中华民族值得庆幸的发现，更是一次令台海两岸同胞倍感兴奋的发现。

公元 2000 年，福建泉州渔民在台湾海峡捕捞作业时，从海底捞出一件人类化石。经鉴定，这件骨骼化石属男性个体的右肱骨，保存基本完整，长度达 311 毫米，其形成绝对年代为距今 2.6 万 ~1.1 万年。

考古学家对东海的这一重大发现感到十分欣喜，我国著名考古学家贾兰坡先生建议将这一化石命名为"海峡人"。"海峡人"的科学意义充分证明：台湾最早的人类来自我国华南地区，他们是从福建经台湾海峡到达的台湾。"海峡人"与我国大陆各民族之间存在着血缘与文化传播、继承关系，他们是华夏儿女的一部分，与我国大陆人同根同源，同是龙的传人。

台湾海峡的这一发现向我们展示出了这样的一幅幅画面：我们的先民们依海而群居，依海而繁衍生存，他们感恩大海，敬畏大海，占卜吉凶，祈求庇护，随之中华民族的图腾——龙出现了。这与约在公元前 4000 年的仰韶文化遗址出土的用贝壳堆成的龙虎图相印证，这是中国迄今为止发现最早的龙虎形象。

远古时代，台湾与大陆相连，后来因地壳运动，相连接的部分沉入海中，形成海峡，出现了台湾岛。台湾是我国第一大岛，位于中国大陆东南海面。台湾省包括台湾岛、澎湖列岛、钓鱼岛等 80 多个岛屿，总面积约 3620 平方千米。其中台湾岛南北长 394 千米，东西宽 15~144 千米。台湾岛东临太平洋，东北与琉球群岛遥相呼应，南面隔巴士海峡与菲律宾相望。西面隔台湾海峡与福建省的金门、厦门相望。

台湾岛作为我国大陆在海上的延伸，是东南沿海的前出地带。台湾岛周围海域渔业资源丰富，台湾海峡位于我国大陆架上，是我国主要渔场之一。台湾岛有两大重要港口，这就是基隆港和高雄港。

台湾是中国神圣领土不可分割的一部分。自旧石器时代开始，台湾岛就有人类活动和居住，那是我们的先民。隋唐时期台湾称"琉球"，三国时称"夷州"。历史上，台湾曾被西班牙、荷兰、日本先后占领。抗日战争胜利后，台湾重归中国的版图。1949 年后，由于众所周知的原因，台湾与祖国大陆隔海峡处于分离的状态。

据史料记载，"台湾"名称的出现只有 300 多年的历史。但是史书记载两岸人民对台湾宝岛早有自己的称呼，历史上对台湾的称呼有近 10 个，不同的称呼反映了中华民族对台湾宝岛的关心和期待。在古老的中国出现国家机器时，就把中国划分为九州管理，记载这一史实的是中国最早的史书之一《尚书·禹贡篇》。九州中的扬州管辖范围北至淮河，东至沿海。书中的"岛夷卉服"就是指台湾。康熙三十三年（公元 1694 年）高拱乾主修的《台湾府志》中表述，夏商时期的扬州包括台湾。日本学者尾崎秀真也认为"岛夷"是台湾最早的名称。因此，可以认为"岛夷"是台湾的第一个名称。

台湾是海洋中国的生命穴位，具有极为重要的政治、经济和军事意义。正如美国麦克阿瑟将军所言："台湾是美国太平洋前线的总枢纽和永不沉没的航空母舰，美国必须控制台湾，以便控制海参崴至新加坡的所有海港。"

第十一节　岛礁

岛礁是指海洋中分别独立的海岛与礁盘。

海岛，现代汉语指被海水环绕的小片陆地。地质学的定义是指散布于海洋中面积不小于 500 平方米的小块陆地。但是，海岛的法学定义一直以来在国际上存在争议，历经多次修改，现在通常是引用 1982 年《联合国海洋法公约》第 121 条的规定："岛屿是四面环水并在高潮时高于水面的自然形成的陆地区域。"海岛根据不同属性，有多种分类方法，一般可分为大陆岛、珊瑚岛、火山岛和冲积岛等。在我国海域有 500 平方米以上的海岛 7000 多个，总面积达 6600 多平方千米，其中有居民海岛 455 个，人口达 470 多万。

礁，指在海里由岩石或钙质珊瑚堆积成的接近水面的岩状物，可露出也可不露出水面。

每一个海岛都是地质学教科书中的一节，不同的是每一个海岛都有着属于自己的传奇身世。

无论是大海中的哪一个极为普通的小岛，仔细研究都会向人们揭示海岛诞生与演进的神秘面纱。

大自然神奇的力量造就了陆地和海洋，同时也造就了许许多多类型不同的岛屿。这些类型不同的岛屿犹如碧海银盘中的一颗颗明珠，闪烁在大海上。

在这些不同类型的海岛上，他们的形成各有其因，有的原是大陆的一部分，后因沧海桑田而孤立于海中；有的则是江河水中的大量泥沙入海后，长年累月堆积而成；也有的是海中火山爆发的产物；还有的是"岛屿建筑师"——珊瑚虫世世代代的杰作。无论这些岛屿是怎样形成的，科学家们关心的是这些岛屿上的生命是如何诞生，如何延续的。

首先是岛屿上有了土壤，而后便呈现出了植物的生机。当有了绿色植物后，海洋动物开始爬上海滩，直至陆上动物定居岛上。然而，秘密在于这些植物是怎样来到岛上的呢？陆地动物又是通过什么途径定居在海岛上的呢？

海风掠过海岛，掀起的波浪冲刷着海岛，而海鸟搏击风浪飞上了海岛。正是这风、浪和海鸟成为海岛新生命的播种者，植物的种子随风、顺浪或是海鸟的粪便被带到了岛上。还有海上遇难的船只碎片以及散落的各种物品，或是陆上人抛入海中的垃圾被风、浪、流送到了岛上，成为播种海岛生命的另一个渠道。

海岛绿了，动物的生命随之而来。

蝴蝶、蛾子、苍蝇从最近的陆上飞来，或是被风刮来了。一个白天，一群迷途的蜻蜓乘风来到了岛上；另一个夜晚，一群蝙蝠乘着夜色飞到了岛上。又是一天，两只蜥蜴趴在一根树干或一堆枯枝上来到了海岛。

岛上开始热闹起来。不知过了多久，一艘船来到了岛上。谁也没有想到，这艘船走后给岛上留下了新的生命，几只偷藏在船上物品中的老鼠随船偷偷爬上了海岛。

这是一个海岛诞生生命的秘密，海洋中无论是哪一种类型的海岛，都经历了大同小异的进程，并同样延续着它们自身的生命与历史。正是在这延续的进程中，它们又有着各自的阴晴圆缺与悲欢离合。

田横岛，位于青岛北部的黄海横门湾中，总面积仅有 1.46 平方千米。

田横岛历史上名为红岛，为纪念田横 500 壮士而被称为田横岛。田横是秦末齐国旧王族，齐王田氏的后裔，继田儋之后为齐王。

楚汉战争中，汉王刘邦派使者郦食其赴齐连和，终于说服了田广与田横。于是田横解除了战备，设宴大事庆贺。正当齐国懈备之际，汉将韩信争功好胜，趁郦食其在齐未归之机，引兵东进，攻入齐国。田横、田广非常愤怒，认为汉王刘邦背信弃义，便立即处死了郦食其。齐师大败，韩信袭破历下军，陷齐都城临淄，田广逃亡中被杀。

汉高祖消灭群雄、统一天下后，田横不顾齐国的灭亡，同他的义士 500 人仍困守在黄海山东近海的田横岛上。汉高祖听说田横很得人心，担心日后为患，便下诏令：如田横来降，便可封王或侯；如不来，便派兵诛之。田横为了保存岛上500 人的性命，便带上两个部下离开海岛向京城进发。但到了离京城 30 里的地方，田横自刎而死，遗嘱写明同行的两人提上他的头去见汉高祖。汉高祖对田横用王礼葬之，并封那两个部下做都尉，但那两人在埋葬田横后，也自杀在田横的墓穴中。随后汉高祖派人去招降岛上的 500 壮士，但他们听到田横自刎，便都集体自刎于岛上。

也许是受到田横 500 壮士之忠义感动，大师徐悲鸿作了油画《田横五百士》，画长 349 厘米，宽 197 厘米。此画作于 1928 年，成于 1930 年，距今已有 80 多年的历史。《田横五百士》所描绘的是《史记·田儋列传》中的农民起义领袖田横在刘邦称帝后，与手下的 500 壮士诀别的情景。徐悲鸿作此画时，正是日寇入侵，蒋介石妥协不抵抗，许多人媚敌求荣之时，他意在通过田横故事，歌颂宁死不屈的气节，歌颂中国人民自古以来所尊崇的"富贵不能淫，威武不能屈"的品质，以激励广大人民抗击日寇。

画面选取了田横与 500 壮士诀别的场面，田横面容肃穆地拱手向岛上的壮士们告别，在那双炯炯的眼睛里没有凄婉、悲伤，而是闪着凝重、坚毅、自信的光芒。画面上壮士中有人沉默，有人忧伤，也有人悲愤。一个瘸了腿的人正在急急向前，好像要阻止田横离去。整鞍待发的马站在一旁，不安地扭动着头颈，浓重的白云沉郁地低垂着。正是有感于田横等人"富贵不能淫，威武不能屈"的气节，这幅巨大的历史画渗透着一种悲壮气概，撼人心魄。画中那个穿绯红衣袍的田横作拱手诀别状，他昂首挺胸，表情严肃，眼望苍天，似乎对茫茫天地在发出诘问，横贯画幅三分之二的人物组群，则以密集的阵形传达出群众的合力。

今天的田横岛依然横卧于黄海 2000 多年前蔚蓝色的记忆中，每日每夜，潮涨潮落，田横岛与她的 500 壮士一起，听长风低啸，望巨浪排空，感受日月星辰的存在，感受生命的永恒。

这就是田横岛的历史，田横岛的全部！

2000 多年的孤独和寂寞埋葬了 500 个慷慨悲壮的生命之躯；2000 多年的凄风冷雨、恶浪浊流打不湿 500 条硬汉子充血的眼睛。他们在这个土堆里，不，是在坟墓里化作了永恒，昭示后人 500 壮士的气节永存。

崇明岛地处长江口，是我国第三大岛，被誉为"长江门户、东海瀛洲"，是中国最大的河口冲积岛，最大的沙岛。崇明岛成陆已有 1300 多年历史，现有面积为 1267 平方千米，海拔 3.5~4.5 米。全岛地势平坦，土地肥沃，林木繁盛，物产富饶，是有名的鱼米之乡。

崇明岛是新长江三角洲发育过程中的产物，它的原处是长江口外浅海。长江奔泻东下，流入河口地区时，由于比降减小，流速变缓等原因，所携大量泥沙于此逐渐沉积。一面在长江口南北岸造成滨海平原，一面又在江中形成星罗棋布的河口沙洲。这样一来，崇明岛便逐渐成为一个典型的河口沙岛。它从露出水面到最后形成大岛，经历了千余年的涨坍变化。

崇明岛的来历源于一个传说。东晋末年，孙恩农民起义失败后，起义军的几排竹筏漂浮到了靠近东海的长江口，在江边的泥沙中搁浅。这些竹筏拦住了滚滚长江带来的泥沙，逐渐形成了一个沙嘴。这片沙嘴尚没完全露出江面时，随着江水海潮的涨落时隐时现，给人一种神秘之感。人们说它既像怪物，又似神仙，既"鬼鬼祟祟"，又"明明显显"，于是便给它起了名字叫"祟明"。后来这片沙嘴泥沙越积越多，变得又高又大而后完全露出了水面，形成一个小岛，再也不受潮涨潮落的影响了。人们见其气势壮观，已不再将其视为怪异，并产生了一种崇敬之情。于是人们便把"祟明"改称为"崇明"了。

对于崇明岛来说，她就似长江孕育的一个孩子。在上海的传说中，民族英雄文天祥曾来到过崇明岛。

公元 1276 年 4 月的一个子夜，身为宋朝丞相的文天祥微服由苏北乘船于天明时分到了崇明岛外，此时放眼白云飘荡的海空顿成碧蓝天宇，他溯古思今，心潮起伏，便写下了这样的诗句："一叶飘荡扬子江，白云尽头是苏洋，便如伍子当年苦，只少行头宝剑装。"

正是这诗最后的"宝剑装"三个字，表达了文天祥忠心祖国、忠心民族之志，同时也抒发了他卧薪尝胆之气概。

如今，崇明岛依然横卧在长江口外，依然似一个孩子依偎着长江，依偎在上海的身旁，把忠心书写在东海之上。

第十二节　台风与风暴潮

在人类所面临的诸多自然灾害中，那些源于海洋的灾害被统称为海洋灾害。海洋灾害主要有风暴潮、灾害性海浪、海冰、赤潮和海啸5种。它们主要威胁海上及海岸带的人们，有些还危及自岸向陆广大纵深地区的城乡经济及人民生命财产的安全。

风暴潮定义：由台风、温带气旋、冷锋的强风作用和气压骤变等强烈的天气系统引起的海面异常升降现象，又称风暴增水或气象海啸。风暴潮是一种重力长波，周期从数小时至数天不等，介于地震海啸和低频的海洋潮汐之间，振幅（即风暴潮的潮高）一般数米，最大可达两三千米。它是沿海地区的一种自然灾害，它与相伴的狂风巨浪可酿成更大灾害。通常把风暴潮分为温带气旋引起的温带风暴潮（如中国北方海区）和热带风暴（台风）引起的热带风暴潮（如中国东南沿海）。

我国大陆位于太平洋西岸，是风暴潮的多发区，特点是一年四季都会发生。

风暴潮这一天灾给人们造成了无数悲惨的境遇。据史料记载：自西汉初元元年（公元前48年）至民国二十七年（公元1938年），仅渤海南部沿岸发生的较大的风暴潮灾就有80次之多。其中特大潮灾发生在唐高宗上元三年八月（公元676年）。史料载："青州大风海溢，漂居人五千余家，齐、淄等七州大水。"在清朝从1644年到1911年的268年中，发生潮灾45次，其中较大潮灾有10次，特大潮灾有3次。较大潮灾时水位高达6~7.5米，海潮侵入内陆40~50千米。1782年农历八月初五，山东无棣至潍县等7县同时发生特大潮灾，据寿光县志记载："秋八月初五，风暴大作，海水溢百余里，溺死人畜无算。"

浙江、福建沿海是风暴潮的多发地区，历史上发生过多少次潮灾无法确切统计。从沿海各府、州、县志中可以看出，平均1~2年至少发生一次潮灾。

公元66年，"飓风暴雨海溢，人多死者"。

公元767年，"七月十二日夜，杭州大风，海水翻长潮，飘荡州廓五千余家，船千余只，全家陷溺者百余户，死者数百人。苏、湖、越等州亦然。"

公元1229年，"丁卯天台仙居水自西来，海自南溢，俱会于城下，防者不戒，袭朝天门,大翻括苍门城以入,杂决崇和门,侧城而出,平地高丈有七尺,死人民逾二万,凡物之蔽江塞港入于海者三日。"

公元 1568 年,"飓风海潮大涨,挟天台山诸水入城三日,溺死三万余人,没田十五万亩,坏庐舍五万区""大雨倾盆,山崩海啸,须臾高数十丈,冲坏郡城西南二门,民舍上屋脊,敲椽折瓦,号泣之声沏城。死者无算。一日传台州仅留十几户。……水退,人畜尸骸满闾巷,官府委人埋葬,数月方尽。"

南海沿岸地区是风暴潮的高发区。由于地处热带和亚热带,所以频遭台风袭击,也是我国遭受风暴潮灾害最严重的海域。仅就广东沿海而言,据有关历史资料记载,从公元 798 年到 1949 年的 1000 多年中,约遭受过 1440 次台风的侵袭。其中绝大多数引起了风暴潮。

1814 年,在澄迈县沿海一带,"八月初十夜,台风水涨,海潮溢,拔木坏屋,压死人畜,沿海港内,漂没船只,淹死者不可胜计"。

20 世纪 80 年代,日本的一部电视连续剧《命运》感动了很多人。导演了这幕《命运》悲剧的罪魁祸首,就是发生在 1959 年的一场特大的风暴潮,日本气象部门称之为"伊势湾台风"。据事后统计,"伊势湾台风"导致潮位达 5.18 米,毁坏民房 55.3 万户,冲毁良田 14660 公顷,毁坏各种船舶 2481 艘,死亡 3945 人,下落不明 1235 人,伤 7 万余人,总计经济损失超过 852 亿日元。

1969 年 7 月 28 日,第 3 号台风从汕头惠来登陆,台风中心附近风速 55 米/秒。狂风推涌潮水跃上 2000 多千米宽的沿海,波及惠来、潮阳、澄海、饶平、南澳五县一市,冲垮海堤数百千米,淹没良田数百万亩,万吨巨轮被海浪抛上了沙滩。汕头市倒塌房屋数以万计,死伤万人以上,财物损失不计其数,是我国 20 世纪 60 年代末最惨重的一次风暴潮。

千百年来,我国沿海受尽了风暴潮灾害之苦,无数良田沃野、生命财产尽毁于滚滚海潮之中,人们背井离乡,家破人亡。

1970 年 11 月 13 日,世界几乎所有大的报纸都刊登了这样一条爆炸性新闻:强大气旋在孟加拉湾恒河三角洲地区登陆,产生了巨大的风暴潮,造成了巨大的伤亡。

据报道:气旋登陆时最大阵风速 65 米/秒,巨大的风暴潮水墙在风暴的推动下迅速涌上岸,向沿岸一带纵深地区冲击,其来势之猛,仿佛要吞没整个世界。

据灾后统计:在这场风暴潮灾害中总计丧失生命 30 万,丧失牲畜 50 万,无家可归,流离失所者远超过 100 万。

1979 年 8 月初的一个上午,广东珠江口至汕头沿海,乌云遮住了天空中的骄阳。不知道从什么时候起,人们发现大海开始发出低沉的吼叫。这时一排排涌浪从外海奔来,使停泊在近岸的船舶起伏跌宕;一些发光的浮游生物出现群集并漂浮于海面，浅水区不时有平时极少见的深海生物出没；而时常能见到的海豚开始成群地在海中乱窜，海蛇在海面上相互缠绕着漂游，还发现有海龟也把头伸出了水面……总之，海中的生物都一反常态。

霎时间风云突变，电闪雷鸣，随之暴雨倾盆。台风至，波涛起，狂飙呼天啸海而来。

"来疑沧海尽成空，万面鼓声中"，台风掀起巨浪狂涛扑向一切试图阻挡它的障碍物，随后激起几十米高的冲天浪头！

这是人们无法预测和抗拒的力量。台风中惠东县港口乡苦心经营15年种植的两万亩500万株防风林带全部被摧毁；当地驻军某部的一座钢筋混凝土平顶房，房顶像卷纸一样被狂风掀了起来；一位渔民被狂风卷上天，当了一会儿"神仙"后被甩到了30多米外的沙滩上。更让人不可思议的是，一个大队的两头水牛被狂风卷上天空，全然像神话中的飞牛飞翔天空，而后飘落在港湾上。

深圳南头乡，一棵直径2.5米的大树被狂风连根拔起。

汕头市区有一半以上浸水，水深在0.3~1.0米之间，低洼处的轮渡码头水深超过14米，潮水涌进仓库，码头上数千吨货物被冲走。

海丰县遮浪乡损失更为严重，70%的房屋被毁，屋顶瓦片如秋风扫落叶一样在空中横飞，不少碎瓦片竟像匕首一样，深深插进树干几厘米。已经避风上岸的渔船，本已用尼龙绳捆牢，又用沙包压实，仍然被风刮水冲到几十米外撞毁。

汕尾港仅在20分钟的时间里水位暴涨0.8米，避风船只大遭其灾，撞沉撞毁不计其数。

台风袭来时，海岸如在水幕中，海浪飞沫使雨水变得咸涩。这时国家海洋局遮浪海洋观测站已无法测到最大波高，几个小时后测得的海浪波高仍达9.5米。

在漫长的人类历史上，残酷的风暴潮灾害不断地夺走了世界各沿海国沿岸人民的财产和生命，也夺走了他们的欢乐与希望，留给人们的只能是一片哀怨，这就是海洋的另一面。

▋▋第十三节　海浪

海浪定义：通常指海洋中由风产生的波浪。主要包括风浪、涌浪和海洋近海波。在不同的风速、风向和地形条件下，海浪的尺寸变化很大，通常周期为零点几秒到数十秒，波长为几十厘米至几百米，波高为几厘米至20余米，在罕见地形下，波高可达 30 米以上。

灾害性海浪是海洋中产生的具有灾害性破坏的波浪，其作用力每平方米可达 30~40 吨。

这是中国海洋石油人永远也不会忘记的往事，一场险些把刚刚下海的中国海洋石油业推向深渊的海浪灾难。

1979 年 11 月，渤海湾的冬天异常的寒冷，我国进口并由"富士号"更名为"渤海 2 号"的钻井平台，在完成一个井位的钻井作业后拖航去新的井位，就在降船时海上刮起了七级至八级大风。渤海湾阵风乍起乍落是常有的事，而当时平台上也未收到任何气象台发布的大风警报，拖航作业照常进行。不料海上的大风越刮越猛，至晚间阵风风力达到了 11~12 级。这时海面上海浪随风骤起如排山倒海，"渤海 2 号"在大风浪中剧烈地摇晃颠簸起来，凶猛的浪头一个接一个冲上甲板，无情地扫荡着甲板上的一切。此时平台上有 70 多名作业人员，险情当头大家急忙加固甲板上的物件，并采取措施严防海水灌进舱室。但人之力无法抵御海之力，几个巨浪扑上甲板，猛地将两个通风筒盖掀开，海水在甲板上形成巨大的漩涡，又咆哮着从通风筒灌进舱内。

"人在船在"，海洋石油人拼死一搏，但一切的抢险措施都于事无补，霎时间底舱被灌进了大量的海水，应急发电机被淹没，整个平台顿时陷入黑暗之中。拖航指挥者意识到眼前的险情，善良地作出了让拖航轮调转航向摆脱险境的决定，不想事与愿违，就在转向的过程中，"渤海 2 号"被狂风巨浪掀翻，随即沉入海底。

"渤海 2 号"上中国海洋石油早期勘探者大部分人遇难，唯有两人幸存。

"渤海 2 号"沉没了，一时间震动了海内外。

海上的事瞬息万变，理应有海洋思维对待之，若以陆上的常规思维推断海上发生的事情，显然有悖游戏规则，但人们还是这样做了。

"渤海 2 号"沉没的教训是深刻的，影响是深远的。中国海洋石油人立志下海，但不谙水性不识海，难免海不遂人愿，出师未捷身先死。

这一海浪灾难告诉我们，中国海洋石油，以悲剧的形式结束了一个悲壮的时代！

第十四节　海冰

海冰定义：海冰是淡水冰晶、"卤水"和含有盐分的气泡混合体，是海中一切冰的总称，包括咸水冰、河冰和冰山等。海洋中的冰主要是由海水冻结而成的，也有一部分是来自江河注入或大陆冰川滑入海中的淡水冰。

由海冰引起的影响到人类在海岸或海上活动和设施安全运行的情况称为海冰灾害。在冰情严重的区域或异常严寒的冬季往往出现严重的冰封现象，使沿海港口和航道封冻，给沿海经济及人民生命财产安全造成危害。

海冰在海区波浪、海流、潮汐等的影响下可以发展成各种形状和大小的浮冰块、流冰以及各种形式的压力冰，对舰船航行和海上建筑物造成危害。海冰在冻结和融化过程中还会引起海况的变化。因此，掌握和运用海冰发生、发展的规律，开展冰情预报工作，是海洋科学为国民经济和国防建设服务的一个重要方面。

自古以来，人们迷恋于渤海那碧波粼粼，鸥鸟盘旋的清丽；钟情于她那风柔水凉，海阔天空的豪爽；感慨于她那惊涛裂岸，大浪淘沙的气势，但少有人留意和亲身体验渤海的冰封。

2010年伊始，一场30年来同期最严重的冰封悄然向渤海袭来。当渤海冰封发展成为海洋灾害见诸媒体时，远离海岸的人们惊奇地发问：海水也会结冰吗？

海洋科学家这样解释：在自然条件下，要使海水结冰，首先是它周围的气温必须长时间低于海水的冰点，才能使海水因大量散失热量而降低温度。当水温降至冰点并继续失热时，海水便开始结冰。气温远比海水的冰点低，是海水结冰的先决条件。

海水真的会结冰吗？其实不然，海水结冰时，只是海水中的纯水结成冰晶，而将海水中所含的盐分排析出去。这些排析出来的盐分，集中在冰晶之间尚未结冰的海水里，人们看到的渤海的海冰其实是由海水中的纯水冻结而成。

2010年，渤海冰期来得有些突然，这一年的元旦刚过，天津大港外的独流碱河河口，停泊在入海口的渔船全都被冰冻在近岸，就连中国渔政的一艘执法艇同样未能幸免。一位金姓个体船主表示，他的船是一艘40马力的渔船，20多天前被冻在了这里。他指了指和他的船冻在一起的船说："实在是没办法，船上的人只能下船回家。现在不但出不了海，几个船主还得合伙花钱找人看船。我们小船能回来还是好的，一些200马力的大渔船20多天前出海到现在还没回来，被海冰挡在了外面无法靠岸。"

国家海洋局天津海洋环境监测中心站监测表明，附近海域近岸宽度在500~2000米左右，一般冰厚为15~25厘米，最厚的冰可达40厘米，一般堆积高度为0.5米，最大堆积高度可达2.5米。

天津北塘港和蔡家堡港，所有进港和靠岸的渔船都被冰封住了，上百艘渔船密密匝匝，结结实实被冻在一起，冰封的船上猎猎飘扬着的国旗似乎在彰显着渔民不屈不挠的闯海精神，恰似一支庞大的船队在冰海上与冰灾抗争。

唐山曹妃甸港由陆岸向渤海内延伸了20千米，港外的水深较深，由于持续低温，港内几乎积满了浮冰，煤码头东侧的湾内，破碎的浮冰盖住了整个海面，在风潮的作用下，上下翻腾着白色的雪浪铺天啸海，气势非凡。潮来雪浪腾空而起，似银蛇群舞；潮去雪浪蠕动而退，陡然排海。这场面着实让人感叹，大自然神奇的力量足以令人瞠目结舌。这场面的壮观，这情景的奇异无法用语言去表达。

昌黎黄金海岸自然保护区早已人迹罕至，高大的海岸沙丘上覆盖有少量的积雪，海岸沙滩在阳光下，在寒风中依然泛着耀目的金黄色，只是近岸已被海冰包裹了起来。

山海关老龙头屹立在海岸之上，近岸堆积的海冰在阳光的照射下泛着白光，海天间充满了肃杀的氛围，使老龙头显得异常庄重和威严。

辽河口海冰

辽宁绥中芷锚湾海岸，最低气温已达到零下19℃，导致当年的冰情成为30年来同期最为严重的。芷锚湾近岸冰封大量的堆积冰，远处是浮冰，再远处便是浮冰区。遥望近海冰面，当年曹操东临竭石以观沧海的竭石，尽管依然傲立海中，但在浮冰的簇拥下已显得有些无奈。

菊花岛是近岸海岛，位于辽宁省兴城市南部海域，面积 13.5 平方千米，距岸最近距离 7.5 千米。岛上现有居民 1092 户，人口 3037 人，冬季常驻居民近2900 人。

2009 年底，由于受强冷空气影响，菊花岛周围海域提前进入冰期而封岛。菊花岛海域历年结冰，年年封岛，岛上居民已适应自然冰期封岛，并沿袭储备生活必备品的习惯。今年冰期较往年同期有所提前，因此也较往年提前进入封岛期，几乎与外界隔绝了。

2010 年 1 月 19 日，国务院总理温家宝对新华社刊发的"辽东湾最大岛屿被海冰围困　居民生活出行受影响"一文作出了批示。

辽东湾是我国最北部的海域，由于周围有辽河、双台子河和大凌河等大小河流入海，淡水量较大。因此历年都是冰情最重和冰期最长的海域。

2010 年，渤海出现的严重冰情，辽东湾是重灾区，冰期提前了近半个月，特点是发展快，面积大，冰层厚，冰厚达到 40~50 厘米。

受严重冰情影响和危害最大的是滩涂养殖业。由于重冰期会造成冻滩，将导致滩涂贝类因低温和缺氧而大量死亡。

辽东湾是我国斑海豹的天然繁育场，由于冰期提前，发展快，面积大，冰层厚的原因，阻断了斑海豹的洄游路径，斑海豹无法返回双台子河口海域产仔。

渤海冰封，滴水点冰。渤海的冬天，不见万帆波涛入画，千里帆影踪迹；只见千里冰封，满眼银光和肃杀的冰海、冰裂、冰排和冰丘，渤海冰的世界竟也如此的神奇。

▌第十五节　海底地震与海塘

海底地震定义：地下岩石突然断裂而发生的急剧运动，岩石圈板块沿边界的相对运动和相互作用是导致海底地震的主要原因。海底地震往往会引起海啸，特别是发生在距边缘海近处的海底地震会给人类带来灾难。

海底地震引起的海啸，是一种具有强大破坏力的海浪，当地震发生于海底时，因震波的动力而引起海水剧烈的起伏，形成强大的波浪，将沿海地带淹没而形成灾害。今天我们所说的海啸。在我国古代被称为潮灾。我国古代最早的潮灾记录在《汉书·天文志》上，西汉初元元年（公元前48年）发生了风暴潮，第二年又发生了海啸，造成了人员伤亡。《中国历代灾害性海潮史料》收集了1911年前中国历代的潮灾记录213次。实际上，我国古代潮灾的次数要比这个数字大得多。每次潮灾都给沿海地区的人民财产带来了巨大的损失。为了保卫沿海地区人民生命财产安全，我们的祖先早在4000多年前就开始在沿海修筑海塘。据记载，原始的海塘十分简陋，甚至不是一种连续的防波堤，而只是一种墩，古时又叫"冈身"。现在我们在江苏常熟、上海的嘉定、奉贤一带还能找到古冈身的遗迹。

海底地震引发海啸的因素是多方面的，首要的因素是震级足够大，当海底地震发生，海浪从开阔的海面传播逼近海岸时，波浪猛烈抬开，产生巨大的破坏力而形成潮灾。防御潮灾最有效的办法就是筑堤，古人称之为海塘。

我国古代海塘工程最集中最宏伟的地段，是杭州钱塘江喇叭形河口处。这里日夜受到太平洋潮波的冲击，在夏秋台风频繁活动之际，这里又是风暴潮最为严重的地区，加之钱塘江三角洲及杭嘉湖平原很早就是我国江南著名的鱼米之乡，因此这一带的人民必须通过修筑海塘来保卫自己的家园。

除了冈身以外，海塘工程最先都用土筑的长堤，称为土塘。土塘修筑容易，但防潮能力差。到了五代时，江浙一带人们用竹笼装好石头抛向堤外，然后栽上10多行树，既固定了石头，加固了塘基，又减缓了潮波对海岸的冲击。到北宋时，当地人民也多次修筑钱塘江北岸的海塘。开始时也用五代时"竹笼安石法"，后来用巨石砌成，称为石塘。宋代著名政治家王安石在浙江当知县时，发明了"坡陀法"。即在临水面采取斜坡向下的形式，加上抛石以减少潮水对海岸的冲击力，从而起到了明显的防护作用。

长江口以北的海塘，便是著名政治家范仲淹领导百姓所修的范公堤。这道海塘约有150千米长，对保护田地、防御海水入侵起了很大作用。范仲淹任泰州西溪盐官时，海塘年久失修，风潮泛滥，淹没田产，请示朝廷后调集4万余民夫修筑，使这段海塘恢复了抗灾能力，江北数万顷盐碱地化为良田，人们得以安居乐业。

我国的万里海塘，到元代绝大部分已改为石塘。到了明代就更加重视海塘的加固和筑塘技术的改进。明代近300年间对海塘共进行过10多次整修，技术上也先后采用多种方法，如石囤木柜法、坡陀法、垒砌法、纵横交错法等。最后黄光升综合前人修筑海塘的技术和经验，写出了《筑塘说》一书，对后来的海塘工程有着积极的指导意义。

如同万里长城设有雄关一样，万里海塘也设有潮闸。明代科学家徐光启在其《农政全书》中对潮闸的作用作了透彻的说明，平时潮来时，闸门是关着的，潮水夹带的泥沙不能进入河口里来，退潮时闸门打开让水流入海，使泥沙不能淤积。当天旱时潮闸不开，以便蓄河水灌溉农田，当天涝时打开闸门，把积水排到海里去。

长城、大运河、海塘，被并称为中国古代三大工程。长城因为象征着中华民族的不屈不挠，威武雄壮，因而在世界上最为有名。运河和海塘工程，经后人的不断整修和维护，今天仍然发挥着巨大的作用。而海塘工程在抵抗我国沿海地带发生的台风、风暴潮等自然灾害中，发挥了难以估量的作用。

正是在与大海的不断抗争中，人们逐渐形成了人与人、人与大海之间的伦理关系。这种关系的延续与传承，在不同的沿海地域积淀了不同的人文意识，从而形成了不同地域的海洋文化。

第十六节　海底世界

海底世界，是指包括海水中的一切生物及其海底地形地貌，而有别于陆地的总和，也称海洋世界。这里用海底世界来描述也许过于文学化了，但这样用词是为了更容易理解。海底世界由两大部分组成，一是海底，二是水体，两者共同组成海底世界的空间，在这一空间存在着生命，它们的生存与繁衍使海底世界生机勃勃。

什么是海底？海底就是海水下海洋与陆地的接触面。对此，教科书从地质学、海洋学、化学和生物学角度进行了定义。这里我们先说海底是如何形成的，都是由什么物质组成的，又是如何构造的。

海底首先缘于海岸向海洋的方向延伸，当然这海岸由于地理位置不同而不同，一般有河口岸、砂砾质岸、淤泥质岸、珊瑚礁岸、基岩岸和红树林岸等。与海岸相连的便是大陆边缘，也就是大陆与大洋底两大台阶面之间的过渡地带，包括大陆架、大陆坡（大陆坡中的海底峡谷、海底扇）、大陆隆、边缘盆地、岛弧、海沟。越过大陆边缘地带便是大洋底，大洋底的组成有大洋盆地和大洋中脊，其中大洋盆地中又包含深海平原、海底丘陵、海台、海山、海岭及无震海岭。海底这些地貌表层的物质称为海洋沉积，分为近岸沉积、浅海沉积、大陆坡—陆隆沉积、大洋沉积。海（洋）底有一种重要的构成物质，这就是岩石，多为玄武岩、辉长岩、大洋安山岩、花岗岩、变质岩等。沉积物和底下的岩石共同结构成了大洋地壳，形成了海底地貌。

海底地貌被淹没在海水中，海水是海洋中最为丰富的物质，海水是由 96.5%的纯净水加上盐分、溶解的气体和其他物质组成的混合物。

综合地质学、海洋学、化学和生物学定义，海底世界可以理解为，海底与海水结合成一体，当其中有了生命便构成了海底世界。海底世界深为几十米、几百米、几千米，甚至上万米，那么深邃的海底世界是什么样子呢？

海底世界远比太空神秘、深邃，时至今天，人类对海底世界的所有认知和描述都是局部和局限的，还无法做到大范围宏观的同步观测与展现其地球上的另一个生命世界。那么，海底世界，特别是几千米以深的海底究竟是什么样子？

目前，世界上潜入深海直接用肉眼观察过海底世界的人少之又少，当置身几千米海底时人会是什么样的感受，肉眼直视海底世界时那个幽灵般的世界到底是什么样子？

我国"蛟龙号"载人潜水器首批 3 名潜航员之一的唐嘉陵，在太平洋第一次大深度下潜之后，这样写道：

面对一次大深度深潜试验，即使是一名经验丰富的潜航员，要带领两名实习潜航员一块下潜时，也难免让潜水器载人舱内的气氛略显紧张。在整个下潜过程中我一直保持冷静却又注意力集中地聆听着潜水器在水中下潜时内外部的一切，不放过任何异常的声响。虽然说是有点紧张，但下潜到达 1000 米深度和突破 2000 米深度还是让我兴奋，这虽然仅仅是几分钟的兴奋，却将永远烙刻在我记忆的深处。

已经接近海底了，透过观察窗，外面就是我很多很多次在梦中向往的深海世界，是我曾在书籍中看过的深海世界，虽然映入眼眶的还是漆黑一片，窗外不时飘过的一点点闪烁的或银色，或蓝色，或粉红，是像萤火虫一样发光的浮游生物。似乎它们也对我们的到来充满了好奇，而我有时候也像小孩一样用手罩住窗口努力地遮住舱内的光线，希望看到更多！

短短的几个小时下潜，给我留下了太多宝贵的经历和回忆，伴随潜水器呼呼的排水声，我的第一次深潜（超过 1000 米）经历即将结束，试验团队通过水声通信为我们传来了贺词，而平时难得一见的成百上千的鱼儿，也在海面附近聚集着迎接我们的凯旋。阳光透过海水照射着鱼群，散发出银色的闪光和蓝色海水中时隐时现的浅蓝光束，相互辉映成为一道罕见的风景，让我们暂时忘记了水面摇摆的不适感觉。

有人问我："在水下待 9 个小时是什么感觉？"我回答："不知道你是否知道医学上有一种病症叫'幽闭恐惧症'？这是指一个人在进入狭小、黑暗的空间里会产生恐惧。表现的症状是呼吸加快、心跳过速、感到窒息、脸色发红、流汗和感到昏眩。这种恐怖的经历会储存在记忆之中，有人会时常表现出来。"

潜航员的舱是一个狭小、黑暗的空间，而且是一个与世隔绝的幽灵般的海底空间。幽闭心理训练是潜航员必须进行的训练。培训时我被关在模拟潜艇减压舱里，舱内空间狭小、无光、无声，是一个完全封闭的环境，只是事先准备了一些食品和水放在已知的位置上。这时完全没有时间概念，不许睡觉。尽管事前已有了心理准备，但坚持到一定程度后，仍然要有极大的毅力和耐力来坚持。

由于海底无光，水越深水温越低。随着下潜深度增加，舱内温度很快降低，从三十六七度很快降到十几度，舱壁的冷凝水散发着寒气，靠舱壁的人半个身子凉，半个身子热，随着温度的降低，舱内压力也降低到相当于登山运动员登上 1500 米山顶的高度。出于安全考虑，舱内氧气浓度一般低于正常水平的 10%~20%。我们感到下潜就好像是在登山，只是反了方向，下潜越深越冷，越深氧气越稀薄。

唐嘉陵回忆："在执行第47次下潜任务的前一天晚上，为了保持充足的精力，我很早就休息了。睡觉之前，我琢磨着到时候我到底会看到些什么。那里与去年在东北太平洋区域 5000 米级海试的海底会有什么样的不同？我会看到哪些奇异的生物？那里会有什么样的地质现象？各种问题在我脑子里转来转去。看了看表，自知想多了，现在的任务是睡觉，用充沛的精力迎接明天的下潜，可是闭着眼睛，那些画面还是不由自主地浮现出来。"他一次又一次地告诫自己，努力阻止着画面的出现，但是……第二天，当他真的下潜到6900多米的海底时，居然与他想象的差距甚远。

唐嘉陵看到的海底给他的感觉不是深邃，而是荒芜和贫瘠。他说道："海底下没有石头，也几乎没有起伏。在那里，不像森林里能听到风声和鸟叫，也不像高山上能看到峰峦绵延，只能体会到从来没有和想象不到的宁静。我打开灯光，四处都是平的，细腻得像奶酪。海底沉积物细细的，而且呈现给我一种黏稠胶着状的感觉，灯光下沉积物的颜色介于淡奶黄色和浅褐色之间，稍不小心就会惊动它。我轻轻一推控制手柄，推进器的轻微转动把沉积物推了一下，我看到它自然地一散，像是战场上的硝烟，弥漫起来。"

被问及那里是否有他想象的生物时，唐嘉陵说："没有。在海底面上，我看到了一些非常小的，像昆虫一样的生物，但由于机械手的空隙较大，我抓不上来。在平坦的海底上有很多透气的小孔，一个个连成一片，似乎这是海洋生物活动的痕迹，但我看不到生物。沉积物取样时，泥像黏稠的奶油一样缓缓地流淌，我小心翼翼地把取样器插进泥里，尽量慢地拔起，避免与周围相碰。用了很长时间，我才把样品完好地取到。

"在布放下潜标志物时，我操控潜水器坐向海底，底流像风儿一样流过，透过观察窗我看到像昆虫一样的小生物四处闪躲，垂直推力器荡起了一层泥烟雾，看上去有几层楼高。当我用机械手慢慢地把'中国载人深潜蛟龙号第47次下潜'的牌子平放到海底时，想在视窗前拍一张标志物的照片，可是缓缓落下的细腻黏稠的泥烟，已经把标志物掩埋，我只能看到微微凸起的形状。当烟雾慢慢地散去，我还是拍了一张照片。

"这时，我感觉像宇航员到达月球，每一步迈进都带起漂浮的尘土，我到达了一个非常非常遥远的、人迹罕至的地方，体会到什么是真正的孤独，也想起了那个古老而深刻的哲学提问：'地球上的人，我们孤独吗？'"

潜航员付文韬在描述他的下潜体会时，这样说道："当接近海底时，我打开灯光，海底世界清晰地显露在我的眼前。第一个惊喜就是海底有底栖动物爬行的痕迹，但这个惊喜没有持续多久，就被机械手的状态打断了。今天，机械手在海底的动作反应感觉要慢不少，有较大时延，这对操作机械手的影响很大，我心里想可别让我们'宝山空回'。

"第一次坐底，因海底激起的'烟尘'很长时间未消散没有立即作业。在'烟尘'散去的时间里，我要确定海流流向，因为我们要顶流近地航行；这样可以将海底'泥烟'对我们的影响降到最低。我启动推进器让'蛟龙号'离开海底，同时把艏向调转了120度，对着西偏北的顶流方位。'蛟龙号'前进了约100多米后，第二次坐底，我试着操作机械手开始作业。当我第二次离开海底面，在离地两米左右高度航行时，看到海底不时有虾和海参出现在我的视野。大约前进了10分钟，看到前下方有一只个头较大的海参，我赶紧减速、坐底，可惜，潜水器由于惯性往前多跑了20多厘米，海参正好在作业栏底部，机械手抓不到。经验告诉我再退回去会搅起大量'泥烟'，还是走为上吧。

"让我们欣慰的是，海底的生物真不少。不久，一只大个头半透明海参又在前方出现，我们第四次坐底，这次潜水器稳稳地停在了海参跟前。眼看海参触手可得，可生物箱还没有打开，而开启前还得先将旁边的标志物放下去。为了有一个清晰的视频记录，我们还是得耐下心来等'泥烟'消散。此时，前方约3米处一只体型稍小的海参正在努力游动，动起来像海马折叠式前进。透过正前方的玻璃窗，趁'泥烟'没有完全起来，我拿出准备好的相机拍下了十多张连续动作画面，右前方也有一只纯白色、不透明的小虾在游动，叶聪操作高清云台记录了下来。

　　"约 5 分钟后，'泥烟'全部散尽。我再次启动机械手，先将标志物轻轻放在海底。然后，赶紧打开生物箱，将看起来萌萌的海参轻轻握住，放入箱内，盖好盖子，我也松了口气。去年，我在 5180 多米的海底也抓到过类似的海参，可惜在潜水器上浮过程中没有了。我们第五次坐底时，在海底发现了水螅。它的外形像朵花儿，又像小小的伞被撑开，轻轻地在海底摇曳。"

第二章　海洋科学

在宇宙中，在天空下，在大地上，在海洋中，在它们彼此之间，每时每刻都在进行着能量交换。

正是如此的循环，地球才能永不停息地运转。

在这个过程中，对于地球来说，海洋发挥着无可替代的巨大作用。

地球上的每一个人都应该庆幸，要不是因为有了海洋，我们岂能在地球上诞生，又岂能在地球上安居乐业？

科学道理既浅显又深奥，那么首先要知道什么是科学。

哲学家和科学家都试图给科学提供一个充分的本质主义的定义，但并不很成功。笼统地说，科学即是反映自然、社会、思维等的客观规律的分科知识体系。对于海洋科学而言，则是研究地球上海洋的自然理念、性质与其变化规律，以及和开发与利用海洋有关的知识体系。它的研究对象即为占有地球表面积达71%的海洋，其中包括海洋中的水以及溶解或悬浮于海水中的物质、生存于海洋中的生物、海洋底边界——海洋沉积物和海底岩石圈、海洋的侧边界——河口和海岸带、海洋的上边界——海面上的大气边界层等。

第一节 中国海洋科学事业之肇始

盘古开天，九州疆域依海伴生，几千年来华夏人对海洋一直享用的是"渔盐之利、舟楫之便"，对于海洋长时期处于敬畏、馈赠和感恩的状态。中国人在历史进程中，对于科学认知海洋虽然也有过思想萌芽，但并没有形成真正意义上的科学海洋意识，尽管历史上曾有过航海业不同时期的兴旺，但并不能称之为科学海洋的实践。直至20世纪初叶，当一个人毅然决然地走进了中国海，才使海洋科学事业发轫而一路走来。

这是一个真实的故事，就是在今天看来，这仍然是一个令人匪夷所思的故事。然而这对于中国海洋事业来说，具有深远的历史与现实意义。

1927年夏天，一位从欧洲回国的学者来到青岛，他是谁？他来青岛干什么？

在此几个月前，北京大学校长蔡元培接待了一位特殊的人物，他就是宋春舫。

宋春舫（1892—1938），浙江吴兴人，剧作家、戏剧理论家、喜剧作家，曾留学瑞士，精通英、德、拉丁等多种文字，回国后任过北京大学、清华大学教授，但作为海洋科学家很少有人提及。宋春舫又是一位藏书家，被誉为"世界三大戏剧藏书家"之一，其书房"褐木庐"主藏国外戏剧书刊。他曾任青岛观象台海洋科科长，倡导建立中国海洋研究所。正是此举及其作为，使他不容置辩地被后人称为中国近代海洋事业的先驱者。

宋春舫倡导建立中国海洋研究所之时，正是新文化运动时期，蔡元培先生本以为他会对国内的戏剧发展提出真知灼见，可万万没有想到的是，宋春舫向他说出了一个令人感到十分意外的想法。他说，在欧洲学习时，经常到摩纳哥去参观学习，在参观了阿尔贝大公所建的海洋博物馆时，他看见了许多海洋活体生物。然而，更令他感到惊奇的是阿尔贝大公亲自参加海上调查，并绘制了大洋水深图和海水温度变化图，这一切深深地印在了他的脑海里。

从那时起他时常回忆起中国沉痛的海洋史，一次次的外侵都是来自海上，一个所谓的临海大国，却有海无防，更无海洋科学研究，这样怎么能不被外强凌辱？正是为此，他开始学习有关海洋科学方面的知识，注意收集国外海洋科学的参考资料。宋春舫早已暗下决心，回国后要为创办中国的海洋科学研究所贡献一份力量。

宋春舫对蔡元培先生说，回国后他除了教学和戏剧创作之外，一直在为创办中国的海洋科学研究机构奔走呼吁。他曾找过时任北平研究院院长的李石曾先生，建议应尽早建立中国的海洋研究所。李院长也认为，近代海洋成了中国无防的国门，现在不进行海洋科学研究，不努力发展海洋事业，就很难建立中国强大的海防力量，那将来必然还要继续受到侵略。不过他认为要创建海洋研究所困难重重，需要专业人才、经费、仪器设备等，还有就是创建海洋研究所的选址。

蔡元培先生当时是北平科学社的负责人，听了宋春舫的想法，蔡先生的心情十分不平静，犹豫过后，蔡元培先生支持了宋春舫。赞同他选择青岛创建中国海洋研究所的意见，建议他前去青岛实地考察。并告诉他青岛观象台台长蒋丙然先生也是科学社社友。

宋春舫最初为什么会想到青岛？有人这样认为，时任第一次世界大战战胜国中国代表团秘书的宋春舫参加了"巴黎和会"。正是这次会议，日本帝国主义不想归还中国领土，从而引起中国人民的强烈不满。正是这个原因，1919年5月4日，在中国的土地上爆发了著名的"五四运动"，强烈要求日本帝国主义无条件地归还青岛。也许正是这件事让宋春舫记住了青岛这个名字，吸引了他的注意力。

1914年11月，日本趁德国发动一战无暇东顾之机，取代德国侵占胶澳，进行军事殖民统治。1922年12月，中国收回胶澳，开为商埠，设立胶澳商埠督办公署，直属北洋政府。1938年1月，日本再次侵占青岛。

青岛在短短的百年时间里，3次沦为帝国主义列强的殖民地，经历了屈辱的一页。如今，在青岛随处可见帝国主义殖民时期遗留下来的建筑，千余处具有德国、日本、意大利、西班牙、丹麦等28国风格的建筑，成了凝固的历史。

今天，有人认为宋春舫先生是因为"巴黎和会"记住了青岛，又因"五四运动"认识了青岛。除此之外，还有一个原因就是科学社社友、时任青岛观象台台长的蒋丙然先生是他的老朋友。

中国近代海洋科学调查与研究始于20世纪20年代初。今天，我们不得不进行深深地思考：宋春舫先生为什么钟情于青岛？蒋丙然先生为什么赞同于青岛？中国近代海洋科学调查与研究为什么能始于青岛？中国近代海洋科学机构又为何能兴起于青岛？

在中国当时的社会环境下，与海结缘的城市南有受西方海洋文化直接影响的广州，北有植入清朝传统文化意识和受俄罗斯文化直接冲击的大连，中间有闽南文化深厚的厦门和齐鲁文化根深蒂固的青岛。在这些城市中，青岛固然有其自然、地理等方面的优势，如自然地理环境适中，气候四季分明，海洋特征显著等。然而，从华夏文化的角度来看，齐鲁大地是儒家文化的发祥地，孔子对齐鲁文化与人文意识的影响十分巨大。而儒家文化崇尚陆地而漠视海洋。陆地文化与海洋文化强烈的反差在青岛为什么没有发生碰撞和对峙，反而在近代和现代使中国海洋事业能在青岛这块土地上得以萌发、延续和发展呢？

关于始于青岛，这似乎不难理解，蒋丙然先生说，"青岛地邻黄海，居全国海洋岸线中心，观测海洋自属任务之要，且海洋学科，正于此时为全世界学者所注意"，是先驱者的远见卓识和丰厚的文化底蕴，圆了青岛与大海的缘分。

山东齐鲁文化底蕴丰厚。而齐鲁文化在青岛是由齐文化与鲁文化相结合、相融通构成的。在齐鲁文化中，齐文化在先，发源与影响广泛的地域主要是山东半岛地区。是否可以这样推测，20世纪初中国的一大批学者，他们不仅仅是科学的巨匠，自身更拥有深厚的传统文化底蕴和素养，慧眼识中了位于山东半岛南部的这座青岛小城。他们坚定地认为：青岛的地缘与人脉具有坚实的齐文化的传承和灵性，可以发展成为未来中国的海洋科学之城。

1927年，那是一个十分平常的日子，宋春舫先生登上了青岛的观象山，叩响了国民政府青岛观象台的大门，找到了时任台长蒋丙然先生。

宋春舫的拜访及倾诉要从事海洋科学研究的想法让蒋丙然先生十分惊诧，但蒋先生还是理解了他，接纳了他，欣然采纳了他的建议。考虑到一无所有的现实，蒋先生建议先在青岛观象台内设立海洋科，在原有海洋潮汐和一部分海洋水文观测的基础上，扩大与海洋有关的调查和研究工作。就这样，由蒋丙然先生向青岛市政府申请并得到批准，1928年11月，中国第一个海洋水文气象和海洋生物观测研究机构，青岛观象台海洋科在青岛成立，宋春舫先生任第一任海洋科科长。

1930年秋，宋春舫请蔡元培先生到青岛，与时任青岛市长的胡若愚商谈筹建海洋研究所一事。蔡先生的理由是青岛地理位置适中，已有海洋科几年的筹备工作，同时还有早已建好的小港验潮井积累多年的海洋潮汐资料，使黄海海平面成为我国海拔高度的基准点。胡若愚听了蔡元培先生的意见后同意在青岛建立中国第一个海洋研究所，并出任"中国海洋研究所筹备委员会"常务委员，负责具体的筹建资金、基本设计和选址工作。最后经青岛市政府批准，位于前海莱阳路滨海公园的部分土地为中国海洋研究所选址。

中国海洋研究所的筹备分两步进行，第一步建设海洋水族馆，第二步建研究所。水族馆的建设资金是募集来的，馆内设计借鉴摩纳哥海洋博物馆。经过一年多的建设，1932年5月8日，青岛水族馆建成开馆。

蔡元培先生颁布了开馆典礼，他在致辞中说："此馆，当为吾国第一馆。"此时胡若愚已卸任市长，未能出席开馆典礼。但他题写了"青岛水族馆"馆名。时任青岛市市长沈鸿烈出席了开馆典礼，他高度赞扬了水族馆的建成，评价其建成将让国家、国人和青岛受益匪浅。

建成后的青岛水族馆由两部分组成，一部分是活体海洋动物馆，另一部分是陈列标本的海产博物馆。馆养活体海洋动物百余种；馆藏海洋动植物标本 4 万余种。青岛水族馆的建成为认识和了解海洋生物提供了最直接的科学研究场所。也成为当时中国第一、亚洲最大的水族馆，更成为青岛这座城市永恒的海洋符号。

水族馆建成后，中国动物学会接受中华海产生物会的提议筹建青岛海滨生物研究所，筹备工作仍由蒋丙然、宋春舫先生承办。1936 年 7 月于莱阳路 2 号举行了奠基典礼，1937 年主楼落成，其余工作因"七七事变"而半途而废。

▌ 第二节　解读海洋教育

海洋教育一词最初的含义是培养海洋专业人才，所以历史上长时期把"海洋教育"等同于"海事教育"。

广义的海洋教育，包括一切增进人的海洋文化知识，增强人的海洋意识，影响人的海洋道德，改良人的海洋行为的活动。狭义的海洋教育是指由学校教育者有目的、有计划、有组织地对受教育者施以有关海洋自然特性与社会价值认识、海洋专业能力以及由人的海洋意识、海洋道德与人的行为等素质要素构成的海洋素养的培养活动。

对于教育来说，海洋教育同样是一个极其复杂的大题目。为了中国的海洋教育，有一个人穷其一生而成为一代海洋教育宗师，他就是我国海洋教育的奠基者——赫崇本。

赫崇本，字培之，满族，1908 年出生于辽宁省凤城市。

1985 年 7 月 14 日，当太阳从东方升起的时候，中国海洋界的一颗启明星却悄然地陨落了。

大厅之中，正堂之上，遗像中的他慈祥的脸上露出欣慰的微笑，望着他的学生们一个个、一排排、一队队走来，就像在教室、在学术讨论会会场、在实验室。

学生中有的是年过半百的教授，有的是步入中年的助研、工程师、讲师，有的是在校的学生。他们面容严肃，心情悲哀，缓缓地走到他的面前。

"老师——"

"赫先生——"

"赫老——"

他们各自按照习惯的称呼，在心底悲切地呼唤着自己尊敬的恩师。而他，坦然地永远离去了。

一位领导同志在沉痛地读着悼词："中国共产党优秀党员、中共十二大代表、第三届全国人大代表、第五届山东省人大常委会委员、九三学社中央委员会顾问、国家科委海洋组长、国家海洋局顾问、中国湖沼学会副理事长、《中国大百科全书》海洋科学编辑委员会副主任兼海洋物理学编写组主编、原《中国科学》编委、原国家学位委员会委员、我国著名海洋科学家、海洋科学的奠基人之一、我国物理海洋科学的开拓者、山东海洋学院教授、前副院长赫崇本同志，因心脏病发作，抢救无效，不幸于 1985 年 7 月 14 日 11 时 30 分在青岛逝世，终年 77 岁。"

赫崇本，中国海洋科学事业的一代宗师永远地闭上了眼睛。

凤凰山坐落在辽宁省凤城市境内，是一座辽东名山。在凤凰山下的隙地，有一个山清水秀的西堡村。这是一个主要是满族人居住的村落。也许是因为位于凤凰山下的缘故，又地处边关，村落很有点塞外风格。多少年来，这里的满族居民已经习惯了周围的一切，并且按照自己的习惯平静地生活着。村落的长者也按照满族人的传统方式管理着这个偏僻的山村。

1928 年盛夏，西堡村骤然轰动了。一个满族人家里的娃儿、小小的乡巴佬——赫崇本，金榜题名，被清华大学录取了。在西堡村，在凤凰城，谁能题名清华？如今，消息传来，赫崇本高兴得手舞足蹈。本家邻里奔走相告，西堡村欢腾了。按照满族的传统，赛马庆贺。

山沟里的"土家雀"飞进了燕京城。而当他踏上进关的征程时，依恋的沉重心情袭上心头。来到村外眺望凤凰山主峰，看着就要离去的西堡村，赫崇本回忆起了往事。

在他刚记事时，本家人就曾因为他发生了一场争执。西堡村的满族人久居深山，在外人眼里"野性难改"，故而满族男人也以豪爽彪悍引为自豪。赫崇本自幼体弱，生来一副书生相。因此，有的本家长辈提议要他学文，以振先祖；而有的长辈则认为体弱更该习武，强壮身体，以承家教。双方争执不下，最后按照满族的习惯，男子汉要有飞身跃上奔跑中坐骑的本领，用这种办法来定夺，结果赫崇本失败了。

赫崇本开始学文。父老乡亲和启蒙老师告诫他：学文当效颜夫子（颜渊），习武要像薛仁贵，否则难以报效国家。

家庭、学校以及周围的社会对少年时期的赫崇本有着深刻的影响，他小小年纪便暗下决心：学文定要求取功名，以图报效国家。单纯的信念支持着他走完了从小学到中学的道路。如今，赫崇本没有辜负本家、邻里的期望，一举名就清华园。

20 世纪 20 年代的清华大学，对于一个来自偏僻山村的满族子弟，想在此争得一席之地难上加难。贫富差别，学业上的竞争，他都一一经受了。4 年过后，物理系应届毕业生只有两人取得了毕业文凭。赫崇本就是其中之一。

毕业后赫崇本离开了清华大学，离开了北平。先后在河北工大、天津南开大学、烟台益文学校任教。1936 年春，他又辗转回到母校，成为一名教师。他决心为闪光的母校效力，再添光彩。

正当他勤奋于事业的时候，"七七事变"的硝烟弥漫了中国的上空，清华园也被侵略者的炮声震得颤抖不安。1938 年，清华大学南迁，他随校一起到了昆明，登上西南联大的讲坛。

侵略者的狂暴，民族的命运，社会的动荡，人民的呻吟，事业的艰难，这些使他一度陷入苦闷之中……

我们的民族具有不屈不挠的精神，我们的祖国不乏有识之士。在周培源等学者的倡导下，许多中青年知识分子去国外学习。赫崇本得到吴有训先生和同行们的推荐，赴美国留学，期望走一条用科学来拯救灾难深重的祖国的道路。

出国考试顺利通过了，他要走了。然而，他面对又一个严峻的现实：3 个孩子和妻子怎么办？

"你放心去吧。"临行前，妻子王荣菊对心情沉重的丈夫平静地说。

"我们早已断了家中的援助，你和孩子生活无着啊！"望着贤惠善良的妻子，他实在不忍心就此离去。

"3 个孩子光靠你一个人不行。"

"我还有些首饰。"

"那不是长久之计。"

"我们不是还有些旧衣服吗？"

妻子的回答虽然平静而轻松，却令他更加心酸。妻子该说的都说了，他无言以对。感激和钦佩之情油然而生。他禁不住用力握住妻子的手，心中又是一阵酸楚——她手上好厚的茧哪！以前为什么未注意过。她曾是大家闺秀，结婚只有几年，为了他，她抛弃了舒适的生活条件，中断了自己的学业。如今，他轻轻捧起这双荷梗般粗糙的手，紧紧地贴在自己的脸上。两汪晶莹的泪水浸湿了她的手背。

无声的泪水，无声的抚摸，两人的感情在默默地交流。

赫崇本把这一切铭刻在自己的心坎上。

1944 年春，一个中国式打扮的年轻人出现在美国加州理工学院的教室里。在这里，赫崇本读了一年的气象学。而后，经赵九章和曾呈奎两位先生的介绍，他到了美国著名的斯科里普科海洋研究所，选择了在祖国还是空白的学科——物理海洋学。

在异国的 5 年，他先后取得两个硕士、1 个博士学位。这 5 年间，他饱尝了寄人篱下的艰难与苦涩，目睹了资本主义社会的奢侈与"民主"。

1948 年冬，正当他同美国海洋学家瓦尔特·蒙克先生一起进行波浪观测和资料整理分析时，从国内传来国民党统治已面临全面崩溃，解放战争接近全面胜利的消息。这时他敏锐地意识到，国民党反动政府的垮台可能导致美国政府同中国断交。如不早日归国，可能会长期沦落异国他乡。此时，他感到新生祖国在召唤他，亲人在期待着他。他毅然决定，放弃继续攻读海洋学博士学位，立即启程返回祖国。

1949 年 2 月，赫崇本匆匆整理了随身物品，离开斯科里普科海洋研究所，几经周折来到旧金山，登上了开往祖国的海轮。船抵上海，他未作停留便赶往青岛，登上了山东大学的讲坛。

3 月的青岛。早到的春天使八管山下的樱花绽出蓓蕾，也使山东大学校园里泛出一派生机和活力。虽身在校园，但赫崇本感受到：一个苦难民族重生的希望之日已经不远了。

6 月 2 日，青岛人民获得了新生。正是这一天，赫崇本和我国著名的科学家童第周、曾呈奎等一批教授学者一起迎来了青岛的解放。岛城结束了黑暗的过去，人民为之欢呼雀跃。山东大学回到了人民的怀抱，赫崇本也沉浸在激动不已的喜悦之中。

1952 年，在新生的山东大学，我国专门培养海洋科技人才的"海洋系"诞生了。赫崇本担任了海洋学第一个，也是唯一的一位教师。

新生的大学新兴的学科，在中国共产党的领导下迎来了第一届学生。赫崇本激动地走上讲坛，第一次以中国海洋学讲师的身份向学生开讲"海流""潮汐""海浪"等课程。

有人不理解，他是一位学识渊博、功底深厚的学者。回到新生的祖国，为何不把全部精力用于著书立说以期功成名就，而偏偏选择了教书育人呢？

也许有人认为，一名学者，在科学的海洋里扬起风帆，该写下巨著大作，或是创造出定理法则⋯⋯

赫崇本，自有他的人生定理法则和对事业的追求。当他走完了人生之路后并没有留下什么惊人的研究成果，也没有留下流芳百世的巨著，这能说是终生憾事吗？但是，当沿着他生命的轨迹仔细寻觅，后人不难发现他的独特贡献和闪光之处，那就是留下了对祖国海洋教育事业的一片赤诚，还有他播下的海洋科学的种子。

他常说："要发展中国的海洋科学事业，光靠几个人是不行的。必须要有一大批的先行者，要有大批懂海洋的热心人。这就需要教育，需要培养人才。"他甘愿做这些人攀登科学高峰的阶梯。

如今，在中国的海洋界，当人们提起赫崇本的名字时，谁人不赞叹：赫老，桃李满天下！

在我国大学里有了专门培养海洋科技人才的专业，这是令人可喜可贺的事情。但是，开创一个学科、一个专业只靠一个人是不行的。赫崇本心里十分清楚，求得师资最为重要。因此，在繁重的教学之余，他又担任了"伯乐"的重担，四处寻求可以驰骋海洋科学领域的"千里马"。

当他得知在哈尔滨军事工程学院任教的文圣常教授矢志于海洋动力研究，并有所建树，便多方联系，于1953年将文圣常教授请来海洋系任教。文圣常教授的到来，使我国物理海洋学的队伍里多了一员大将。他视文圣常教授为"宝贝"，尽力为文圣常教授创造教学和科研的条件，使他悉心研究海浪，并担任"波浪学"和"海浪原理及预报"课程的教授。在这期间，为了海洋科学的兴起，他冒着风险起用了曾在国民党政府中任过职的我国著名的理论物理学家束星北教授。在那样的年月里，这需要多么大的胆量啊！

1958年，除海洋系外，山东大学大部迁往济南。1959年春，国家批准在海洋系的基础上，建立我国唯一的海洋专科高等院校——山东海洋学院（现在的中国海洋大学），赫崇本任教务长。

学院的诞生，面临着师资、教学设备、教材等许多困难，由一个系扩建成一个学院已不是几个人所能支撑的局面了。20世纪60年代，他亲临清华、北大选才。又得知陕西工业大学有一位搞水利工程的专家适合从事海洋工程研究，便三下西安请贤，几经周折请来海洋学院。他就是20世纪80年代敢吼天下第一声，为开发黄河口、建设石臼港等工程作出重要贡献的侯国本教授。

在请贤的同时，他又注意培养自己的教授、副教授和讲师。他承担着繁重的教学任务，组织、充实、培养师资队伍，兴建实验室，购置仪器、图书。为了建立海洋系，建立海洋学院，他费尽了心血，默默地奉献着自己的一切。

20世纪50年代，国内各行业都在学习苏联的经验。赫崇本也不例外，但他反对生搬硬套，始终坚持要结合我国的国情确定办学方针。一次，在研究海洋系的专业设置时，一位苏联专家提出，应该把学科分得尽量细一些；而赫崇本认为，大学只是给学生打基础，专业面过窄，学生毕业后很难适应我国海洋科研的实际工作。因此，他没有轻易采纳苏联专家的意见。实践证明了他的科学严谨治学作风是正确的。

走进海洋学院的大门，一座灰色的德式建筑耸立在人们的面前。它因青岛于 1949 年 6 月 2 日解放而得名"六二楼"。也许是习惯，每当走进校门，赫崇本总是默默地注视一番。因为这座楼所记下的日子，是他人生的新起点。他犹如一艘科学之舟，经过风浪航行之后，毅然选定了海洋科学为最佳科学研究领域，坚定地把生命之锚抛在了黄海之滨。在这里他要用自己的行动去证明，在海洋科学领域里中国人同样可以作出成绩。

正是这个信念，使他始终不渝地拼命工作。他响应李四光、竺可桢、童第周、赵九章等先生的倡议，参与制订了我国第一个海洋学规划，使我国的海洋科学从此在国家计划下健康地发展。

海洋学院成立后，赫崇本有一块"心病"：数据是科学的生命，是分析研究的基础。一个培养海洋科技工作者的大学，若不开展海洋调查，就无法亲手掌握大量准确的数据，就无法开展理论研究和教学，无法为开展海洋科学研究提供科学可靠的依据。要开展海洋调查，没有科学考察船，就像一个瘸腿人走路，必须依靠拐棍，难以快速前进。

为了实现有船的愿望，他北上北京，向教育部请示汇报，又几度南下，到造船厂实地考察。当他拿着成熟的造船方案向时任教育部部长蒋南翔报告建造 2500 吨级的科学考察船需要 800 万元人民币的时候，蒋南翔部长沉思过后斩钉截铁地说："800 万就 800 万。我国就这么一个海洋学院，为了发展我国的海洋事业，船非造不可……"

不等蒋部长说完，他鼻子一酸，泪水顿时涌满了眼眶。他从心底感谢党，感谢国家对海洋事业的关心和支持。

人们不会忘记，20 世纪 50 年代末，20 世纪 60 年代初，国家正处于经济困难时期。800 万元不是一个小数目，硬挤出来是何等不易。对此事，他刻骨铭心，并不止一次在众人面前洒下热泪。

在筹建考察船的过程中，他既要通盘运筹，又要具体负责。有时，一年在外几个月，同时还要为校内之事牵肠挂肚。他就是这样一个人，决定干的事可以豁出命去干，还总嫌不够。他常风趣地说："我能有孙悟空的本事就好了，毫毛一吹变出若干个人，也就不至于如此为难了。"一次，他正在上海落实造船设计方案，突然接到家中的加急电报，要他立即回青岛。他不知道家里发生了什么事，当他赶回青岛跨进家门，农历腊月三十的晚饭已摆到了桌子上。他愣住了。过年，对于常人来说是不该忘的，他却忘了。

相视片刻，妻子先笑了。接过他的手提包，怜悯地责备道："不是我说你，谁像你，一年到头东奔西走，南征北战，连家也不要了。别人都在做实验，搞研究，写论文，可你……"

妻子的话没有错。感慨之余他对妻子说："我是教务长，岂不懂得现在是哪一天？但是，造船要紧啊。船造成后，我一定加倍努力，补偿失去的时间。"

他的许诺能实现吗？

他并未料到随后的"四清"运动的飓风把他卷进"特务"的冷宫。随之而来的"文化大革命"，一夜之间又将这位全身心扑在新中国海洋事业上的教授定为"反动学术权威"。

一艘舟船，经过漫长的航海到达彼岸后，当查阅其航海日志，或许会有意外的减速或间歇的一些不快记事。赫崇本在他献身的科学研究中，也有许多不情愿停止工作的时候。当政治运动的风雨荡涤着每一个人的灵魂时，赫崇本也曾多次冷静下来，回忆和反思自己走过的人生道路。在这条充满荆棘和坎坷的路上，他也有过意外停歇的不快。这些不快同他的成功一样，过后便在记忆中消失了。他从未想过，这些成功和不快要记下来，以备将来让人去宣传或是向谁去交代什么。我就是赫崇本，赫崇本就是我，一盆清水望到底。他认为：淡薄功名是中国知识分子的本色。

1966 年的初冬，美丽的青岛尽管有大海这巨大的气候调节器，依然无法阻止冬天过早的来临。一天清晨，赫崇本同往常一样按时走进了校园。今天的校园已不再有以前的安静，大字报铺天盖地，高音喇叭震耳欲聋，他关心学院，也关心着这场"运动"。

他在一张揭发批判他的大字报前停住了。看看大字报，他的思绪陷入了不能自拔的旋涡中。面对一条条"罪行"，他有些茫然。我不是完人，有缺点和错误。然而，缺点、错误和罪行会是同一概念吗？看着看着，他坠入了一片混浊之中。他的眼睛有些昏花了。这时，不知是什么人走到他身后停下来。今天的赫崇本，在革命的洪流席卷整个校园的时候，居然穿起笔挺的西装革履。对此，人们投以异常惊异的目光。他这是什么意思？他想干什么？不知是好心的暗示还是无意的碎语，那人轻声说："运动一来穿上运动服了。"一句轻声的话语犹如一声惊雷使他猛然醒来。望着眼前那张似曾熟悉又陌生的面孔，他只是付之以勉强的痛苦微笑。

这微笑是何等的难堪，又是何等的令人心碎。此时的困窘只有他自己知道。

这衣服是妻子早晨硬要他穿上的。她要看到赫崇本原来的模样——她因为承受不了多年的压力和打击患了精神病。

妻子王荣菊，在他心目中永远是一位具有东方女性优点的贤妻良母。她出身于辽宁丹东的一个大户人家。她才貌出众，在当地颇有些名望。说来也怪，她居然看中了赫崇本这个山里人。也许是前世的因缘，他们自由恋爱了。为了他，她冲破封建礼教的藩篱离家出走。他们刚刚共同幸福地生活了几年时间，由于赫崇本随北京大学南迁，她带着两个孩子，在无外援的情况下随后离开北京，经上海、重庆、昆明一路去找他。在赫崇本出国期间，她带着孩子东投西靠，克服难以想象的困难，等待着他的归来。

一个女人为了丈夫牺牲了可以牺牲的一切。为了孩子付出了一位母亲应该付出的一切，这些他永远不会忘记。然而，他还未来得及为她做些什么，她就病倒了。最让他难过的是妻子病重时虽然失去了正常人的理智，对他却依然盲目地履行着一个妻子的职责。她的话他要听从，他也愿意为她做任何事情，为的是能换来妻子短时的精神平静，换来妻子病痛中无意的微笑。

就在这天早晨，妻子一起床便漫无目的地乱翻衣服。当她一眼看到从前的西装便坚决让他穿上。

他顺从地穿着来到校园。

此时，西装变成了"运动服"，是穿还是脱？他无力选择。一句有意无意的话深深刺痛了他的心。这时他只觉得心脏剧烈地收缩，一股股殷红的血从心脏射出，穿过血管，涌上大脑。他感到一阵眩晕，急忙找了一个僻静的角落，无力地倚靠在树干上。

"人生不是一支短短的蜡烛，而是一支由我们暂时拿着的火炬，我们一定要把它燃得光明灿烂，然后交给下一代的人们。"赫崇本是这样说的，他正是把自己当成拿着科学火炬的人，因此义无反顾地选择了教育作为终生的事业。

对祖国和对科学事业的忧虑，使他病倒了。

"我还能把手中的火炬拿起来吗？"病榻上的他暗问自己。

冠心病、脑血栓、半身不遂等病魔不断地向他袭来，长年卧床，不要说做学问，眼下就连性命也难以保全了。此时，妻子也倒在病榻上。

夫妻，一对患难与共的夫妻双双倒下了。病榻上他们共同追忆往事，共同期待明天，一方柔情，一方心酸，一方痛楚，一方泪下。几年后，在这无限缠绵之中，妻子早他离开了人世。

"沉舟侧畔千帆过，病树前头万木春。"

1976 年 10 月，祖国挣脱了愚昧的绳索，时代迎来了科学的春天。在科学的春天里，赫崇本的身体开始逐渐好转。他已能扶杖外出。

1978 年，他出席全国科学大会，亲耳聆听了中央领导同志关于科学技术是生产力，知识分子是工人阶级一部分的论述，他激动不已。

传达科学大会精神时他当众表示，甘愿做一粒铺路的石子。

科学春潮激起知识分子夜以继日、争分夺秒的繁忙工作。赫老，由于体弱多病，身体一时难以康复，做起事来总感觉力不从心。然而他并没有因此原谅自己，他从没有悠闲过一天。他的家曾有过一次空前未有的情况，那是"文化大革命"期间，无人敢光顾他的家门，门前冷落鞍马稀，他自己关在斗室里写检查。今天，又是一次空前未有，却是门庭若市宾客满，他正为同事、学生们批阅论文和著作。洋洋万言的论文、报告，一卷卷一篇篇送到他面前，他该怎么办？《潮汐学》的作者不是他。而书名的确定，各章节的布局谋篇是他亲自指导的，甚至书内的若干部分还是他亲手撰写的。《风暴潮导论》获得国家专著一等奖，作者也不是他，但全书的字字句句都经过他的再三斟酌、润色。学术论文、课题研究、专业报告、讲义，许多别人的成果里有他的艰辛劳动。他给自己规定，凡送来的文稿都要细心修改，提出具体意见。要对人负责，要对科学负责，要对事业负责。赫老对他的学生倾注了多少爱，付出了多少心血，这些只有内心深深感激赫老的人自己知道。

什么是"人梯"精神，谁是海洋科学道路上的"人梯"？赫崇本先生就是这样一位"人梯"。"要把失去的时间夺回来"，这是赫老晚年常说的话。这不是一句空话。正是在他的要求下，他的学生、弟子们无法顾及先生年老体弱，送上文稿，用科学的成果去宽慰老师那颗善良而执着的心。"我国的海洋事业大有希望，大有希望！"这是赫老为学生们的进步和取得的教学和研究成果而发自内心的欢呼和赞赏。他的家人曾讲述了一件不愿看到，也不该看到的往事。那是20世纪70年代末一个夏日的午后，赫老继续帮人修改论文。他实在太疲劳了，便不由自主地趴在写字台上昏睡过去，汗水湿透了稿纸，手里还握着笔……午睡后生病的妻子醒来，精神稍有好转。当她来到书房，看到眼前的情景时，心头顿时罩上一层阴云。她想叫醒他，又实在不忍心，便拿来毛巾被轻轻地搭在他身上，继而凝坐在赫老对面仔细端详着这张熟悉的面孔。一幕幕往事一齐涌上她的心头……丈夫失去的太多了，而得到的只是满头的银发。不知是心痛还是责怪，猛然间，"啪"的一声，赫老夫人的手重重地落在写字台面上。赫老惊醒了。他以为妻子又犯了病，急忙起身去扶她。这时，只听妻子气冲冲地喊道："你不要这条老命，我还要——"赫老笑了，握着老伴那双失去弹性而萎缩的手耐心地解释说："同志们搞出点东西不容易，他们相信我，希望我把关看一看，我不竭力做事，他们会感到失望的。"妻子理解了。他们又像年轻时一样，在相互理解中，在对未来的憧憬中和好了。

总结人生，赫老十分激动地对老伴说："每当我听同志们称我先生时，我总觉得对不起大家。我是党员、教师，这些理应是我干的。"这些都是过去的事了。但是，往事永远留在受过他教育的学生们的记忆中，不是吗？每当提及赫老，他的学生们谁也不曾想到要克制自己，即使是在陌生人面前，他们也会时而激昂，时而哽咽地讲述发生过的一切。学生们对赫老由衷地感谢、由衷地赞美，犹如灼热的岩浆，澎湃的海潮，不断地冲击着访问者的心。赫老的学生们常说："先生对事业的执着追求，无私的献身精神，肝胆照人的崇高品质，将会永远地影响、感染和教育过去的、今天的和未来的学生。赫老，永远是一位好先生，一位堪称楷模的好老师。"赫老就是这样，点燃了自己，照亮了别人。他的成就远非几十篇、几百篇学术论文所能比。他用自己的智慧和学识为后代开拓了一条漫长的路，培育了一代又一代在这条路上顽强前行的人们。

中国海洋科学发展的历史已经写下：赫崇本——我国海洋科学事业的奠基人之一。对此，他当之无愧。他就是这样一个人，作为共产党员，他将党的政策似泉水输入人们的心田；作为教师，他以一种独特的方式启示你深刻理解自然科学的奥秘及其规律；作为中华儿女，你会发现他向你坦露一颗对祖国无比热爱的赤子之心；作为长者，他以他对人生深刻、睿智的哲理无时不在启示着你……他执教半个多世纪，谁能算出有多少直接或间接地受教于他的学生？够了，足够了。正是带着这许多的满足和无愧，他在桃李满天下的季节里永远地走了。

第三节 解读物理海洋学

物理海洋学定义：从广义上讲，现代物理海洋学是研究海洋的热状态、动力状态，以及物理特性的控制和世界各大洋边界的科学。或者说研究海洋物理特性、海洋水体的运动形式和过程及其诸多因素与大气和海底有关因素变化的学科。因此，建立在这个范围内的理论和实地观测，对于深入了解海洋水体的循环过程是十分重要的。

人类认知海洋，首先从亲身的感知开始，如海水、水温、风浪、涨落潮等。为了解释诸多自然现象，由实践感知发展到了科学认知，这便有了海洋观测和调查，之后形成了水文气象学，进而又发展成为物理海洋学。

在中国物理海洋学的历史上，人们不能忘记先行的开拓者，他们是我国物理海洋学的拓荒者和海洋调查的奠基人。

唐世凤（1903—1971），原名志丰，别号诗风，1903年出生于江西省太和县，我国第一位海洋学博士。

毛汉礼（1918—1988），中国科学院学部委员。

这是一个科学家的命运轨迹，其实也是那个年代一大批中国科学家人生的轨迹。

这里记述的是毛汉礼先生，其实也是对唐世凤先生的追思。

1951年8月的一天，在美国洛杉矶轮船客运公司，一位30出头的矮个子男性中国人焦急地徘徊在售票室里。他时而同几个美国人侃几句什么，时而又同几个英国人搭讪几句，然而最终也没有买到一张所需的船票。最后，他实在急了，径直冲到售票处前同售票人员吵了起来……

这时，周围的人谁也没有想到，这个个子不高，身子有点单薄，看上去慈眉善目、一副文弱书生相的中国人会有如此之大的火气，有如此之大的胆子，而且英语讲得那么流利。人们对他投来异样的目光。吵也无济于事，他并未如愿。对于类似他这样的中国人，不卖给船票是美国政府的规定。此时，已是山穷水尽了。出于无奈，气得忘记了对方是美国人，他用中国话大声喊了起来："岂有此理！"继而转身冲出了售票室。

毛汉礼，一个普普通通的中国留学生，就在昨天，他终于如愿以偿，获得了加利福尼亚大学海洋物理学博士学位。今天，他便急不可待地从加利福尼亚赶来洛杉矶买回国的船票，但得到的回答是：美国政府规定，不许中国学者回中国。对此，他怎么能不急不气呢？

为了这一天，他经过了整整4年的艰辛努力，付出了多少代价啊。当这一天来到时，他想起了生养他的祖国：昔日的祖国战争不断，满目疮痕；而今天，中国人站起来了，伟大的祖国在中国共产党的领导下已崛起在世界的东方。此时，他也想起了家乡和亲人。这念头一产生竟是那样的强烈，他无法抑制自己的感情……

提起浙江绍兴，人们自然会想起我国伟大的文学家鲁迅先生，想起他笔下的孔乙己、阿Q……是啊，绍兴这块土地出了多少有名的人物，真可谓人杰辈出之地。因此，中外闻名。然而，作为绍兴的邻县，诸暨很少为人所知。

不过在明代时，清官海瑞曾来过这里，在枫桥留下了"海眼""枕中流漱石"的遗墨。传说诸暨城南的浣纱溪是春秋时越国美女西施浣纱处。"浣纱"两字传为王羲之所书。不管海瑞也好，西施也罢，那都已成为过去。

1918年12月，凛冽的寒风从北方刮来，穿过黄河，越过长江，铺天盖地地刮到诸暨城，过早地扫荡了一个偏僻的乡村——毛家园。一间草屋里，北风穿过破窗洞钻进屋里，一个男子急忙找来一把草去堵，床上的女人把怀中的婴儿紧紧地搂在怀里，这个婴儿就是刚出生才几天的毛汉礼。

　　这是一个自耕农的家庭。父亲毛惠操，母亲毛氏（旧社会的妇女一般是没有名字的），在祖辈留下的几亩土地上靠着自己的劳动维持着一家人的生活。虽然诸暨也是江南鱼米之乡，但在苦难深重的旧中国，他们的日子过得并不富裕，汉礼作为长子来到毛家，接着大弟弟也出生了。就在这生活越发艰难困苦之中，二弟汉廷、三弟汉士和两个妹妹又相继出世。八口之家的沉重生活担子无情地压在了父亲和母亲的肩上，当最小的妹妹来到毛家时，汉礼只有 9 岁。这时，父亲多么希望汉礼快点长大，好为家庭分担一点生活重担啊！

　　常言道："穷人家的孩子早当家。"艰难的生活使汉礼过早地懂事了，小小年纪就开始帮助爸爸妈妈下田干农活。汉礼是个有打算的孩子，只要一有空闲，他就跟着爸爸学一点当时私塾里才能学到的知识。

　　旧中国，私塾是在全国范围内较为普遍的一种落后而又呆板的教育方式。那时，在私塾里读书的大多是有钱人家的孩子。一个穷人家的孩子能到私塾去念书，是一件十分不容易的事情。自耕农，在当时的浙东算是一种能够维持生计的农民家庭。作为这样一个家庭的当家人，毛惠操曾得以在开明父亲的支持下，读了两年多的私塾。两年私塾学到的一点知识是可怜的。然而。正是这一点可怜的知识，使他很快学会了各种农活。当他成家以后，便挑起了家庭生活的全部重担，并靠那学到的一点知识，应付家中的账务。孩子多了，家事繁杂了，日子自然就要算计着过了，他的知识却难以应付了。正是为此，毛惠操深知读书的重要。

　　一天爸爸又坐到院里算账，汉礼站在一旁看。看着看着，那黄裱纸上的 1，2，3，4……突然间变成了许多的稻谷。他对爸爸说，"我要上学。"这时两个有钱人家的孩子喊着叫着从大门外跑过去。望着有钱人家孩子渐渐离去的背影，他靠到爸爸的身上："爸爸，我也要上学。"是啊，汉礼已到了上学的年龄，而爸爸学来的一点点知识已满足不了汉礼求知的欲望。爸爸知道汉礼该上学了。但是，八口之家的拮据生活使爸爸一再打消了让汉礼上学的念头。

　　汉礼是个十分懂事的孩子，今天，他第一次自己提出来要上学。晚上，爸爸同妈妈商量要让汉礼上学，就是忍饥挨饿也要让汉礼成为毛家第一个有学问的人。

　　上学了，汉礼终于第一次挟着妈妈用一块蓝粗布做成的书包，跨进了私塾的大门。就这样，他断断续续读了两年的私塾。在私塾的学堂里，他第一次拜了孔夫子，读了四书五经。

　　10 岁那年，村里办起了自古以来的第一个小学校。虽然不像样子，但是偏僻的乡村终归算是有了学校，这是开天辟地的一件大事。

　　小学校办起来了，汉礼成了这个学校的第一批学生。说是小学校，其实只不过是把一帮孩子集中起来学习罢了。但也有着与私塾不同的明显差别。旧社会的私塾里是没有算术课的，而在小学校里破天荒地开设了算术课。

在村里自办的小学校里只读了一年书，汉礼就以优异的学习成绩考取了县里的正式高小。当时的诸暨县只有十来所高小，最近的一所学校离家也有十几里地远。既然考取了就一定要上。爸爸妈妈走东家串西家凑齐了学费，把他送到了学校。汉礼在乡亲们的心目中成了毛家和村里交口称赞的好学生。

"少壮不努力，老大徒伤悲。"汉礼只有11岁，但已知道了学习来之不易，所以非常珍惜学习生活。高小毕业后他考取了浙江省第五中学（现绍兴中学）。毛家靠种田维持生计，那时，10斗粮只能卖两三块大洋。一年下来只能赚几十块大洋。这样的家境养活八张嘴都难以维持，而今汉礼又升入中学，家里就更困难了。中学离家更远，学生要住宿，因此一年学费就要交50块大洋。怎么办呢？爸爸妈妈又犯了难。最后爸爸妈妈决定再卖些粮食先送汉礼上学。就这样，11岁的汉礼含着眼泪告别了爸爸妈妈和弟弟妹妹来到了第五中学。

中学，对于汉礼有着极大的吸引力。但是他的心思是单纯的。离家时妈妈含着眼泪对他说："汉礼，一定要好好读书，妈妈在家等着你。"因此他只想发愤读书，早成学业，报答父母。

1931年，浙江的一些中学里开始设有"清寒助学金"，但是享受这种助学金是有特殊条件的。1931~1932年，全国的政局在不断发生变化，浙江的形势更是动荡不安。在这种情况下，国民党教育当局为防止学生闹学潮，平定人心，安抚学生而开设了这样一种助学金。校方明确规定：只有学习成绩最好，不参加一切与学习无关活动的学生才有资格享受。因此，每个班只有学习成绩在前三名，并被校方认为是守纪律、不闹事的学生方可享受。毛汉礼正是因为学习成绩名列前茅而具备了第一个条件，而他少讲话，又被学校认为是最听话的学生，所以有幸享受了"清寒助学金"。这样减轻了一些家里负担，得以继续求学。

20世纪30年代的旧中国，"万般皆下品，唯有读书高"的思想在学生中十分流行。毛汉礼发愤读书，死啃书本。有时可以一天不吃饭，只喝一点水，坐在教室里读啊，写啊。对于其他许多道理，少年时期的汉礼心中是没有什么印象的。他所想的只是好好读书，将来赚大钱报答家人，摆脱苦难和贫穷。因而，他遵循的信条只是"两耳不闻窗外事，一心只读教科书"。就在这种信条的支持下，他读完了3年的中学，并以优异的成绩考取了高中。

20世纪30年代，浙江每3个地区才有1所高中。毛汉礼考取高中后又犯了难。该到哪所学校呢？离家近一些的是杭州高中和金华高中两所学校。从师资到教学，杭州高中名列浙江前茅，并且颇有名气。能上杭州高中读书，这也是毛汉礼梦寐以求的愿望。而他考取的也正是杭州高中。但杭州高中学费较金华高中贵许多，还要住宿，这些钱毛家实在拿不起，就在这时，父亲和母亲对汉礼上学发生了分歧。母亲认为，汉礼已读完了中学，学的东西足够用了，可以帮助家里干活了；再说一个十几岁的孩子，要只身一人前往外地读书，她实在是放心不下，不同意汉礼继续求学。父亲却认为，汉礼天资聪明，既然考取了，为何不学呢？天下之大，学问之多，人生在世不能只是为了活命，难道因为家里穷就让汉礼失学吗？不成！就是砸锅卖铁他也要供汉礼读书。父亲是一家之主，就这样，汉礼又一次离家就读金华高中。

1937年，毛汉礼正在金华高中读二年级时。"九一八"事变爆发了。政局的变化也直接影响到了学校。正常的教学无法进行，不得以他回到了乡下。汉礼一进门，见到父亲和母亲就放声哭了起来．好像受了天大的委屈。母亲把他紧紧地搂在怀里，也伤心地落下泪来。汉礼哭着对母亲说："我要读书，我要读书。"在家里，汉礼继续学在学校里没有学完的课程。

行路难，读书难。当毛汉礼在乡下读完全部高中课程后，参加了高等学府的考试。发榜的通知送到毛家，汉礼被浙江大学录取了。拿着录取通知书，从不流泪的父亲流下了眼泪。读书难，但汉礼终于走过来了，即将跨进科学迷宫的大门，但战争又使他失去了上大学的机会。

由于日本帝国主义对中国的全面侵略，迫使沿海的大学大多迁往内地。浙江大学也不例外，战争使其内迁广西。浙江距广西千里之遥，对于一个尚未成年的乡村孩子来说，要千里求学可不是一件易事。怎么办？难道就这样失去上大学的机会吗？这等于熄灭毛家刚刚燃起的希望之火。但路途遥远，又无钱前往。父亲决定采取缓兵之计，写信给浙大，按当时的学校规定，保留学籍，申请延期1年入学。

为了他上学，家里已付出了巨大的代价，对此汉礼心中十分不安。辍学在家不能成为累赘。人要学会独立生存。为了筹集学费，汉礼应召到浙江省财政厅在县城办的一个短期训练班里做零活。

担水、扫地、劈柴，样样都干，就这样，七八个月竟挣来了200块大洋，这便是他上学的学费。

时光荏苒，一晃一年就要过去，入学日期快临近了。可汉礼怎样去广西呢？局势仍然动荡不安，十几岁的孩子要到人地两生的千里之外去求学，做父母的怎能放得下心，这回毛惠操真有点犯难了。而此时毛汉礼的心早已飞到了广西，飞到了全国闻名的高等学府——浙江大学。真是天无绝人之路。正巧，邻村的一个青年人要到贵州去，正在四处打听找人同行，得知毛家有人要到广西求学，尚可结伴同行一段路程，就这样毛汉礼和邻村的青年人结伴登程，步行前往广西。

上大学，使汉礼在精神上感到充实和满足，就像一个在羊肠小道上攀登精力疲劳的人，居然找到了一条平坦而宽阔的大路。未来的生活使他充满信心，大学的诱惑力，使他振作起精神，开始向自己的目标进发。

这个目标是什么呢？毛汉礼一时还不清楚，它还不是一个成熟的果实，而是一朵掩藏在早晨浓雾中含苞待放的花蕾。在这朵花蕾开放之前，它给人提供了充分想象的余地。它或许色彩鲜艳，或许香味浓郁，或许清雅高洁。如若遇到狂风暴雨，或许也会凋零、萎缩，以至夭折。

浙江大学是全国著名的高等学府，是人生踏入科学天地的大门，在这里立志献身科学的人可以得到打开科学迷宫的金钥匙。这里，正是年轻的毛汉礼梦寐以求的地方。

经过两个月的长途跋涉，毛汉礼来到了广西宜山。这里现在是浙大内迁的校址。当第一次站在宜山浙大门口时，毛汉礼激动不已，然而他来早了，离入学报名的时间还有两个月。传达室看门的老人告诉他，提前到校学校是不管的，现在他还不是浙大的学生，所以不能让他进去，让他还是先临时找个落脚的地方等一等吧。

来广西前他想浙江政局不稳，广西是内地，那里一定可以安居乐业。然而，现实使他失望。

1938年的广西，日本飞机轰炸到了宜山。就在他落脚等待入学的两个月的时间里，经常有飞机来轰炸。乡亲们告诉他：只要一看到镇中高处悬挂起红色信号灯，就是防空袭的警报，你要赶快找一个安全的地方躲起来。他就在这紧张而又慌乱的躲避飞机空袭之中度过了两个月。谁知，在这惶惶不可终日的时候，日本侵略者从东北、华北长驱直入，战乱又使浙大被迫继续内迁贵州。这时是1938年初秋，一天，毛汉礼和其他等待入学的人接到学校通知，等待入学的学生都要到贵州遵义浙大新校址去报到。

行路难，求学难。离家4个月，学校大门未进，所带的钱已花去了大半。既来之则安之，毛汉礼想，既然来上浙大，不进浙大绝不回头。为了省钱，他扛起背包只身一人又踏上了前往贵州遵义的旱路。

贵州遵义是浙大又一次内迁的新校址。浙大新的本部就设在这里。毛汉礼白日赶路，夜宿街头、荒郊或是土地庙，经过1个多月的跋涉，终于如期赶到遵义城并报名进了浙江大学。贵州青岩镇是浙大的分校，在青岩镇毛汉礼读完了大学一年级。1940年9月回到遵义浙大本部继续学习。

来到遵义，毛汉礼没有心思去游览"四面青山朝佛座，一湾绿水空禅心"

的桃溪寺景色，也没有去领略湘山寺的古树和嶙峋的怪石。他只有一个心思——学习。因为他深知读浙大来之不易。

大学的几年里，正值国难当头，中华民族遭受着日本帝国主义的全面侵略。人民处在水深火热之中。国家有难，人民遭殃。毛汉礼和许多同学一样，因为战争同家里失去了联系，家乡现在怎么样了呢？爸爸妈妈如何？弟弟妹妹好吗？这些都不得而知。正是这些又不断地激励着他刻苦地学习，学习。

辛勤的劳动终于结出了丰硕果实。1943年，毛汉礼以优异的成绩毕业于浙江大学史地系。

读书，使毛汉礼学到了不少的科学知识，同时更亲眼目睹了当时人民所遭遇的苦难和反动政府的腐败无能。这些使读大学的毛汉礼彷徨了。

他看到，学校中的一些进步学生组织了进步团体，并经常开展一些活动。当时他认为：学生应以学为本，完成学业以图报效国家才是正路。所以他开始并不十分清楚罢课、集会、游行之类的事情，也就更想象不到在学生的进步团体中还有共产党的地下组织。一次有两名进步学生被国民党警察抓了起来，这件事给他以极大的振动。他默默地想：那些进步学生学习成绩都很好，他们组织这些活动为的是什么？为什么警察把他们抓起来？他们犯了什么罪？他们为的是国家的前途，民族的命运。经过深深地思索后，他开始自觉不自觉地参加一些进步活动。一次，一位老师在课堂上十分激动地对同学们说："同学们，你们读书为了什么？读书是为了建设强大的祖国。现在侵略者已经把屠刀放在中国人民的脖子上，我们能屈服吗？不能！民族要抗争，人民要抗战，抗战必胜！"老师的话使毛汉礼的心震撼了。

毛汉礼就是这样的一个人，只要认准的理谁也甭想拉他回头。从那以后，他开始参加到各种进步活动中去。

1943年，毛汉礼离开浙大史地系地理组（专业），被分配到了四川重庆附近的国民党中央研究院气象研究所工作。该所所长由浙大校长、我国著名科学家竺可桢教授兼任。同他一起分到研究所的有我国现气象学家叶笃正、谢义炳、黄仕松、高由禧等。从此，他踏上了献身科学事业的征途。

1945年，抗战胜利了。抗战的胜利使内迁的一些部门和机构开始陆续迁回东南沿海。当时军事上叫"还都"，老百姓叫"复原"。中央研究院气象研究所也于1945年底由重庆北碚回到了南京。

1946年，迫于国内的形势需要，国民党教育厅决定招考部分公费留学生，送往国外学习。得知这一消息，毛汉礼决定报名应考。根据他所学专业情况，可报考地理、气象两个专业。但是他看到，学地理和气象的人较多，学海洋的人却寥寥无几。他想，中国不但是一个农业大国，同时也应该是一个海洋大国。中国落后，难道海洋事业也要落后吗？历史的教训是难以忘记的，帝国主义列强对中国的侵略大多是从海上破门而入，所以，中国应该有自己强大的海上国防，应该有自己先进的海洋事业。

恰巧，报名的学科中有海洋专业的名额，1名是留美，1名是留英。毛汉礼当即决定报考留美的物理海洋学。

意外的成功给毛汉礼带来了步入海洋科学大门的希望。他考取并被批准到美国去学物理海洋学。1947年8月，他离开上海，远渡重洋前往美国加利福尼亚州立大学斯科里普科海洋研究所。

斯科里普科海洋研究所是世界著名的海洋研究所，是美国海洋科学家的摇篮。现美国海洋界的一些前辈大多是这个研究所培养出来的，能到这里学习真是机会难得。

到美国的第一年，他在加州大学洛杉矶分校补课。1948年秋回到斯科里普科海洋研究所。正当他向博士学位开始奋力攻读的时候，由于国民党反动政府的接连失败，中国留学生的学习公费断绝了。这时摆在他面前的只有两条路，一是终止学业，流落异国他乡；二是想办法继续求学，不达目的不罢休。为此，他开始打工，为饭馆刷锅洗碗，靠挣得的几个钱维持学业。两年过去了，1949年8~9月，毛汉礼攻读下了硕士学位。虽然取得了硕士学位，但还没有取得博士学位，而日子也更加艰苦了，现实又摆出了选择终止学业还是继续攻读博士学位的问题。为了博士学位，为了达到远渡重洋的目的，毛汉礼决定留在斯科里普科海洋研究所，一边任教，一边攻读博士学位。

"逆水行舟用力撑，一篙松动退千寻。"这是无产阶级革命家董必武同志生前说过的一句话。毛汉礼正是这样在海洋科学的纵深里奋力扬起风帆向着理想的彼岸驶去。

经过两年的努力，1951年8月，毛汉礼终于如愿以偿，获得了博士学位。多年的夙愿实现了。毛汉礼的心情异常激动。为了这一天，他付出了多大的代价啊，这一天终于来到了。报国之日就在今天，想到这里，毛汉礼立即写了回国的申请，第二天早上便向移民局走去。当他兴致勃勃来到移民局时，却遭到了拒绝。官员称，根据美国政府最新规定，由于中美在朝鲜战争中交战，凡在美国的中国科学工作者，他们所做的工作涉及美国最高利益，一律不能回中国。如若回中国，必须有美国政府移民局的许可证。但禁令又规定不给他们办理回中国许可证。毛汉礼知道这一切十分气愤。我是来美国学习的，我是中国人，学习结束了应该允许我回到我的祖国．为什么不给我办理许可证！他找到移民局提出质问，要求立即返回祖国。但是他得到的回答是不能回中国，留在美国到什么地方都可以。

回国的要求得不到同意，愿望不能实现，毛汉礼陷入了苦闷之中。时间在一天天流逝。这时毛汉礼得知，有几个同样要求回国的同学也遭到了拒绝，想绕道夏威夷经日本回国，但都在夏威夷被抓起来了。这消息给了毛汉礼一个很大的打击。怎么办？怎样才能回到祖国？他苦苦地思索。苦闷中他找到了自己的一位美国老师。这位老师十分同情中国留学生的遭遇。经这位老师的介绍，他认识了一位律师，他请这位律师帮助他同美国政府移民局打官司。

一个普通的中国留学生想同美国政府打官司，想来有点可笑，但毛汉礼决心要打这场官司。官司开始了，从联邦地方法院一直打到高等法院。他决心已定，这场官司一定要打到底。他的爱国行为得到了许多美国科技界人士的同情和支持。因此，他被人称赞为忠诚的爱国主义者。

三年过去了，毛汉礼同移民局进行的这场官司仍然没有结果。他处于极度痛苦之中。

尽管一个人的力量是有限的，但是他体现了一个中国人的骨气，一个中国知识分子的爱国之心。

他后来回到祖国，才知道了在美国时无法知道的一切，解开了他心中的谜团。

正当他在美国处于苦闷之时，祖国和亲人没有忘记他，没有忘记和他一样的海外游子。他和他的同学们哪里知道，伟大的祖国正在期待着自己的儿女早日回到母亲的怀抱，并为此而做积极的努力呢。

事后妻子范易君告诉他，自己对于他不能回国万分着急和忧虑，但又帮不上什么忙。在万般无奈的情况下，她提笔写信直接寄给了周恩来总理。信中向周总理报告了毛汉礼及同学们要回祖国而遭到美国政府拒绝的事情经过。此时，周总理正处在忙于准备出席日内瓦会议的前夕。信发出后，范易君感到十分不安和后悔。新中国刚成立不久，国家有那样多的事情需要周总理去处理，我们这样一点小事怎么值得去打扰日理万机的周总理呢？这封信真的送到了周总理的手里，周总理十分重视此事。当周总理了解到一批在美国的中国留学生和学者要求回国遭受美国政府以种种借口拒绝的真相后，针对此事，在日内瓦会议期间向美国政府代表团提出了关于允许中国留学生和学者自愿回国的要求。

留在美国我不干！台湾我不去！此时，在洛杉矶，毛汉礼仍然同美国政府继续打着一场个人与政府间无休止的官司。这场官司要打到何时？他心中无数，能不能打赢？他心里没谱。但他坚信正义在他这一边，正义终究要战胜邪恶。

一天晚上，他无论如何也睡不着，他拧亮台灯，又一次写起了家信，诉说想念祖国和亲人的不尽之情，突然有人敲响房门，并用英语问道："这里是毛汉礼先生的住所吗？"

"是的，请进。"

门开了，是美国移民局的两名工作人员，其中一位蛮客气地对他说："尊敬的毛先生，您的要求获准了。"说着把一份获准许可通知递到了他的面前。

接过通知书，毛汉礼仔细地看了一遍后严肃地问："现在就可以办手续吗？"

"是的，明天就可以到移民局办理手续。"对方回答说。

这突如其来的喜讯，使毛汉礼迷惑不解，打了3年的官司毫无进展，今天移民局为什么突然同意了？此时他管不了许多，既然同意就立即办理手续，争取早日回国。

毛汉礼结束了在美国的7年生活。于1954年8月回到了广州。他同我国著名科学家钱学森等一起，成为新中国成立后美国政府解除禁令第一批从美国回国的科学家。

毛汉礼从广州来到了北京。老校长、老所长竺可桢教授接见了他。了解到他在国外的学习情况后，征得他的同意，安排他到了当时的中国科学院水生生物研究所青岛海洋生物研究室（现中国科学院海洋研究所）工作。在青岛，毛汉礼开始了新的生活。

毛汉礼在物理海洋学方面作出了重要的贡献。20世纪50年代初在美期间与日本著名海洋学家吉田耕造合写的关于"一个大尺度水平上升流"一文中所提出的概念，迄今仍为国际上广大同行所引用，被认为是上升流理论研究的经典文献之一。

归国之初，正值我国大力发展科学事业之际，他参加了1956年由周总理亲自领导的《1956—1967年科学技术发展远景规划》（简称"十二年科学规划"）海洋学部分的制订工作。其后几年，他先后参加并领导了中国科学院海洋研究所（当时的海洋生物研究室）组织的黄渤海综合调查（我国首次海洋综合调查），以及国家科委海洋组办公室组织的全国海洋综合调查工作。

在全国海洋综合调查中，他担任了技术总指导，亲自参加并领导了全部调查研究工作，从调查范围的编写，调查计划的制订，调查中的现场指导，到调查资料、图集的汇编，调查研究报告的编写，其中"中国海的温、盐、密度跃层现象"一章，是他亲自执笔的。

毛汉礼经过整整两年的不懈努力。1958年起从事《海洋》这一名著的译作，先后分3卷出版。此书是现代海洋学主要奠基人之一斯维尔德鲁普（Sverdrup）等所写，它是迄第二次世界大战为止全世界海洋科学界最全面、最系统、最权威的杰作。此书的编译出版对我国海洋科学知识的传播起了相当大的作用。

毛汉礼结束从海洋综合调查回所后，亲自参加并领导了"长江口与杭州湾海水混合现象"的调查研究工作，发表的《长江冲淡水混合问题和杭州湾潮混合研究》等论文，在理论上和实践上（研究污染物扩散规律）均具有重要意义。在此期间，他还参加并指导了黄东海水文现象和水团分析的研究工作。关于这方面的几篇论文，迄今仍是阐述黄海水文与水团最全面、最系统的文献。

后期毛汉礼与管秉贤先生合写的《东海的环流》一文系统而全面地论述了东海环流几个主要分量的基本特征，是 30 年来关于东海环流的扼要而系统的全面总结。在他指导下进行了数年之久的东海北部冷涡的调查研究工作及所写出的几篇论文，成为浅海区域海洋研究的楷模。

毛汉礼是我国物理海洋学的主要奠基人之一。他特别关心青年一代的培养工作，他认为建立一个"过得硬"的科学集体，发现和培养科研工作中的"将才"和"帅才"，是科研工作的头等大事。他所培养的研究生和中青年科研工作者，已有高深造诣。

毛汉礼还领导了黄东海环流结构和海—气相互作用的调查研究工作。

毛汉礼先生生前曾是中国科学院学部委员（现称院士）、中国科学院海洋研究所副所长、中国海洋湖沼学会副理事长，IAPSO（国际物理海洋科学协会）的中国委员会主席。

毛汉礼先生 1983 年当选为九三学社中央委员，山东省政协常委。1984 年 12 月光荣地加入了中国共产党。1988 年 11 月 22 日，毛先生因心脏病突发抢救无效，在青岛逝世，终年 70 岁。

第四节　解读海洋物理学

海洋物理学定义：海洋物理学是以物理学的理论、技术和方法，研究海洋中的物理现象及其变化规律，并研究海洋水体与大气圈、岩石圈和生物圈的相互作用的学科。它是海洋科学的一个重要分支，与大气科学、海洋化学、海洋地质学、海洋生物学有密切的关系，在海洋运输、资源开发、环境保护、军事活动、海岸设施和海底工程等方面有重要的作用。

世界海洋物理学学科研究有两大主攻方向，一是水下声学，二是水下光学。由于水下声学直接决定了水下通信的前途与命运，并直接应用于潜艇和作用于海上战场，因此其研究被世界发达国家列为海洋物理学研究的首位。

这是 1959 年 10 月 1 日，半个世纪过后，这一天的阳光，依然令人陶醉。

新中国迎来了 10 岁的生日，举国欢庆，万民同乐。但就在这喜庆祥和的气氛中，在天安门城楼上，一丝不易察觉的忧虑，浮现在站在城楼上的毛泽东的眉宇间。

前一天晚上，在中国政府举行的国庆招待会上，赫鲁晓夫在表示祝贺的同时，含沙射影地攻击了中国的外交政策，教训中国不该发动金门炮战，"不要用武力去试探资本主义制度的稳定性"。

但事情并未到此为止，10 月 2 日，中、苏两国领导人之间，一场更大的争吵开始了。

当时的情景，可以用"吵得一塌糊涂"来形容。双方争论的焦点有 4 个：1. 释放 5 名美国特务。2. 允许两个中国的存在。3. 中印边境冲突破坏了印度的中立。4. 达赖出逃的责任在不在印度。

中苏之间的矛盾激化始于 1958 年。这一年 4 月 18 日，苏联国防部部长建议在中国设长波电台，遭到了拒绝。7 月 21 日，苏联大使又提出建立联合舰队，毛泽东为此大发雷霆。很显然，不论是长波电台，还是联合舰队，都是苏联精心设计提出的要求，其要害处就是允许苏联海军不经过交涉就能使用中国的港口，意图在军事上控制中国。

在稍稍冷静之后，根据赫鲁晓夫的提议，双方销毁了 10 月 2 日的会谈纪要，以抹去这段不愉快的记忆，但中苏之间的裂痕已经无法抹平了！

多年以后，在回忆录中，赫鲁晓夫对毛泽东当时的言行依然耿耿于怀：

"我们又提起无线电台的问题。我说：'我们出钱给你们建立这个电台。这个电台属于谁对我们无关紧要，我们不过是用它同我们的潜水艇保持无线电联络。''毛泽东同志，我们能不能达成某种协议，让我们的潜水艇在你的国家有个基地，以便加油、修理、短期停泊，等等？'

我不明白他为什么这样动怒。'英国人和别的外国人已经在我们国土上待了很多年，我们再也不想让任何人利用我们的国土，来达到他们自己的目的。'他始终也没有允许我们在中国建立潜水艇基地。"

也许，赫鲁晓夫的确不能明白，但他这种想当然和居高临下的态度已经触及了中国人最敏感的神经。整整 100 年，中华民族都是在列强的坚船利炮下屈辱地生活，现在，刚刚有能力守住自己的门户，又怎能允许外国的潜艇在中国海域里自由地穿行呢？

赫鲁晓夫参加了新中国建国 10 周年的庆祝活动，在天安门城楼他站在毛泽东的身边，这是赫鲁晓夫和毛泽东的最后一张合影，当时的记者用两人亲切交谈来形容这一瞬间。但历史的真相是，赫鲁晓夫说："关于那个原子弹，我看是不是把人员撤回去？"毛泽东回答道："能给最好，不能给就算了。"

1960年7月16日，苏联突然宣布在1个月内撤走在中国的1390名专家，单方面撕毁了与中国签订的343个专家合同及其补充书，并废除了27项科学技术合作项目。刚刚起步的中国工业化进程，突然间又跌入了深谷！

说到底，意识形态的同一性，并不能取代或者掩盖国家利益的差异性。中苏关系的破裂，使中国人清醒地认识到：只有自力更生，才能赢得独立和尊严。国家的主权，必须牢牢掌控在自己的手里。

是告别，也是新生，艰苦奋斗的创业开始了！

中国科学院声学研究所是中国声学界的摇篮，每年有上百名声学专业和信号与信息处理专业的博士、硕士生，从这里起锚，驶向科学的海洋。

1959年7月，在24名苏联专家的协助下，年过半百的大气电学家汪德昭半路出家，带领100名差半年、甚至差一年才能毕业的大学生，开始了中国国防水声学的调查研究。

国防水声学是世界近代新兴的综合性尖端科学，是世界强国争夺海洋和保卫本国海防的重要手段。1956年，国防水声学作为紧急重大项目，被列入中国"十二年科学规划"。在中苏合作122项重大科技项目中，有关船舶制造和海洋科学的只有4项，国防水声学是其中之一。

在海洋中，声音的传播特性有很大的差异，有的地方，声音可以传播得很远；有的地方，声音的传播却很困难。在浅海，这种情况尤其复杂多变。因此，了解清楚不同海域的声音传播特性，对开展潜艇或反潜艇作战具有重要意义。

事实上，当时全世界的海洋意识都很淡漠。在冷战的背景下，除了国家安全，没有人在意能从海上得到什么。海洋还停留在战略通道的层面上。

国防水声学的研究目的，是建立反潜预警体系，有人将之形象地比作"水下万里长城"，重点防御的对象只有一个——核潜艇。

1955年1月17日，美国第一艘"鹦鹉螺号"核潜艇在康涅狄格州下水，原子核裂变后释放出的巨大能量，猛烈撞击着一度处于沉闷状态的世界海军。

与常规动力潜艇比较，核潜艇的优点不言而喻，现代军事家们称，"如果战争发生，一个国家全部被摧毁，但只要海洋深处还有它的一艘未被打击的导弹核潜艇，它将携带的导弹从水下发射出来，就几乎可以摧毁敌对国所有重要的军事、政治、经济目标！"

率先反应的一定是苏联。

1957 年 8 月 9 日，苏联第一艘核潜艇"列宁共青团号"从北德文斯克造船厂出海。其主要设计者什马科夫宣称："根据设计，它可以到达美国任一城市沿岸海湾，比如纽约，引爆后可引发海啸，将城市淹没。"

也许，正是为了让核潜艇的威力发挥到极致，赫鲁晓夫看上了中国漫长的海岸线，但组建联合舰队的构想，被毛泽东坚定地拒绝了。

对中国人而言，1960 年，是和饥饿的记忆联系在一起的，但同时，也少不了背信弃义、雪上加霜这样的词汇。

突然间，正在南海进行海洋水声调查的汪德昭发现，身边的 24 个苏联专家要莫名其妙地回国了。

1960 年 3 月，参加海洋考察的苏方科技人员按照其政府的要求毁约回国，并要把上万米的水声考察数据记录电影胶片带回苏联。在这突如其来的事件面前，汪德昭冷静沉着，处变不惊，经过研究请示，他派人先期回到北京将资料加以复制，而后把原片按协议交给了苏方。

事后，他又组织青年科技人员花了半年时间，把这些资料整理完毕，编写成中国第一批水声学研究报告。根据联合考察的资料，汪德昭计算了中国主要的几种声呐的最佳频率，提供给海军设计使用。他还指出了南海海域若干特殊的水声情况，并提出对敌作战时，我方潜艇应采取的措施，供海军参考。

几经波折。在"水下万里长城"规模初具的同时，刚刚起步的中国核潜艇研制却面临夭折。

1960 年 8 月 23 日，苏联全部撤回了在中国核工业系统工作的 233 名专家。这些专家不仅留下了一大堆没有竣工的项目，而且带走了重要的图纸数据。

核潜艇的合作还没有开始，协议就已变成了废纸。

核潜艇是中苏之间交涉最艰难的项目。也是在 1959 年的国庆节，周恩来总理和聂荣臻副总理，再次向赫鲁晓夫提出了核潜艇的技术援助，赫鲁晓夫不阴不阳地回答："核潜艇技术复杂，花钱太多，中国搞不了，苏联有了核潜艇，等于你们也有了。"

毛泽东义愤填膺，"核潜艇，一万年也要搞出来！"

然而，20 世纪 60 年代初，中国连续三年发生自然灾害，再加上政策失误，饥荒席卷大半个中国。由于经济困难，加上技术力量不足、研制条件不具备，中国的核潜艇研究要继续下去，也勉为其难。为了给原子弹让步，核潜艇工程暂时下马，但保留了一支 50 多人的核动力研究班子，继续从事理论研究和实验，在两个超级大国虎视眈眈的注视下，夹缝中新中国核潜艇的研制在艰难困苦地摸索着。

第五节　解读海洋化学

海洋化学定义：海洋化学是研究海洋各部分的化学组成、物质分布、化学性质和化学过程，以及海洋资源在开发利用中的化学问题的科学，是海洋科学的一个分支。研究内容为海洋环境中各种物质的含量、存在形式、化学组成及其迁移变化规律；控制海洋物质循环的各种过程与通量，特别是海—气、海—底、海—陆、海—生等界面的地球化学过程与通量。

解读海洋化学，也许是一件较为沉重的话题。因为世界化学学科的研究在化学元素的新发现上，在居里夫人之后几乎是无所作为，延续的只是化学合成技术的研究。化学合成技术成就了化学科学的发展，然而过于泛滥必将导致灾难，这是科学、历史与文明的结论。

我国海洋化学的学科发展尽管有所进步，但其作为难以让人苟同。我国海水养殖业曾经历的一场劫难，给出了这样一种诠释：那是一场化学提取与合成技术的泛滥，表现出的是药物与生物的对抗，理性与任性的对抗，最终是人与自然的对抗。

1993 年的夏天，对于我国整个东部沿海地区的数百万虾农来说是一个黑色之夏。从南海之滨到渤海沿岸，短短一段时间里全国数百万亩养殖对虾相继自绝于虾池内。顷刻间，广大虾农断了生路，消费者断了一道美味。一时间虾成了城里人、乡下人议论的社会热点问题。

这是一条迟发的新闻。

舟山，我国最大的渔场。

北京，伟大祖国的首都。复兴门外大街一号，《中国海洋报》报社所在地。

1993 年刚进入 7 月。一天早晨刚上班，该报总编室一位编辑拿给总编一份该报记者发自舟山的传真文稿：

本报讯记者 ×××：近日，浙江省嵊泗县数百万亩养殖对虾发生大面积死亡。灾害来势猛、发展快、面积大，使虾农猝不及防，经济损失惨重。部分虾农已处于绝望之中。经有关水产部门了解，认为是养殖病害所致。目前，病因尚未查清……据了解，虾病已呈蔓延趋势，舟山所属县区均发现养殖对虾发病、死亡……

自 20 世纪 70 年代中期开始，我国海水养殖业进入了第三个养殖浪潮。对虾，已不是仅靠捕捞维持低产量生产。对虾，也不再是海中珍品，已走出宾馆、酒店而进寻常百姓家，海水养殖对虾已成为我国沿海渔区群众的一条重要的致富之路。养殖生产为我国海产虾类的需求，为稳定市场、出口创汇和合理开发利用海洋资源作出了重要的贡献。当时，我国已建成百万亩虾池，直接和间接从业人员也达数百万，病害发生，国家累计损失将达数百亿元，如果大面积病害蔓延后果将意味着什么？

1993 年虾病暴发中悲叹的虾农

传真文稿引起总编的高度重视，舟山地区发生虾病是局部现象还是具有普遍性？总编立即拨通驻全国沿海 20 个记者站的电话，指示记者站马上赴沿海各养殖区了解情况，并迅速汇报。

两天过后，该报驻广西、广东、海南、上海、宁波、江苏、青岛、烟台、大连、天津等记者站相继传回消息，自 6 月中、下旬开始，全国沿海自南向北均发生虾病，陆续发生死亡，有的地区出现较大面积的绝产，经济损失严重，目前虾病仍在继续蔓延……刻不容缓，总编决定向国家海洋局有关部门报告。国家海洋局批示：立即向农业部报告这一消息。

农业部水产司司长感谢《中国海洋报》作出的努力。他们向全国沿海渔区发出《关于加强养殖对虾病害防治工作的紧急通知》，并建议《中国海洋报》通过新闻渠道向党中央和国务院报告。

1998年7月16日，一份《海洋内参》发往中共中央政治局、国务院、全国人大、全国政协和沿海省、市各级政府。

此时，宾馆、酒店里，人们吃虾谈虾津津乐道，而沿海数百万亩虾池的堤坝上，数百万虾农涌到虾池旁。他们看到的是，池内对虾游动迟缓，然后无规则地下沉。稍后再次上浮，随之急剧翻滚，呈现出极其痛苦的状态，继而再次急速下沉而自绝于池底。池岸上，虾农心急如焚，跺脚捶胸以至号啕大哭。虾！虾！怎么啦！

10月16日，第一届亚洲太平洋地区对虾养殖学术研讨会在北京举行。世界40多个国家和地区的科学家出席了本次世界对虾养殖盛会。在一次酒会上，农业部一位副部长第一次向外界证实：今年我国养殖对虾发生了大面积病害，经济损失严重。

虾病暴发，群众告急。养殖对虾的病情顿时牵动了沿海省、市、县和乡镇党政领导的心。6月中旬，各沿海养殖地区均接到农业部水产司《关于加强养殖对虾病害防治工作的紧急通知》。根据通知要求各地纷纷行动起来，结合本地实情，加强防治，严防虾病发生、入侵和蔓延。有关部门领导亲自挂帅带领技术人员深入生产第一线，与虾农进行交流，研究预防虾病的措施或抢救已发病的对虾。

1993年7月9日，福建《闽东日报》登出这样一条消息：

"长春镇政府紧急悬赏：谁能治虾病，重奖200万。"

至7月8日，福建省最大的对虾养殖基地之一霞浦县长春镇4000亩东方对虾基本死亡，经济损失1000多万元。

虾农林某当年投资200万元建池养殖350亩东方对虾全部死光，他欲哭无泪，全家人都懵了，类似林某的养虾户在长春镇尚有多人。

为此，长春镇党委呼吁：谁能彻底治疗虾病，镇政府重奖200万元。

但愿重奖之下有勇夫。

救虾如救火，在虾病暴发期间，虾农真是急得火上房，那情形外人真是难以想象，虾是虾农全家的命根子啊。

中国有句老话说，有病乱求医。当虾病暴发后，虾农们也只能是乱求医，这是一种十分普遍的现象。在广西、广东、海南、福建、浙江、江苏、山东、河北直至辽宁，自南向北，当虾病突然暴发时，广大虾农仅是凭他们知道的一点点道理和自己的土经验，不分青红皂白，纷纷在虾池内使用石灰粉、漂白粉等。当这一办法不能奏效时又纷纷向虾池里投入青霉素、链霉素、土霉素、痢特灵等抗生素类药物。渤海湾北部的养虾区有的虾农无奈之中竟花大钱买来了"延生护宝液"或"太阳神口服液"撒入虾池，力求对虾能起死回生，演出了一幕幕令人啼笑皆非的悲喜剧。

当一切都失去作用后，虾农们只能听天由命，坐以待毙。

福建沿海，在虾池成片的养殖区的堤坝上，随处可见一座座虾农们修建的菩萨庙，祈求菩萨保佑养虾获得好收成。当虾病害暴发时，虾农求菩萨保佑心更诚，情更急。一座座菩萨庙前终日香火不断，纸烟缕缕飘荡在海空。

1993年的夏天，在我国暴发的虾病是我国对虾养殖有史以来最为严重的一次。虾农们遭到了惨重的经济损失。据不完全统计，数百万虾农平均大约有三分之一保本或有盈利，三分之一亏损，三分之一绝产而被逼上了绝路。黄海中部某县的一户虾农，全家4口，当年借款30万元建池养虾30亩，满指望年底能有个好收获，没想到一场虾病30亩虾全军覆没，使他和全家被逼上了绝路。30万元对他全家来说就是全部的希望、全部的赌注、全家的生命。就在走投无路时，听说虾全死了，债主提前催还借款。为了躲债，男人带上老婆孩子悄悄离开家，匆匆踏上了"闯关东"的路。据反映，类似的情况在各养殖区均有所发生。据传闻，某地一养虾专业户，在虾病暴发时，他养的虾全军覆没后，他绝望了。站在无虾的池堤上，他痛不欲生。痛哭过后离开虾池向大海深处默默地走去。水深1米、2米……直至把自己完全淹没了。

痛哉，虾农！悲哉，虾农！

就在1993年夏天虾病突发肆虐之际，沿海养殖区广大虾农呼喊：虾，虾……怎么啦！这呼声不绝于耳。

对虾养殖为什么会暴发如此严重病害？海水养殖专家表示，发病是事实，死虾也是事实。对其发病原因尽管有种种说法，但不能匆忙下结论，最终要由科学事实来说话。但现状是近十几年来我国养殖业发展很快，就在这种快速发展中，他们忽略了科学研究先行，或至少要同时进行的基本原则。年复一年在较高密度养殖条件下的环境变化规律、养殖生物病害发生发展规律及大面积养殖下的生态环境效应等，都没有进行全面、深入的研究。而养殖过程中又滥用药物，暴发虾病在所难免，这是不争的事实。

事实上多年养殖生产已经表明，养殖生产中过度用药，发病时各种抗生素类药物将均不能奏效，而又滥用药物，更将导致灭顶之灾。

▌▌ 第六节　解读海洋地质学

海洋地质学定义：海洋地质学是以传统的地质学理论和板块构造理论为基

础，以海洋高新探测和处理技术为依托，在地球系统科学理论的指导下，研究大洋岩石圈地质过程及其与地球相关圈层（尤其是大气、水圈和地幔）间相互作用，为人类开发资源、维护海洋权益和保护环境服务的科学。

海洋地质学学科结构：海洋地貌学、海洋地球物理学、海底构造地质学、海洋沉积学、海洋地层学、古海洋学、海底矿产地质学、海洋灾害地质学和海洋工程地质学。

说到海洋地质科学，人们自然就会想到板块漂移的学说。

这是一位伟大的科学家在病榻上的伟大发现。

一天，德国气象学家魏格纳躺在病床上看书，看得时间长了，他放下书本，想活动一下身子再看，同时让眼睛也休息一下，于是尽力把自己的视线推得远一些……

这时，他的目光落在了贴在墙上的一幅世界地图上。

他很有兴趣地看着那奇形怪状的陆地地形，看着那曲曲折折的海岸线，那海洋，那岛屿。看着看着，他发现：大西洋西岸的巴西东端呈直角的凸出部分，与东岸非洲几内亚湾的凹进去的部分，一边像是多了一块，一边像是少了一块，正好能合拢起来，再进一步对照，巴西海岸几乎都有凹进去的部分相对应。魏格纳想："看起来就像用手掰开的面包片一样，难道大西洋两岸的大陆原来是一整块，后来才分开的吗？会不会是巧合呢？"一个个问题在他脑海中跳跃着，这个偶然的发现，使他感到十分兴奋。

"如果我的推测是正确的话，我一定要用事实来证明它！"魏格纳又冷静地思考起来："假如现在被大西洋隔开的大陆原来是一整块的话，那么，形成大陆的地层、山脉等地理特征也应该是相近的，隔在两岸的动物、植物也应有一定的亲缘关系，它们曾有过相同的生存环境……"病好之后，魏格纳走遍了大西洋两岸，进行实地考察。在考察中他发现：有一种蜗牛既生活在欧洲大陆，也生活在北美洲的大西洋沿岸。可以想象，蜗牛不可能远涉重洋，也没人听说过曾经有人"引进"过这种野生的蜗牛。

他还对同样出现在巴西和南非地层中的中龙化石进行比较研究，认为，这种爬行小动物也不可能跨越大海，最重要的是，这种龙在其他地区的地层中并没有被发现过……根据生物学家达尔文的物种进化原理，相同的生物不可能在相隔很远的两个地区分别独立地形成，它们必定起源于同一个地区。种种迹象表明，两岸的大陆原来是连在一起的整块！

于是，1914年，魏格纳创立了一个崭新的学说——大陆漂移说。他指出：现在的美洲与欧洲、亚洲、非洲、澳大利亚和南极洲，本来是连在一起的。

大约 2 亿年前，由于地壳的运动，大陆慢慢分裂，开始缓慢地漂移，渐渐成了现在的样子。并且，现在还在慢慢地漂移着，他认为：印度次大陆是从南极洲漂移过来的，与正在向东漂移的亚洲相撞，而突起的"世界屋脊"喜马拉雅山就是这样形成的。这种运动至今还在悄悄地进行着，喜马拉雅山至今也没停止向北拥挤。对资料的分析研究证明，1300 多年以来，西藏与印度之间缩短了大概 60 米。而澳大利亚也正在向北漂移。

"整个人类居住的陆地，就像巨大无比的航船，在非常缓慢地漂流，移动。世界千百万年后的面目，真不知道会变成什么样子呢！"

大陆漂移假说是解释地壳运动和海陆分布、演变的学说。大陆彼此之间以及大陆相对于大洋盆地间的大规模水平运动，称为大陆漂移。大陆漂移说认为，地球上所有大陆在中生代以前曾经是统一的巨大陆块，称为泛大陆或联合古陆，中生代开始分裂并漂移，逐渐到达现在的位置。大陆漂移的动力机制与地球自转的两种分力有关：向西漂移的潮汐力和指向赤道的离极力。较轻硅铝质的大陆块漂浮在较重的黏性的硅镁层之上，潮汐力和离极力的作用使泛大陆破裂并与硅镁层分离，而向西、向赤道作大规模水平漂移，并且向附近移动。

▌▌第七节　解读海洋生物学

海洋生物学定义：海洋生物学是一门综合性交叉学科，是研究海洋中生命现象、过程及其规律的科学，是海洋科学的一个主要学科，也是生命科学的一个重要部分。它主要包括海洋有机体的功能，海洋生物多样性和生态 3 个方面的内容。它是研究海洋中生命有机体的起源、分布、形态和结构、进化与演替的特征和生物生命过程的活动规律，探索海洋生物之间和生物与其所处的海洋环境之间的相互作用和相互影响的科学。

1977 年的秋天，国家海洋局的一艘"曙光号"海洋调查船日夜兼程地在黄海上进行海上地质调查作业。这次调查前后历时近两年时间，首次获取了黄海海底 70 米深处的泥炭层。此前，日本、美国和韩国都先后对黄海进行过地质勘探调查，均未有所发现。这一泥炭层的发现引起了国外海洋科学家们的普遍关注，这是因为泥炭层的发现，使得黄海发育史上长期存在的一些疑难问题迎刃而解。这一泥炭层告诉我们，6000 多万年前，黄海最初曾是植物的故乡，之后又成了猛犸象、野驴、野马、原始牛、羚羊和棕熊的天堂。黄海在经历了几次漫长的沧海桑田变化后，直至距今3万至1.2万年时，才开始逐渐变成了鱼虾的摇篮。

还是那次海上调查的一个夜晚，夜幕笼罩着黄海，这时唯有"曙光号"海洋调查船上的灯光给漆黑的海面带来一点光明。"曙光号"船舷外，地质调查柱状取样在紧张地进行，震动活塞取样管不时地把一管一管的海底泥沙样品取上船。科研人员仔细地在灯下观察、分析样品，忽然有一段柱状泥样中露出了乳白色的光泽，这一发现令科研人员十分兴奋，这是什么？

原来，这是一段厚度达30厘米左右的贝壳层。之后在不同海域又多次发现，这一重要发现证明：沿今天黄海70米等深线的海底下2.5米深处，在距今4万年之初，曾发育过一条蜿蜒百里的贝壳堤。

贝壳堤

组成这一贝壳层的主要种属有牡蛎、文蛤、兰蛤、白樱蛤、多形核螺、笋螺、毛蚶、泥蚶等十几种。贝壳层的贝壳像无数的"白骨"，记载了逝去的年代海洋贝类家族的生命在黄海的兴旺与毁灭。有孔虫是沧海桑田变迁的脚注。在沧海桑田的变化中，所有的生命都没有停止，生命伴随着黄海的沧海桑田的变化同时在演进。

海洋，生命的摇篮。

海洋生物学家方宗熙教授，是一位从爱国主义者转变为共产主义战士的科学家。

方宗熙教授于 1912 年 4 月，出生在福建省云霄县的一个小手工业者家庭。父亲以烧窑为营生。他自幼勤奋好学，并常跟着大人劳作。舅父家住山村，他常到舅父家去打柴、割草、放牛、下地种庄稼。因此，他从小养成了热爱劳动、勤奋好学的习惯。1926 年，北伐战争消息传出云霄，年仅 14 岁的方宗熙，毅然参加了广东北伐军武装宣传队。1929 年，他在云霄中学读完中学，继而考入厦门大学预科。1936 年夏，他在厦门大学本科毕业，取得理学学士学位。

方宗熙教授的学生时代，正是中国大革命风云变幻的时代。他和许多热血青年一样，热爱祖国、热爱科学、寻求真理。他酷爱读书，读了不少小说，包括鲁迅、茅盾、巴金、萧伯纳、巴尔扎克的著作。偶然也读了马克思和恩格斯以及大众哲学的书。在厦门大学期间，他除了钻研科学知识外，还参与各种社会活动。他不仅是厦门大学生物学会的第一批会员，而且曾任该会主席，主办过该会的会刊《生物学会刊》。他还写诗歌和散文，向一些左翼报章杂志投稿。他的作品题材广泛，或介绍科学知识，或歌颂真理和光明，或鞭挞黑暗和恶势力。回忆往事他说，当年从事这些活动对他后来从事科普创作，成为著名的科普作家产生了深刻的影响。

1936 年，方先生于厦门大学生物学毕业后留任助教。在日本帝国主义的铁蹄蹂躏祖国大好河山之际，他无法继续谋生，经友人介绍，于 1938 年初流落到印度尼西亚苏门答腊的巨港中华学校当教员，同时继续在那里进行科学工作，寻求救国的真理。巨港是华侨集居地之一，他积极向当地华侨宣传救国的真理，组织学生义演，为支援国内抗日募捐。

1941 年 12 月，"珍珠港事件"之后，太平洋战争全面展开。日本侵略者占领了马来西亚和印度尼西亚等地。在巨港，他了解到日本帝国主义者野蛮地屠杀马来人和华侨同胞后，义愤填膺，毅然决定，绝不为日本侵略者做任何事情。从此，他匿居深山，挑水种菜度日，"守节待机"。

抗日战争胜利后，他走出深山，于 1946 年来到新加坡，参加了由胡愈之先生发起的中国民主同盟马本亚支部的创建工作，在华侨中进行爱国和民主活动。在这期间，他经常学习进步书刊和毛泽东的论文，并在支部领导下，在进步华侨学生和社会青年中进行爱国主义的宣传和鼓动工作，指导进步同学和青年们团结起来，坚持斗争、坚持民主、反对内战。他还经常为胡愈之先生主办的进步刊物《风下》等撰稿。他写了大量进步作品，有连载小说《心花》，还发表了诗歌、散文和评论文章。

为了追求更多的科学技术知识，为将来振兴中华积蓄力量，方先生得到友人的资助和英国奖学金，于1947年秋天，辞去新加坡华侨中学生物教员的职务，赴英国伦敦大学留学，专攻遗传学。1949年底，他通过论文答辩，获得英国遗传学博士学位。这时，他得知祖国发生了根本性的变革，中华人民共和国成立了。新中国的成立让他看到了希望，在此之前他所做的一切正是为了这一天，他决心回国，报效祖国和人民。但由于当时英国政府的阻挠，他这一愿望一时难以实现。1950年，他应邀到加拿大担任多伦多大学的访问学者，然而他仍念念不忘返回祖国，在这期间他克服了重重困难，冲破阻力，终于在1950年冬经香港返回祖国。回国后，他在人民教育出版社担任生物学编辑室主任，他亲自编写了《植物学》《动物学》《人体解剖生理学》和《达尔文主义基础》4本中学生物教科书。后于1953年调到山东大学任生物系教授，从1959年直至逝世前，担任山东海洋学院生物系教授。在此期间曾任生物系主任和副院长，并担任《遗传》杂志主编，《海洋学报》副主编等。

方宗熙教授是我国海藻遗传育种工作的奠基者，他和助手们先后完成100余篇科研论文，主要有：《海带"海青一号"新品种的培育》《海带单倍体遗传育种的实验》《海带杂种优势的初步实验》等。他在海带遗传育种方面的研究成果，为海带养殖研究开辟了新的领域。他用海带单个配子体进行单倍体遗传育种的研究，引起国际上的重视，这一研究成果，曾获得1978年春全国科学大会的奖励。

早在1946年，在新加坡华侨中学担任生物教师时，他便开始写作科学小品。1947年秋去英国伦敦大学研究人类遗传学，他曾利用科研余暇为胡愈之先生在新加坡主办的《风下》杂志，以特约通讯员的身份介绍了许多通俗易懂的科技新成果以及当地的风土人情，在该杂志的"伦敦通讯"专栏里发表。20世纪50年代初期，由于方先生在人民教育出版社主编中学生物教科书，因而这一期间他撰写过许多供生物教师参考和扩大中学生知识领域的科普作品。如《古猿怎样变成人》《达尔文学说》等著作。在这些作品中，方先生用生动的故事，讲述古猿是怎样进化成人的，对达尔文学说作了全面的分析和研究。如对变异性和选择性，人工选择，生存斗争，自然选择、适应，物种起源，生物的向上发展和人类起源的原理等都作了详细的介绍。粉碎了特别论和物种不变论的唯心理论，论证了生物是由进化而来的，不是上帝创造的。这些由浅至深，文似科普而深含理论奥秘的文章和书稿，对帮助读者树立辩证唯物主义的世界观起到了积极的作用。

在繁忙的教学过程中，方先生始终没有忘记科学知识的普及，陆续写就《生物是怎样发展的》《生物的进化》《生命的进化》《生物学基础知识》等科普著作，也都针对不同读者的要求，在选材上有所取舍，成为广大干部、群众学习生物科学知识的好书。《生命进行曲》一书还译成了藏文与维吾尔文。这是一本专供少年儿童阅读的优秀科普读物。方先生在保证科学性的前提下，十分注意加强科普作品的文艺性、趣味性，不仅注重传播给少年儿童以科学知识，而且还注意挖掘科学知识本身的故事性，使作品具有吸引人的魅力，给小读者以艺术上的享受。他在写作过程中对章节标题的选择更是仔细推敲，精心设计，争取有先声夺人的力量。

生物科学不断发展前进，逐渐由观察生命活动现象深入到认识生命活动的本质，从而形成了一门全新的学科——分子生物学。它的核心内容是通过生物体的主要物质基础，特别是蛋白质、酶和核酸等生物大分子的结构和运动规律的研究，来探讨生命现象的本质。遗传工程便是人们运用分子生物学知识所设计的巧妙方法，是定向改造生物遗传性的一种先进技术。运用科普作品宣传现代生物学知识以及遗传工程究竟是怎么回事，是方宗熙教授晚年撰写科普作品的主要题材。《遗传工程浅说》《遗传工程》《遗传工程——定向改造生物的新科学》等单行本的相继出版，针对水平不同的读者，通过深浅不同、内容类似的科普著作，使读者对遗传工程这门崭新的生物技术有了一个完整的了解。如它的研究和应用状况，以及将来可能应用的领域范围，对人类社会和生产力可能产生或作出的影响和贡献等。

《生物进化的故事》全文 12 万字，插图 50 余幅，自 1975 年 3 月至 1976 年12 月共连载 22 期于《科学实验》杂志，受到广大青少年读者的欢迎。许多中学生读后致函方先生，向他表示要努力攀登生物科学高峰，为人类利用、改造生物多作贡献。后来，方先生的夫人江乃萼老师整理了这本书稿，作为方宗熙教授奉献给读者最后的一部科普佳作。

方宗熙教授不仅撰写了百万字的科普作品，还把自己在创作实践中的经验，根据多年科普创作中存在的倾向性问题，撰写了科普创作理论探讨文章。1978年 5 月，他在全国科普创作座谈会上发表了《写什么，怎么写》一文，对科普创作的选题，加强作品的思想性、写作程序等问题提出了自己的见解。在第一次全国科普作协代表大会上，他作了题为《编写科普读物要处理好几个关系》的报告。畅谈了写好科普读物应注意处理好科学性和通俗性的关系，处理好科学性和逻辑性的关系，处理好科学性与思想性的关系。他在《科学性是科普作品的命根子——为写好科普作品而努力》一文中说：“一般讲来，在科普作品中特别是在短篇的科普作品中要综合这些‘性’（指科学性、通俗性、文学性、思想性、创造性等——编者注）在一起并不容易。实际上也没有必要这样要求。我认为对科普作品的基本要求有二：一是科学性，二是通俗性。离开这两点，而过分强调其他什么'性'都不容易发挥好的作用。""对科普作品强调科学性这是永远不会过分的。理由很简单，科普作品在于介绍科学知识。内容有错误，社会效果就不会好。因此，科学性是科普作品的命根子。"方先生这些指导性意见，都收进了当时出版的科普期刊或专著，成为广大科普作品在写作中的指南。

方宗熙教授在科普创作中，除撰写科普文章外，还充分利用科普广播、科普讲座等多种形式传授科技知识。他在中央人民广播电台《星期日演讲会》节目中，演讲了海洋开发方面的专题科普讲座，既通俗又生动，受到广大听众的称赞。他十分关心《海洋》（今《海洋世界》）杂志的诞生和成长。《海洋》杂志在祖国大地上一出现，方先生就像爱抚和关心年幼的孩子一样倾注了他的心血。并理所当然地成为第一批作者。他于1976年开始在《海洋》上连续发表了《海带单倍体育种实验》《略谈海洋有机物的生产》等文章。他晚年尽管科研、教学和社会活动十分繁忙，仍然坚持为《海洋》撰稿。就在他逝世的前一年，还为《海洋》杂志撰写了《略谈菊石是怎样绝灭的——兼论灾变论》一文，因而他成为《海洋》读者们十分熟悉的朋友和老师。

1985年，《海洋》杂志等6个单位举办的《美丽富饶的祖国海疆》征文"银帆奖"活动，方宗熙教授被聘请为评委。1986年3月，征文活动即将结束进入评选阶段，当他接到征文办公室的通知，即刻做好前往北京的准备时，却被病魔夺去了他十分愿意参加的一次有意义的活动机会而住进了医院。

方宗熙教授在日记本上端正地写着"生命的价值在于贡献"。他把这句话当作自己的座右铭。在长期的科普创作中，他给自己定了一条规矩：晚上检索所需资料卡片，翌晨黎明即起身伏案写作。他几乎天天如此。在外出开会的路途上，在车、船上构思文稿，记在笔记本上，下榻后便利用空隙时间修改已写成的初稿。在科普创作的征途上，方先生呕心沥血、历尽艰辛，笔耕50余年，为后人留下了几十册和几百篇科学作品，在普及科技知识方面，作出了杰出的贡献。

他十分关心科普创作的发展和后继有人。他身兼多职，科研、教学与社会活动十分繁忙，但他多次抽出时间参加了中国科普作协优秀科普作品评奖会议。每次参加会议，他都强调科普作品在四化建设、两个文明建设以及在智力开发中的重要性，启发激励中青年科普作者努力创作出更多更好的科普作品。

"文化大革命"期间，有一个青年教师曾参加过对他的"批斗"。三中全会后，这个青年教师请他帮助修改作品，并把作品推荐给出版社。此时，胸怀坦荡，以科普事业为重，因冠心病住院疗养的方先生，不记旧恨而欣然应允，亲自审阅修改，直至改写后推荐给出版社得以出版。

他把科普创作看作一名科学家分内的、义不容辞的工作，因此对待科普写作十分勤奋和严谨。一年的春节，寒风凛冽，鹅毛大雪纷飞，他和夫人江乃萼吃罢早饭后，不是按照春节习俗走亲访友，而是匆忙赶到实验室。科研实验后，又利用实验间隙修改起急等交稿的科普作品。

全国科学大会以后，科普创作的春天来到了。他满怀激情参加了在上海召开的全国科普创作座谈会。中国科普作协、山东省科普作协代表大会，推选他为中国科普作协副理事长、山东省科普作协理事长。1984 年 1 月 4 日至 19 日，在中国科普作协"二大"会议上，他带病参加了大会，并在会上致开幕词。他与华罗庚、茅以升、高士其、钱学森等 17 位科学家，由于在科普创作上作出了卓越贡献，受到大会的表彰，同时接受大会推选他为中国科普作协荣誉会员。

1985 年 7 月 6 日下午 6 时，我国著名的海洋生物学家、科普作家、爱国归侨、全国人民代表大会代表、民盟中央委员会委员、全国侨联委员、山东海洋学院（今中国海洋大学）前副院长方宗熙教授，因患胰腺癌，经医治无效，不幸在青岛逝世，终年 73 岁。追悼会上，人们深切地悼念他，悼念他为我国海洋生物学作出的贡献，为繁荣科普创作而作出的不懈努力。

方宗熙教授走完了他从普通学者到教授、科普作家的人生道路离去了。然而，他勤奋笔耕 50 多年而留下百万字的科普佳作，将成为一笔巨大的精神财富和科普的钥匙永远引导广大读者去打开科学宝库的大门，而遨游在知识的海洋之中。这些作品也是科普作者学习创作的范文，吸引着人们不懈探索。

第八节　中国海洋科学事业发展的航迹

青岛观象山，中国近代海洋科学事业的起点。

1919 年爆发的"五四运动"，迫使日本将青岛归还给了中国。但直到 1922 年 2 月，青岛观象台还掌握在日本人的手中。

1922 年 2 月 6 日，为重新瓜分远东和太平洋地区的势力范围，美、英、法、日等 9 个第一次世界大战的战胜国在华盛顿签署《九国公约》。日本将青岛和胶济铁路沿线的一切都交还给了中国，却唯独留下了观象台。日本的理由得到了列强的认同：中国没有技术人员，而观象台不能运转将严重影响来往于胶州湾的各国船只。这样，大家的经济利益都要受损。

争海权也就是争利益。中国政府拒绝了！

12 月，迫于无奈的日本抛出了最后一个条件：中国只有蒋丙然先生能够胜任这里的工作，如果他来，观象台当交。

此刻，中国第一个气象学家蒋丙然正在上海的家中养病，闻听此言，第二天一早，他便踏上了北上的列车赶赴青岛。

近代中国的海洋观象台都是被外国人控制的，青岛观象台是第一个主权归属于中国的观象台。正是以此为基础，中国现代天文气象和海洋科学事业拉开了帷幕。1935 年至 1936 年间，国立北平研究院动物学研究所与青岛市政府联合组织了一次以海洋动物为主、多学科的海洋调查。

海洋调查是人类正确认识海洋、合理开发利用海洋和有效地管理与保护海洋的基础性工作。对国家海洋战略的实施、维护国家海洋权益、海洋资源的可持续开发利用具有重要意义。这次调查是中国历史上对局部海区进行多学科调查的开创性尝试，为中国近海调查方法的形成奠定了基础。

1936 年 7 月，青岛海滨生物研究所举行了奠基典礼，蒋丙然和伙伴们希望能让中国的海洋科学事业更上层楼。

但此时此刻，大洋彼岸，狂热的日本军国主义者已经磨刀霍霍。1938 年 1 月，日本海军的炮舰又趾高气昂地驶入胶州湾，先驱者的理想破灭了。

黑暗中，青岛观象台的航标灯倔强地闪烁着，它究竟在等待着什么呢？

青岛市南海路 7 号，是今天的中国科学院海洋研究所的所在地，这个院落的历史几乎就是大半部新中国的海洋科学史。

童第周、张玺、毛汉礼、朱树屏、曾呈奎、赫崇本、刘瑞玉、齐钟彦……几乎每一个名字，就标示着一门"学科"。

1950 年，在生物学家童第周的提议下，中科院在青岛设立海洋生物研究室。这一年，童第周 48 岁，从比利时回国已经整整 16 年了，青春年华都在动荡中逝去。

年近半百，童第周终于有了一间安稳的实验室。

新中国先后在青岛成立了海洋研究所、水产研究所和海洋学院等科研和教育机构，使青岛崛起成为中国的海洋科学城。在这之后，国家先后又在上海、厦门、广州、大连、烟台等地成立了相关的海洋与水产研究和教育机构，无数的爱国知识分子终于有了施展才能的舞台。

1956 年，新中国制订了《1956—1967 年科学技术发展远景规划》，在著名科学家竺可桢的建议下，海洋科学被列为第 7 项。主要任务是进行中国近海综合调查；并由军、地双方联合组成国家科委海洋组，主持全国的海洋科技工作。

1958 年 9 月，一大批海洋科学家云集青岛。

来自海军、中央气象局、中国科学院、水产部、山东大学、厦门大学和华东师范大学等60多个单位的科技人员共同协作，依靠4艘护卫舰改装的简陋的调查船，先后完成了渤海、黄海、东海和南海的普查工作。

这是中国有史以来规模最大的一次海洋综合调查。

今天，对于这次海洋综合大调查的意义无论怎么总结都不过分，但在当时，完成这样一项任务的主要目的是为海军的军舰和潜艇摸清航路，同时也为防止蒋介石反攻大陆制造海障作准备。任何情况下，国家的安全都是第一位的。

在这之后，新中国才有了从浅海、近海走向中远海，继而走向深海大洋和走向南北极的航迹。

第三章　海洋探索

　　世界各国对于海洋的观测与调查多历年所，不遗余力，此乃海洋科学研究的初始，诸学科之基础的基础，进而认识海洋，促进人文。这关乎一国之海洋事业之兴衰，人类及社会之灾祥。我国的海洋观测肇始于占星望月，齐政授时。海洋观测与调查由岸滨测站移至以舟楫为载体，进而经历了渔船、小船、中型专业调查船到大型综合性远洋调查船的发展历程。然而沧海茫茫，至大无外；探索渺渺，知也无涯，此事业非一朝一夕能尽其功，非一手一足所能尽其蕴。其历程手段与设备不厌其周，调查不厌其久，记录不厌其详，而后集思潜心研究，求解科学彻底之阐明而有发现。前行至现代，正是认知海洋调查基础资料的历史积累，使海洋科学研究从近岸走进浅海，又从浅海进入中远海，继而走向深海和大洋。

▌ 第一节　望洋兴叹

史上海水梦悠悠，今日国愁亦我愁。

中华人民共和国未来之旅，汪洋之上，旌旗何以猎猎漫舞；苍穹之下，国将何以强盛不衰……

这是一个梦想，却又不是一个梦想。中华民族要全面走向海洋，就必须要敢于用大历史观的思维，善于冷眼向洋看世界，方能理性回溯早已远远逝去了的时空，看清世界展示给人类的那一幅幅壮美的画卷。

地球：

亘古时期，地球板块运动，海陆沉浮，沧海桑田，"水球"生成唱响了上帝创世的挽歌；

洪荒时期，海洋是物种起源，物竞天择的生命摇篮；

原始时期，生命从海洋爬上陆地进化出了人类，继而成为物种生命的骄子；

风帆时期，海洋反被认为是人类死无葬身之地的坟墓；

难道真是如此吗？

让我们把目光回溯到 100 多年前。

海洋科学研究离不开对海洋的探索和科学调查，而海洋调查与海洋调查船紧密相关。世界海洋调查船的发展已有 100 多年的历史，1831~1836 年英国的"贝尔格号"海洋调查船，历时 5 年考察了大西洋、印度洋和太平洋。达尔文参加了此次考察并揭示了珊瑚礁的成因，他于 1859 年出版了著名的《物种起源》。1872~1876 年英国海洋调查船"挑战者号"遍及世界三大洋所进行的全球大洋调查，将人类研究海洋的进程推进到新的时代，使海洋科学逐渐成为一门独立的学科，这次调查被誉为"近代海洋学奠基性调查"。

此后，世界其他海洋国家也相继改装了一些海洋调查船进行海洋调查。但限于当时的技术条件，各国的海洋调查船都是以生物调查为主，直到 1925 年德国海洋调查船"流星号"问世之后，综合性海洋调查船才由以生物调查为主的时代，进入了以海水理化性质和地质地貌调查为主的时代。其所获得的资料被海洋学界认为是"海洋调查的代表性资料"。1947~1948 年瑞典的"信天翁号"海洋调查活动，被誉为"近代海洋调查的典范"，该船在三大洋赤道无风带进行的深海调查，采集深海海底底质样品填补了三桅调查船"挑战者号"当时无法在无风带海域进行调查的空白。

马修·约翰·莫里是一个很生僻的名字，他与富兰克林、法拉第、爱迪生一样，是死后才出名的学者，他用被当成了废纸扔掉的航海日志收集了大量的风、海流、水温等数据，并研究整理出了世界第一部《海洋气象观测报告》(第一卷，1846 年)。

约翰·莫里在爱丁堡大学读了 10 年书，随"挑战者号"探险回来时还是学生。在学校里他不学规定科目，只学习自己想学的科目，因此因毕不了业而著名。他在参加了几次航海后，对海洋调查和研究产生了浓郁的兴趣。就在"挑战者号"探险之前调查成员已经确定，但因起航前一名助教级博物学家要求退出，莫里才有机会参加了这次航海。1913 年莫里出版了他的不朽之作《海洋》，他最早在《海洋》这本书里使用了海洋学一词，他指出："海洋学包括植物学、动物学、化学、物理学、气象学、地质学，海洋学与地理学也有着密切的关系，它给予人类的是不可估量的影响。"

南森是多数学海洋的人都知道的名字，挪威人南森发现了北极海流。按照漂流速度估算，在当时他的探险船上需要准备 5 年的粮食。1893 年夏，"弗雷姆号"船载着 5 年的粮食从挪威起航，在经历了重重艰难以后，南森到达了距离北极点仅有 224 海里处，但是，冰还是阻断了他们前进的道路，他只好返回。1896 年 6 月，在弹尽粮绝时南森和队友约翰森遇到了英国杰克逊探险队而得救。

100 多年过去了，现在我们进行海洋调查仍然要依赖于船舶。尽管潜水器、卫星等新型运载工具投入使用，但只实现了在海面以下小范围和高空大范围的海洋观测，而至今为止海洋调查船仍然是我们进行海洋调查最为常用的、最为有效的运载体，海洋调查船仍有着不可替代的作用。随着海洋科学的发展，20 世纪 50 年代以后，综合性海洋调查船已不能满足海洋学各分支学科深入调查的需要，从而陆续出现了各种专业调查船和特种调查船。20 世纪 60 年代是新建海洋调查船的大发展时期，1962 年美国建造的"阿特兰蒂斯 II 号"首次安装了电子计算机，标志着现代化海洋调查船的诞生。

在世界海洋调查船 100 多年的发展进程中，由于其特殊性和使用的局限性，海洋调查船的发展进程并不是很快，根据统计，到 1982 年为止，全世界各类海洋调查船的总数仅达到 1600 多艘，其中排水量 1000 吨以下的约占 60%；1000~4000 吨级的约占 30%；4000 吨以上的不到 10%。拥有调查船最多的 10 个国家及各个拥有量是：美国约 400 艘、苏联约 300 艘、日本约 200 艘、中国约 170 艘、英国约 80 艘、加拿大约 70 艘、法国近 70 艘、联邦德国约 40 艘、挪威约 30 艘、澳大利亚约 20 艘。

其余近 60 个海洋国家拥有的海洋调查船舶总数仅约 300 艘，中国第一艘海洋调查船出现在 20 世纪 50 年代，即 1957 年我国建造的"金星号"。20 世纪 80 年代之前，世界沿海国家海洋调查船的数量并没有明显增加，只是随着中国全面走向海洋，对海洋科学研究的迫切需求，我国海洋调查船数量有了较大的增加，特别是进入 21 世纪以后。据不完全统计，我国海洋调查船新建约 10 艘。

今天，世界经济发展所要回答的"人口、资源、环境"难题，使对海洋的开发与利用已成为世界经济发展的一个主旋律。但是，我们必须要面对这样严峻的历史的、世界的摊牌，是遗产就会有分割，有分割就会有争夺；面对争夺，就会有实力的比拼，就会有智慧的较量，就会有人间正道的选择。那么，今日之正道是什么？

1949 年 10 月 1 日，新中国成立，向世界宣告：中华民族站起来了。从此，年轻的共和国彻底结束了旧中国有海无防的历史，这预示着一个伟大的民族将自信而从容地走向海洋！

在历史的长河中，在蔚蓝色的海洋上，中华民族曾有过一支庞大的船队从东方的中国起航驶向了西方。郑和七下西洋尽管辉煌一时，但就其对世界的影响而言，只能用"船过水无痕"来描述。这正如今天的东非人尽管调动他们对那场声势浩大的远航记忆，最终记下的只是从他们老祖宗那里流传下来的不尽叹息：曾有一支浩浩荡荡的中国船队，像一片云铺天盖地而来，又像一片云突然消失得无影无踪。

这是中国海的历史遗憾，也是历史之谜。今日建设海洋强国，是实现中华民族伟大复兴的必然选择！

中华民族创造了"望洋兴叹"的成语，而要把这一遗憾抹去，必将是另一种使命！

第二节　海洋科学探索

中国海，万年风雨，千年沉浮，百部春秋"论语"；海洋梦，是一个梦想，又不是一个梦想，正是这个梦想发人深省。

梦醒之时，便是奋发崛起之日。

中华民族走向海洋，关乎大国秉性、大国人文、大国精神和大国命运。

当我们置身于广袤的蔚蓝色之中，在世界海洋史的发展进程中用心去触摸中国海的脉搏时，一定会情不自禁地追问：

大哉乾元，国乃天下大器，吾海洋当强乎？

古之有曰：龙乃江、河、湖、海之形；水乃江、河、湖、海之血；人乃江、河、湖、海之魂。

当人类社会文明进入 15 世纪，海洋成就了世界"地理大发现"，而变为冒险家的乐园；

之后，海洋沦落为西方人追逐财富天堂的便利通道；

近代，海洋演绎了列强争锋的神话；

现代，海洋变成了霸权称雄的疆场；

进入 21 世纪，海洋无疑成了人类共同的遗产。

人类对海洋的深入认识缘起于欧洲人的海上探险，之后在涉海实践的基础上不断深化而进入了世界地理大发现时期。

1405 年，中国航海家郑和首开七下西洋之举，远航太平洋和印度洋，拜访了 30 多个包括印度洋沿岸的国家和地区。

1487~1488 年，葡萄牙航海家迪亚士发现好望角，为后来开辟通往印度的新航线奠定了基础。

1492 年 8 月 3 日，意大利航海家哥伦布率领 3 艘帆船离开西班牙远航，横渡大西洋而发现了新大陆。

1519 年 9 月 20 日，葡萄牙航海家弗迪南德·麦哲伦率 5 艘船离开西班牙开始探险，最终到达了南纬 54°，创造了人类开始接近南极洲的第一次尝试。

1768~1779 年，英国航海探险家詹姆斯·库克 3 次世界航行，揭开了地球上最大水域的地理秘密。

"地理大发现"对人类认识海洋具有里程碑的意义，"地理大发现"之后世界航海又相继有了新的发现。其实，在"地理大发现"时期，世界航海活动的开展推动了人类对海洋的科学认识。

1497 年，意大利人卡博特在纽芬兰发现拉布拉多寒流。

1521 年，世界航海出现了与现代海陆分布相近的世界海图。

1513 年，西班牙人阿拉米诺斯发现了墨西哥湾流。

1595 年，荷兰人林斯霍特编成最早的《航海志》，叙述大西洋海流。

1678 年，印度洋海洋图出版。

1686 年，英国人哈雷系统研究主要风系与主要海流关系。

1737 年，世界航海出现海底等深线图。此间，库克航海探险中已开始关注研究大洋表层水温、海流、海深及珊瑚礁。

1770 年，美国人富兰克林绘制了墨西哥湾流图。

1799 年，德国人洪堡发现了秘鲁海流。

1873~1875 年，美国"特斯卡洛拉号"船在太平洋考察了水深、水温、海底沉积物等，发现了特斯卡洛拉海渊。

在上述以航海活动为主的海洋发现的同时，人类科学探索海洋的触角又延伸至海洋生物学研究，之后便相继开始了物理海洋学、海洋物理学、海洋化学和海洋地质学研究，直至使海洋科学发展成为一门新兴的科学。

海洋科学的进步与发展，提高了人类科学认知海洋的水平，提高了开发利用海洋的能力。与此同时，科学认知提升了世界对海洋资源的关注度，不断催生了各国争夺海洋的欲望。

第三节　海洋调查与海洋科学

就自然科学发展史而言，海洋科学是长时间游离于地球科学的一门边缘学科。

时至今天，在地球科学中，海洋学仍然是相对年轻的科学，但这门新兴的科学有着一个遥远的过去。从远古时代起，人类就开始利用海洋资源、开发航海通道，形成了海洋科学的萌芽。

世界海洋史表明，人类早期的海洋探索，海上生产活动的最早记录是古埃及人保持的，到了公元前 600 年，腓尼基人已经建立了地中海的贸易航路，甚至出直布罗陀海峡进入大西洋。公元前 3 世纪，繁盛时期的古希腊文明在很大程度上依赖于海洋，在希腊人希罗多德绘制于公元前 450 年左右的地图上，地中海被置于中央位置，其西面连接大西洋，其他 3 面则被欧、亚、非洲大陆所包围，显示了当时希腊人的海洋探索成就。

欧洲人对海洋的认识，在中世纪基本上处于停滞状态，居住在北欧的维京人却有不寻常的举动，他们能够利用星座进行导航，依照预定的航线航行。因而于公元前 12 世纪至公元前 9 世纪频频入侵欧洲大陆，还进入了冰岛、格陵兰岛、巴芬岛，直至今天加拿大的纽芬兰岛。

中国明代郑和领导的印度洋航行，在世界航海史上占有辉煌的一页。郑和庞大的船队，最大者长百余米，是当时世界上最大的船只。1405~1433 年郑和船队七下西洋，最远到达非洲南部的莫桑比克海峡。航行中绘制的《郑和航海图》和形成的一大批文献表明，当时中国的航海技术已达到一定的高度。

　　早期的西方海洋文化核心是海盗文化，充满了强烈的冒险和逐利色彩，其海洋文化史也给出这样的答案，在当时政治、经济、宗教因素驱动下，欧洲人在15世纪、16世纪跨越了大西洋，最终进入太平洋区域，葡萄牙人于1487~1488年到达了非洲最南端的好望角。西班牙人的航海成就更为突出，1492年哥伦布跨越大西洋，踏上了美洲土地。麦哲伦率领的船队则在1519~1522年真正完成了环球航行。

　　无可否认，早期西方的海洋探险为西方海洋文化的沉淀和形成，为催生海洋科学的萌芽作出了贡献。因此，正是随着世界性航海活动的发展，早期的科学调查和研究也开始萌芽了。在一些文明古国，对海洋的一些现象早就有记载。例如，窦叔蒙所著《海涛志》出现于8世纪中叶，是我国现存最早的关于潮汐研究的专著。英国早期的海洋科考活动中，最著名的是1831~1836年费茨罗伊（R. FitzRoy）船长指挥"贝格尔号"军舰进行的考察，达尔文作为博物学家参加了这次科考活动。达尔文收集各种海岸、海底的生物标本和岩石样品并进行分析，完成了一系列生物学和地质学的学术专著，包括最著名的《物种起源》。此后，在皇家学会的推动下，英国海洋调查先于世界各国得到了发展。1768~1779年，库克船长率领的考察船队进行了3次远洋考察，第1次考察中，船队到达了新西兰和澳大利亚，测量了新西兰沿岸水深，发现了大堡礁；第2次远行进行了环球考察；第3次则发现了许多太平洋岛屿。

　　在美国，马修·莫里从1842年开始组织海洋水文气象条件的调查，以便编制风场和流场图。1855年，他发表的《海洋自然地理》专著详细刻画了美国海域的自然条件。

　　17世纪前，世界各国零星、缺乏计划的早期研究虽然获得了一些成果，但是难以构筑海洋科学的理论大厦。这样的状况在1872~1876年得到了根本的转变。英国皇家学会组织了大规模多学科环球考察，考察在汤姆森船长率领的"挑战者号"考察船上进行。周密的科学考察计划使此次航行满载而归，考察成果后来出版为50卷专著，被认为是现代海洋科学的开端，为建立现代海洋科学体系奠定了基础。此后，直至20世纪中期，主要的海洋研究强国都组织了自己的海上调查，建设了专门的调查船，设计制造了各种观测和分析仪器，瑞典的"信天翁号"、丹麦的"铠甲虾号"、英国的"挑战者8号"、美国的"地平线号"以及苏联的"勇士号"都是那个时代著名的海洋调查船。1925~1927年德国科考船"流星号"在南大西洋25个月的航次中，在众多站位上测量了海温、盐度、溶解氧含量剖面，记录了海底地形，使观测数据的质量达到了新的高度。海洋地质学的开拓者莫里通过长期的海洋调查和观察，于1913年发表了他的不朽之作《海洋》，并最早使用了"海洋学"（Oceanography / Oceanology）。他指出：海洋学包括植物学、动物学、化学、物理学、力学、气象学和地质学，海洋学与地理科学有着密切的关系。

20世纪，"二战"的海洋战场需求使海洋科学从生物、地质转向了物理海洋和海洋声学，研究投入的增加吸引了更多的科学家从事海洋研究，战场地形测量成为日后太平洋平顶海山深海资源研究的调查资料，海洋声学研究大大推进了海洋调查技术装备的发展。战后，各种海洋科学研究和教学机构相继建立，此时美国走在了前列。1903年，美国在西海岸的加利福尼亚成立了斯科里普斯海洋研究所；1930年，美国又在东部建立伍兹霍尔海洋研究所，目前已成为世界上最负盛名的海洋研究所。同时，美国还在许多大学开办了海洋学系，培养了大批海洋科学人才。"二战"结束后，在联合国教科文组织和联合国粮农组织的推进下，美、英、法、苏等海洋发达国家开展了全球性的大规模海洋联合或合作调查，取得了发现赤道潜流等丰硕的科研成果，大大加深了人们对海洋的认知程度。至此，美国在20世纪取代欧洲的海洋国家成为世界第一的海洋科技强国。

综观世界海洋科学，各国科学家在长期的调查研究中认识到，广阔海洋环境的复杂性使任何一个国家都难以以一国之力承担起完整的、大型的研究计划，完成海洋调查工作。因此，从20世纪中期开始，许多大型项目都是以国际合作的方式开展的。例如，美国国家科学基金会1968年组织开展的深海钻探项目（DSDP），到了1985年该项目扩大为"国际大洋钻探计划"（ODP），这个计划的实施为板块学说的确立、地球环境的演化和地球系统行为的研究提供了极其丰富的资料。

进入21世纪，这个计划又有了进一步扩大，成为"综合大洋钻探计划"（IODP），各成员国加大投入，获得了在任何海域实施钻探的能力。目前，随着海洋调查和海洋科学研究的发展和深入，海洋多学科交叉、国际海底深海资源、地球环境与生命科学成为新的发展方向，海洋调查也从以船舶为主的调查方式转向更多的观测平台，与此同时国际合作也进一步朝着大规模的方向发展。

第四节　中国海洋科学基础实践

海洋调查，对于中国来说是一门既古老而又陌生的关于海洋的科学。

海洋调查，从远古姗姗走来，直到近代才成为一门海洋科学而逐渐被人们所认识。

海洋调查，是海洋科学之肇始，是海科学研究最基础的海上科学实践活动。海洋调查即是对某一特定海区的水文、气象、物理、化学、生物、底质分布情况和规律进行的调查。之所以说海洋调查是海洋科学的基础实践与科学之肇始，是因为海洋科学研究必须有海上调查所获取基础资料和数据的依据为科学支持，正如一位物理海洋学教授所说："海洋科学数据是通过海洋调查从海上获取的，而不是靠键盘敲出来的。"

中国自古就是一个沿海国家，早在旧石器时代，沿海就有人类活动。

古代，尽管我们祖先的认识能力与思维水平有限，但对自然界中的许多现象已经开始有了科学认识的萌芽与有关的见解，对海洋也是如此，如东汉王充的"涛之起也，随月盛衰"和晋代的葛洪以浑天论解释潮汐成因等都对海洋潮汐的形成提出了独到的见解。

近代，我国海洋科学研究始于 19 世纪末。1898 年，青岛观象台首开海洋气象科学观测之始；1905 年，厦门港开始进行潮汐观测；1911 年，青岛观象台开始了我国科学观测潮汐；1935 年，青岛观象台与北平研究院合作开展胶州湾海洋调查，这是我国首次开展较大规模的海洋科学调查，进而奠定了我国海洋科学事业发展的基础。

当代，我国海洋调查与科学研究，自 20 世纪 50 年代初开始真正进入了发展的历史时期。历史这样告诉后人，这一历史时期的标志是：1950 年 8 月，中国科学院在青岛成立水生生物研究所海洋生物研究室，并于 1969 年 1 月扩建为中国科学院海洋研究所。1952 年山东大学海洋系成立，1959 年 3 月建立山东海洋学院。随后陆续建立了一批海洋科学研究机构。1964 年国家海洋局成立，这标志着我国海洋事业的发展进入了一个崭新的时期。至 1983 年，中国科学院、国家海洋局、教育部、地质矿产部、石油部、农牧渔业部、交通部和沿海省、市、自治区，建立各种海洋科研调查机构 100 多个。

在 20 世纪后 50 年中，中国的海洋科研部门进行了大量的近海海洋考察、调查和科研工作。50 年代初期，对海洋生物、海洋水文开展了调查研究。1953 年，在赵九章教授指导下，有关单位在青岛市小麦岛建立了中国第一个波浪观测站，开始波浪研究工作。同时，一些单位开始研究天津新港泥沙回淤问题，河流入海河口的演变规律，以及中国近海水声学考察工作。1956 年，国务院科学技术规划委员会编制"十二年科学规划"，海洋科学技术发展第一次被列入国家的科学技术规划。

1957~1958 年，中国科学院海洋生物研究所进行了渤海及北黄海西部海洋综合调查，并与水产部黄海水产研究所、海军和山东大学海洋系等单位协作，完成了多次同步观测。1958~1960年，国家科委海洋组组织全国60多个单位进行全国海洋综合调查。1959年，地质部第五物探大队和中国科学院海洋研究所协作，开始在渤海海域进行以寻找石油资源为目标的海洋地球物理调查。同年地质部航空测量大队对整个渤海和沿海地区进行了中国首次海上航空磁力测量。20世纪60年代后期，我国为寻找海底石油和天然气开展了大规模的海洋地质和地球物理调查。1974年，中国科学院南海海洋研究所综合考察了西沙群岛海域。1976~1980年，国家海洋局根据中国第一次远程运载火箭试验的要求，在太平洋中部特定海区进行综合调查。1978~1979年，国家海洋局组织有关部门参加了第一次国际合作项目（联合国教科文组织）全球大气试验，在中太平洋西部进行调查、试验。继1958年我国第一次全国海洋普查后，1980~1985年，国家海洋局等组织中国沿海十省、市、自治区进行全国海岸带和海涂资源综合调查。1983年，国家海洋局进行了北太平洋锰结核调查和南海中部综合调查。1984年，中国首次派出南极考察队进行南大洋和南极大陆科学考察。同年，中国科学院南海海洋研究所对南沙群岛邻近海域进行了综合考察。

除上述大型海洋考察活动之外，中国从20世纪50年代开始还定期进行海洋水文标准断面调查、航道测量，并进行了中美长江口海洋沉积合作调查、海底电缆路由调查等。

中国的海洋科学考察工作，获得了大部分中国近海和部分远洋的资料，为海洋科学研究和海洋开发利用提供了重要依据。

中国现代的海洋科学研究，主要是根据社会经济发展的需要，围绕着海洋物理、海洋地质、海洋生物和海洋化学等领域进行的。调查与研究的主要方向有：中国近海水文特征研究，潮汐、海流和波浪研究，海洋气象学研究，海洋声学研究，海洋光学研究，海洋地质学研究，海洋环境保护研究，海洋调查观测技术研究。

随着海洋调查研究工作的开展，我国已形成了一支门类比较齐全的海洋调查技术队伍，除特殊的专用调查仪器设备外，自行研制生产的调查观测设备和仪器，基本上保证了海洋科学工作的需要。

在海洋观测仪器方面，中国从20世纪50年代开始研制和生产海洋常规观测仪器。20世纪60年代初和70年代初，先后两次组织全国海洋仪器技术攻关，研制出各种海洋观测仪器50多种，包括金属弹簧重力仪、振弦式海洋重力仪和核子旋进海洋磁力仪。20世纪70年代末，中国的海洋仪器逐步向自记、走航、遥测、遥控方向发展。到1984年底，中国已研制和生产的海洋仪器达130多种。

水声技术、海洋遥感技术、激光技术、电子计算机在海洋上的应用技术等也都有了长足的进展。

在海洋调查观测平台方面，截至 1984 年底，中国改装和建造了 165 艘综合和专业调查船，总吨位 15 万吨，居世界第 4 位。1956 年，由中国科学院海洋生物研究室改装了中国第一艘海洋综合调查船——"金星号"。20 世纪 60 年代，中国自行设计和建造了第一艘教学实验船"东方红号"和远洋调查船"实践号"等。1972 年，国家海洋局改装了第一艘万吨级远洋综合调查船——"向阳红 05 号"。地质部设计建造了中国第一艘海洋石油双体钻井船"勘探 1 号"。20 世纪末期，由于以发展海洋经济为重点，之前所获取的海洋调查资料得到广泛应用，并发挥了无可替代的作用。在此期间，海洋调查这一基础性常规的科学调查一度被忽视，21 世纪后海洋调查又逐渐被重视，但已不仅限于常规性调查，而是广泛拓展至各种专题评价、环境评价和海洋工程评价等多方面，并较大规模延伸至深海大洋。为适应和满足多种海洋调查的需要，海洋调查船再次引起多方面的关注，多部门陆续开工建造了多艘现代化性能先进的海洋调查船和科学考察船，并先后投入使用。

潜器吊放

从 20 世纪 50 年代开始，中国开始研制海洋水文气象观测浮标，先后研究成"HFB-1 型"和"南浮 1 型"浮标。20 世纪 70 年代初中国开始研制深潜器，1980 年研制出抢险救生载人潜水器，还研制出 HROL 型无人遥控潜水器。20 世纪 90 年代我国深海调查设备研制取得了长足的发展。

在我国海洋调查观测平台建设中，始于 20 世纪 70 年代后期，国家海洋局先后建造的"向阳红"系列船舶异军突起，在日后的海洋调查与科研工作中发挥了极其重要的作用。"向阳红"系列船舶的建造是我国海洋调查船舶第一次序列化，因此具有里程碑的意义。从 1970 年到 20 世纪末，我国共建造和改装了"向阳红"系列船舶 12 艘。"向阳红"系列船舶吨位与数量在黄渤海、东海和南海的分布展示了当年决策者的意图。迄今为止，尽管有些船舶已经退出现役，但仍有几艘"向阳红"系列船舶在为我国海洋科学调查与研究服务。

向阳红 09

第五节　中国海洋调查简史

海洋，其实是人类社会的另一部发展史。

最初，原始的人类对神秘莫测的海洋充满了恐惧，随着不断进化，为了满足自身生存的需求，古人被迫开始战战兢兢地挑战海洋；当智商发达后，为了改变地缘分布的不均衡和实现欲望的追求，人类开始了征服海洋之举。从那时起，人类便视海洋为取之不尽、用之不竭的宝库，群雄争锋的疆场。

太平洋是世界四大洋中面积最大的海洋，太平洋的海水潮涨潮落，经久不息，不偏不倚地拍打着沿岸各国的海岸，孕育着万物。

远古时代，我们祖先的认识能力和思维水平有限，对自然界中的许多现象都感到新奇与不可思议，不仅对山川如此，对大海更是如此。屈原在《天问》中提出：

"川谷何洿？东流不溢，孰知其故？"

屈原问的是江河不断地流注而东海为什么不会满，有谁知道其中的奥秘。屈原的这一疑问实际上反映的不只是他个人以及与他同时代的人们的疑问，而是远古时代遗留下来悬而未决的天问！大海茫茫，广阔无垠，时而潮涨，时而潮落，时而风和日丽，时而狂风大作，怒涛汹涌。对于远古时代的人们来说，这难道不神秘吗？究竟是什么力量在支配着这一切？

我们的祖先自古就对海洋充满了向往与探究，晋郭璞《游仙诗》云：

"杂县寓鲁门，风暖将为灾。吞舟涌海底，高浪驾蓬莱。神仙排云出，但见金银台。陵阳挹丹溜，容成挥玉杯。姮娥扬妙音，洪崖颔其颐。升降随长烟，飘飘戏九垓。奇龄迈五龙，千岁方婴孩。燕昭无灵气，汉武非仙才。"

这驰骋想象极力描绘海洋之神奇，有吞舟之鱼，神仙排云，姮娥妙音，飘飘九垓，千岁婴孩。最后慨叹像燕昭王、汉武帝这样敢于搏击海洋的人，面对神奇浩瀚的海洋也只能望洋兴叹。

尽管如此，历史上不乏理性之先知者，我国的海洋观测最早始于古代的目测，时尚无调查之说。其目测如《淮南子·天文训》云："日出于旸谷，浴于咸池，拂于扶桑。"又如《管子》云："渔人之入海，海深万仞，就彼逆流乘危百里，宿夜不出者，利在水也。"至东汉王充"涛之起也，随月盛衰"和晋代的葛洪以浑天论解释潮汐成因等，始开创了我国科学认识海洋潮汐成因之先河。

历史进入到 19 世纪末，中国岸滨观测拉开了科学认识海洋的序幕，1898 年青岛观象台设立潮汐观测点，开创了科学观测海洋之始。

海洋与沿岸社会发展之关系，至为密切。如海水之深度、海底之地质、潮汐之涨落、波浪之强弱、海温之高低、海流之性质以及海水之理化性质等，这些要素对于环境气候、灾害发生、生物物种、渔业生产、船舶航行、港口建设、海洋工程等各方面均有极大影响。故世界各沿海国家无不坚持海洋观测，继而从事海洋调查与研究，以保障社会之发展。

海洋的科学研究始于对海洋的基础观测和调查。基础观测指海岸（岛屿、岬角）的岸滨观测，基础调查指海上船舶（平台、浮标）调查。海洋调查具有专业性、区域性、阶段性和适时性的特点，而岸滨（台站）观测更具有固定性、连续性和不可重复性的显著特点。

我国的海平面零点就是由岸滨观测历史资料的积累后计算得出的。

“海拔”是指以平均海平面为零点计算的地形高度，这个高度也称绝对高程或叫海拔高度。

关于平均海平面，一般来说一个国家只选定一个点作为标准点，在这个点上通过长期观测海面水位而确定的海平面平均位置作为零点基准面，这个点称水准原点。新中国成立之前，我国有几个水准原点，如天津大沽、上海吴淞口、青岛黄海。为了统一标定地形高程，我国规定按 1956 年计算的青岛黄海平均海平面为全国各地地形高度计算的基准面。这源于 1898 年建立的青岛观象台开始建立潮汐测点观测潮汐时间最长，所观测数据最为完整，最为科学可靠。

世界上潮汐的科学观测仅有 200 多年的历史，其间观测技术手段只经历了 3 个历程，一是水尺人工观测，历时 100 多年；二是浮子式潮汐自记仪观测；至 20 世纪末和 21 世纪初各沿海国家才开始实现自动化潮汐观测。

第六节　海洋调查船与海洋科考船

什么是海洋调查？这是平常人不常见的专业术语。

定义：海洋调查是使用各种仪器设备直接或间接地对海洋的物理学、化学、生物、地质学、地貌学、气象学及其他海洋状况进行调查研究的手段，以求获取海洋环境要素资料，揭示并阐明其时空变化的规律，为海洋科学研究、海洋资源开发、海洋工程建设、航海安全保证、海洋灾害预防提供基础资料和科学依据。

　　说到我国的海洋调查，中国海洋大学侍茂崇教授在海洋调查教科书的序言中写道："海洋调查方法是一门古老而又年轻的课程，从 1953 年山东海洋学院建立海洋系开始就正式设立了该课程。许多老师都不同程度地讲授过它，但是，它又是不断更新的课程，每一种新仪器、新方法的问世，都会带来海洋调查方法的变更。"

　　海洋调查的观测方式分为：大面调查、断面调查，有连续观测、定点观测和辅助观测。采用的方法有卫星观测、航空观测、船舶观测、浮标自动观测、水下观测等。主要的调查项目是海区的水文气象要素，例如：水温、水色、透明度、水深、海流、波浪、海冰、盐度、溶解氧、pH 酸碱度、营养盐（磷、硅、氮）等，以及气温、气压、湿度、能见度、风、云、天气现象等，还测定水中悬浮物、游泳动物、浮游生物、底栖生物、海水发光、声速、稀有元素、海底底质等。

　　船舶是海洋科学调查的平台，今天我们该如何评价海洋调查？尽管卫星、航空、机器人、载人潜水器、定置浮标等新的海洋观测平台不断地涌现，在某个方面填补了一些空白，甚至是创造了新的观测方法，但是至今为止，海洋调查船仍旧是世界范围海洋调查的最主要的运载工具，这是目前还无可替代的运载体。

　　世界海洋科学发展之初，海洋调查船，是指科学探索海洋专门对海洋学科基础性科学要素在海上进行常规性现场样品取样、数据测量和观测的专业船舶。近代之后，随着常规性海洋调查的不断深入，对特定洋区或海域的某种现象、特征或规律的专题性研究调查相继开始，因此又被称为海洋科学考察船。

　　自 20 世纪 70 年代开始，以海洋工程为代表的世界性海洋开发逐渐深入海洋的各个领域。正如一位海洋科学家所说："人类起源于海洋，总有一天还要回到海洋中去。"就是说随着地球资源、环境和人口压力的不断加大，人类将把目光投向海洋去寻找新的生存与发展空间。

　　要开发海洋资源利用海洋空间，首先必须要摸清海洋资源的种类、分布、储量、开发难易度、利用价值及生态与环境等问题。因此，海洋调查就是海洋开发前期的一项首要工作，更是海洋科学与研究的基础性科学实践活动。

　　20 世纪中期以后，世界范围内开展了海洋调查，出现了应用飞机、气球和资源卫星进行空间调查，应用水下实验室、观察站、海底钻探装置进行水下调查；20 世纪 80 年代设计制造出海洋浮标，开始进行海上自动观测；随着科技进步和应用水平的提高，20 世纪 90 年代开始陆续应用水下电视、潜水器进行海底探察与调查。尽管以上各种形式的调查均发挥了很大的作用，但最常用、最可靠的调查平台依然是海洋调查船。

　　一艘现代化的调查船，就是一座海上浮动的实验室或小规模的研究所。船上有分析室、实验室、作业室及各种仪器设备，既可以进行诸如海水温度、盐度、海流及化学、生物、底质等海洋环境条件、变化规律与资源分布的调查与研究，又可以进行人工地震勘探，探测海底构造和矿产资源，查明海底沉积物的组成成分、分析海水化学成分、调查各种海洋生物分布状况、活动规律和研究其生理、生态等。小型调查船吨位一般为几十至 1000 吨，中型的为 1000~6000 吨，大型的为 6000 吨以上，甚至可达万吨。

海洋调查可分为综合性和专题性两大类调查。综合性海洋调查包括海洋化学、海洋地质、海洋动力、海洋生物以及水文、气象等方面的海上调查。调查区域可分为大面积普查，或一定海区的考察以及断面调查。专题性调查视调查目的而决定调查项目，调查区域同样视调查项目要求而定。

新中国成立前，我国有几次小规模的海洋调查，而这些调查均是临时使用渔船来完成的。新中国成立后，海洋调查工作限于中央气象局和中国科学院职责范围内，为能满足新中国成立初期国民经济恢复与发展和海防安全对海洋数据资料的迫切需要，先后各自改造和建造了几艘小吨位的调查船。1965 年 7 月，国家海洋局成立，与此同时，山东海洋学院开工了我国自行设计建造的第一艘 2500 吨的综合性海洋调查船"东方红号"。1976 年，国家海洋局改造了我国第一艘万吨级海洋调查船"向阳红 5"，同时改装了"向阳红 11"，首次横跨东西半球，穿越赤道南北，在太平洋的广阔海域进行了远洋调查，从此拉开了我国远洋调查的序幕。

这是一个艰难的历程，新中国为求固海防、守海疆，当中国国家海洋局的一批序列、综合性海洋科学调查船投入使用后，便勇立潮头，纵横海洋。从那时起无数海军官兵、海洋科学家和科技工作者同国家一道，发扬"一不怕苦，二不怕死"的革命精神，凝练了"宁可倒在甲板上，绝不躺在床铺上"的海洋人精神，以集体的智慧、力量、心血、汗水，直至生命书写了中国海洋事业科学先知的艰苦卓绝的业绩。然而，在以后的数十年里这些所有都成了过去的故事被封存成了一个又一个秘密，随着时间的流逝这些又已成为鲜为人知的往事，甚至成了过眼烟云。

海洋科学调查（考察）船，从它在世界上诞生的那天起，命运已经注定它是船舶家族中的"骄子"。每一艘海洋科学调查（考察）船从它驶离母厂的那天起，无不深深地打上它诞生时代的烙印，并从那个时代的起跑线起航，承载使命，把定航向，接受狂风暴雨的洗礼，历练惊涛骇浪的考验而铸就科学之身。

中国国家海洋局以"曙光""向阳红"系列为代表的海洋科学调查（考察）船是一个符号，诠释了中华民族科学认识海洋从无到有，从小到大，从弱到强的历练，并在一个特定的年代从中国海起航全速驶向海洋。特别是以舷号"向阳红"为代表的综合性远洋科学考察船更是创造了跨世纪的传奇，在世界的海洋上留下了不尽的航迹。

一艘艘船，乘风破浪而去；一代代人，同舟共济而行。他们留下了一串串纷繁的印迹，也留下了一串串不会随风浪而逝的自言自语。然而，正是这些随着时间的流逝，这种自言自语的碎片沉淀并尘封成历史。

为海洋事业留史，不应该仅仅是一笔枯燥乏味的流水账，我们力图事件真实并文学一些，以求为后人还原历史时多留些人文元素，为增加海洋文化的分量作一点尝试。

第七节　功勋海洋调查船和她的船长

海洋调查船，对于许多人来说都是十分陌生的词汇，然而它是一个十分古老的词汇。

说起中国的海洋调查船，国家海洋局所属的我国首艘赴南极考察的"向阳红10"、首次完成我国运载火箭试验太平洋靶场调查的"向阳红05"和首航联合国全球大气试验的"向阳红09"3艘功勋船必将载入史册。

这是发生在20世纪70年代初的一件事，然而对于新中国的海洋事业来说是一件极为重大的事件。

1971年10月25日，第26届联合国大会以多数通过的结果宣布第2758号决议，恢复中华人民共和国在联合国的一切合法权利。这标志着第二次世界大战后，中华人民共和国真正地登上了世界的大舞台。

作为联合国的成员国，意味着在履行联合国所赋予权利的同时，也要承担相应的义务。世界气象组织是国际性的最高气象组织，成员国众多。当中国恢复了在联合国的合法席位后，自然应该成为世界气象组织的成员国。世界气象组织设有政府间海洋委员会。6年后，世界气象组织向中国发出了召唤。

第一次全球大气试验由世界气象组织经过10年的酝酿、准备之后，在世界气象组织1977年5月召开的第29届执委会上作了最后的安排和落实。

1978年1月，经党中央和国务院批准，决定我国参加第一次全球大气试验活动。

自20世纪60年代末起，国家海洋局共建造了12艘"向阳红"海洋调查船。

这些调查船在我国现代海洋调查事业的发展中作出了十分重要的贡献。

"向阳红09"船是我国自行设计建造的4500吨级远洋科学考察船，是同类型中的第一艘。"向阳红09"船于1978年11月由上海沪东造船厂建造完成投入使用，"向阳红09"船的历程基本上可以用3个词来概括，就是：临危受命、临险受命、临急受命。"向阳红09"船自出厂先后执行了联合国气象组织全球大气试验、中日联合黑潮调查、中美海气相互作用调查、中法长江沉积作用调查、图们江调查、出访日本、中国大洋科学考察等多项重大海洋科学调查任务。在这期间还经历了由于机械故障原因导致的海上失火及反革命武装劫船等重大事故和事件。从某些意义上来说，"向阳红09"船的经历，代表了我国海洋事业发展历程中的一个缩影。

船，是男人与海的世界。

海洋调查船上的男人，是一群远离常人视线的闯海男人，他们终日、终月、终年峥嵘在沧海之上。

对于常人而言，由船员驾驭的一艘航船，在广袤无垠的大海上，只是一个远离尘世的、渺小的另一个神秘空间。这是一个纯爷们的生存空间，一群闯海男人的空灵幽荡的孤寂世界。在这个孤寂的小世界里，心存信念的闯海男人，只能感悟，不能侃谈；只能静享，不能喧逐；只能独自浅唱低吟，不能狂歌长啸。航船的主宰者是凡人俗子。这群小人物，浪迹沧海，没有对亘古的呐喊，只有与肆虐的海风无声的搏击；没有面对沧海的悲怆，只有与咆哮的海浪殊死的抗争，这群科学闯海的男人是一些什么样的男人？

在这之中，刘福军是一个令人称赞和敬佩，而又让人心痛和惋惜的男人。

39岁，正值让人羡慕的年龄；远洋科学调查船船长，多么令人向往的职位。然而，他却悄然地离开了与之朝夕相处，亲如兄弟的同志们永远地走了。

苍天落泪，大海扬波。2005年7月19日，国家海洋局中国海监第一支队的干部职工为刘福军船长送行。他们为失去一位好船长而痛惜，为失去一位具有高尚人格魅力的共产党员而悲泣万分。

"黄泉路上无老少，可为什么是我们的刘船长……"船政委刘跃鸿悲痛地说。

刘福军生前任国家海洋局北海分局"向阳红09"船船长。

他出生在山东省邹平县的一个农村家庭，1984年南京海员学校毕业后分配到北海分局，从事海洋调查船的驾驶工作。从内陆农村走进海员学校，他第一次认识了大海。在学校里他如饥似渴地学习海洋知识、航海知识和船舶驾驶技术，以优异的学习成绩完成了4年学业走上工作岗位。

刘福军烟酒不会，与扑克、麻将等无缘。同志们说，刘船长最大的嗜好就是读书。他常说："书，不可不读。"经过工作实践，他进一步认识到课堂的知识只是入门的起点，要想真正使自己成为一名合格的船员，还要不断地努力学习多种知识，熟练掌握各项技术。为此，他利用一切可以利用的时间认真读书。1985年，领导安排他到远洋船员学院学习，尽管单位和家都在本市，而他学习3个月连一次家都没回。在出海执行任务期间，无论值班还是不值班，只要有时间，他就会出现在驾驶室，结合海上实际学习积累航海知识。特别是当船航行到复杂海区，遇到恶劣气象时，他克服晕船呕吐的困难，把复杂海况作为提高驾驶技术的良好机会。坚持学习，刻苦钻研，如饥似渴地吸取知识营养，使他在较短的时间里考取了远洋三、远洋二、大副证书。知识的力量使他得以有幸参加了我国第3次、第5次南极考察，实现了穿越大洋，踏上南极的梦想。

知识是力量，实践出真知。平日少言寡语的他在与一位同事偶然的闲谈中深有感悟地说："一些看似遥远而神秘的历史巨变，其实与我等平民百姓是那样的息息相关，并近在咫尺。从事海洋工作十几年，我才真正体会到伟大的航海家郑和所说'欲国家富强，不可置海洋于不顾'的深刻意义。"正是由于他具有精湛的业务技术，又具有丰富的航海阅历，他才能说出这样的话。

刘福军对工作一丝不苟，精益求精的精神在同事中有口皆碑。他说："组织上把一艘远洋科考船交给我，这是对我最大的信任，我没有一点理由懈怠，否则必将给国家带来重大损失。"

刘福军自1985年开始任三副到2002年任船长，在近20年的时间里先后任过三副、二副、大副和船长。无论是大船还是小船，无论是高职低就任何职务，每当组织上决定，他总是笑呵呵地回答："我服从决定。"

1988年，刘福军任"极地号"南极考察船三副，参加第5次南极考察。那一次"极地号"抵达南极普里斯湾时遇到南极罕见的冰崩被困冰海。考察队临时党委决定派大船上的小艇冰海探路，并向岸上运送物资。刘福军被任命为艇长。

这是一次生与死的考验。冰崩过后，整个冰海都处在运动之中。当年的资料这样记载：小艇装载集装箱离开大船，突然海面风力增至5级，艇剧烈摇摆，艇、驳之间的连接扣被拉直，6厘米粗的钢缆挣断，一部主机停车，艇失去控制，不断与大冰山相撞……刘福军指挥小艇一次次脱离险境，又坠入危急。夜晚南极气温已达零下30多摄氏度，小艇无法返回，被迫在冰海里过夜，当第二天他们完成任务，冲出险境返回大船时，人几乎快冻僵了。

南极考察结束后，刘福军荣立了国家南极考察委员会二等功。

一次在太平洋进行深海底质调查时，重要设备万米绞车发生故障，致使遗留在海里的3000多米钢缆无法收回。3000多米钢缆自重达三四吨，人力无法回收上船。若拖带则会直接威胁航行安全，怎么办？科考人员一筹莫展，作为船长，刘福军面临艰难的选择。他认为绝不能把价值几十万的钢缆砍断丢到海里，这样做不仅使国家财产受到损失，还将直接影响后续的海上调查。经过反复思考，决定亲自指挥船员利用绞车倒轮与锚机绞盘联动收钢缆，最后终于冒着极大的风险，把 3000 多米钢缆全部回收上船。

要求船员做到的，他自己先要做到。2003 年春季，"向阳红 09"船备航西北太平洋科考任务，此时正值"非典"暴发最为严重的时期，船进厂修理，时间紧，任务重，起航日期不容更改，在各方面条件都不允许的情况下，他亲自坐镇，同船员一起加班加点，及时了解情况，指挥协调船上、厂家、科研院所等各方面工作，一忙起来连续几天不回家，船员们看着船长忙碌的身影，干起活来心里有底，信心十足，极大地提高了工作的积极性和工作效率，确保了抗击"非典"和修船备航工作两不误。

2004 年初，"向阳红 09"船又一次远航太平洋。海上调查作业过程中，时常受到周边国家和地区舰船、飞机的干扰，他面对这些舰船、飞机近距离的无理干扰，连续几天几夜守在驾驶室指挥驾驶，不畏艰险、沉着应对，不卑不亢、有理有节地应对各种复杂局面，圆满地完成了任务。

1998 年，刘福军考取了远洋船长证书，2002 年 3 月任"向阳红 09"船船长。这是一艘具有 28 年船龄的老船，自他担任船长，"向阳红 09"船 6 次承担了国家重大远洋调查科研任务。

刘福军在多艘不同大小的船上任过不同的职务。多年来，同志们对他的工作精神很佩服，但难以理解他为何如此痴心痴情。他的病逝给予大家以极大的震撼，凡是和他一起工作过的同事在回顾了他的所作所为后才猛然醒悟，刘福军心底一直深藏着一个美好的梦想，也许是想成为郑和，或是想成为邓世昌……然而，他知道身体留给自己的时间不多了，所以对事业的追求执着到让常人难以理解的地步。副支队长秦镜辉说："20 多年了，不论什么工作，无论有什么困难，只要领导交代，在刘福军那里从没有卡过一次壳，从没有听他说过条件，他能承受一切竭尽全力完成任务。"支队政委孙立平评价说："刘福军了不起！"

他执行上级指示异常坚决，有令就行，有禁有止似乎成了信条。肝病最忌休息不好，而每次出海正常情况他只能睡四五个小时，遇有风浪一夜只能睡一两个小时。每次出海归港，回家同妻子最大的话题就是工作。若哪一次任务完成得好，受到领导表扬，他会高兴得睡不着。妻子调侃："别人都为挣钱，你就为了领导的表扬？"他回答："一艘 5000 多吨的船，100 多名科研人员和船员，我带出去完成了任务，这是不是幸福？"可有谁能相信，此时就连妻子对他病情的发展都一点儿不知情。这些年，刘福军多次去过医院，他从未让妻子陪过一次，全都是一个人。每当妻子问起他的身体，他总是乐观地说："没事。"就在他病逝的前一天，一般病人黄疸指数达到 300~400 就会昏迷，而他已达到 1100 多，还清醒地劝妻子说："没事，再有三四天我的病就会有转机，过一两个月就可以出院上班了。再出海带的药就更多了。"这时就连医生都不敢相信，这位年轻人为什么会有如此坚强的毅力，为什么还想着工作？他对医生说："我是船长，我一定要上班，我要对领导和同志们有个交代！"

住院期间，刘福军给医生和护士留下了极深刻的印象。护士给他打针时由于找不准血管，一次不成功扎第二次时，医生批评护士为什么不认真点。他马上对医生说："不怪她，是我的血管萎缩了，不好找。"医生走后，护士感激他善解人意，他对护士说："人活着，不能光想着自己，你们也不容易。"

"你们也不容易"，这是刘福军生前说得最多的话。

他孝顺父母，即使再困难，也要按时给父母寄钱。他对妻子说："就等于我抽烟、喝酒了吧。"

他每次出海回家都要和儿子聊很长时间。一次儿子对他说："你要是我哥哥就好了。"他笑着回答儿子："我要是你哥哥，怎么培养你长大成人。"病危期间他拒绝儿子去医院看他。这时正值儿子准备考试，而他已消瘦得不成样子又正在手术，直至病逝他也没让儿子去一次医院，妻子说："我理解他，他要把一个完美的爸爸留给儿子。"

就在他发病的前不久，一天晚上刘福军在船上值夜班，支队长朱再发到码头夜巡，在船上谈完工作后再一次询问起他的病情，他对支队长说："没事，你放心吧。"就在临走时，朱支队长突然发现他眼里似乎含有泪花。

20 天后，刘福军病危住院。他病逝后，朱再发支队长在接受记者采访时，悲痛地说："他痛惜人生命短，所以他渴望工作，他需要工作，只要有工作，他就会把一切困难和痛苦都深深地埋藏在心底，把工作干好，把美好和幸福留给别人。他在平凡中追求人生的价值，追求完美，他做到了。"

刘福军洁身自好，心底无私的品德赢得了船员们的信赖。他多年有病，妻子失业 10 多年，农村有生病的父母，孩子上初中，生活已很困难，而从未向组织伸手。当年底单位对有特殊困难的船员给予一定的救济时，他和政委深入每一个部门，多方面了解每一个船员的家庭情况，最终上报救济名单时唯独没有他自己。政委劝他说："船长，你家里很困难，该救济的是你。"他回答说："我有困难，可船员们也不富裕。"

作为一船之长，在生活待遇、出海补贴、奖金等方面他从未图过一分钱的私利。

在同志们的记忆中，刘船长从未对别人说过自家有困难的话，从未见他请过一天私假。年初，他应邀到央视南极考察节目当嘉宾，头一天晚上从北京回到青岛，同志们见他脸色不好，劝他休息，而他第二天早上仍然准时上班。就在他病逝的前几天，船上的老厨师因病去世。病床上的他说话已十分困难，他却让妻子借来 100 元钱，交给来看望他的船员："他家里很困难，这 100 元钱算是我的一点心意，请你们代我转交给他的爱人。"船员们哭了。船长，你自己生命垂危还想着别人，别人家里困难，可你呢？为治病你已倾其所有还欠了债，你才是最困难的啊。

10 多年前，刘福军患了乙肝。由于远洋科考任务繁忙，而船长又少，每次安排工作时领导都免不了询问他的病情，征求他对工作安排的意见。而他每次都笑呵呵地说："没事，我服从领导安排。"可谁知，近几年来他多次去过医院，可对于自己的病情一直瞒着不对任何人说。

2 月，正在船上值班时他突然吐血，船员发现后把他送到医院。医生怀疑是否因胃部疾病所致。准备进行检查时，他竟十分冷静地对医生说："我的病是肝，已经很长时间了。"医生惊呆了，面对一位年轻的远洋船长如此的重病，医生敬佩他从未停止工作。这时船员们才终于明白，刘船长对自己的病情早已十分清楚，他似乎在与自己的疾病默默抢时间。就在抢救时，他一再叮嘱陪同的船员把所有药费单子都要专人保留，以便一并交给他的妻子。看到病床上脸色苍白，生命垂危的船长，船员们呼唤他："船长，你这是为什么！"

得知刘福军病危住院，海监一支队党委根据他的家庭状况，准备在全支队捐款。当他听说此事，对前来看望他的领导表示感谢，并一再说："我有困难，船员们也不富裕啊，这钱我不能要！"看到他态度十分坚决，领导表示可以考虑他的意见。船上的船员们却说："刘船长连自己的命都不要了，我们再不出一点力还算什么同事，算什么男人！"大家自觉自愿捐了 4000 多元钱后，派人送到医院，此时刘福军依然态度坚决地拒绝接受。他嘱咐妻子："这钱咱不能要，我知道船员们不容易。"住院期间船员们几次送去捐款均被他拒绝，直到病逝也没有接受。当他病逝后，船员们又一次到他的家中送钱，他妻子含着眼泪对船员们说："谢谢你们，福军生前嘱咐我不能收你们的钱。"

刘福军病逝前后，没向组织提出任何个人要求。记者前去他家中采访，面对眼前的一切实难相信这是一位远洋船长的家。近 50 平方米的住房未进行任何一点的装修。一台冰箱、一台彩电、一个衣柜、一张写字台、一张大床、一张小床，一只沙发已破烂，坐面已凹凸不平。唯有一摞书依然放在床头。

对于刘船长，船员不忍心再回忆过多的往事。他们说："刘船长严于律己，平以待人，心底无私，两袖海风。这样的好人，好干部，好船长，英年早逝，老天不公啊！"

一次，烟台某公司通过熟人找到刘福军，以每月3000美元的高薪聘他任船长。此时，面对家庭困难，加之打算购买单位经济住房，正急需一大笔钱。他知道在单位干船长同样吃苦受累，每月只有3000元的收入，而到远洋货轮干船长要比眼下轻松许多，按常理这不失是个好机会。后来同志们分析，刘船长似乎也动了念头。当时他也许想到自己的时间不多了，是否该为家里留下点什么？也不枉为人子、人夫、人父一场，可他最终没有这样做，他知道，单位培养一个远洋船长不容易，现在正是单位远洋船长紧缺之时，而远洋调查任务又是最多的年份，组织上需要自己在这个岗位上工作，他毅然谢绝了邀请，安心坚守岗位，默默地为工作倾尽全力。

身为一名远洋船长，堂堂正正做人，淡泊名利，生活俭朴，钻研业务，勤恳工作是他的人生准则。平时他关心船员的思想和生活，同船员打成一片，工作中跟班手把手地教，深受船员的爱戴。特别是在利益分配这一敏感的问题上，他不存私心、经济公开、客观公正，赢得了广大船员的信任，增强了全船的感召力和凝聚力。

刘福军认为，只要在船长的岗位上，就应该恪尽职守地干好平凡的工作。一次，他明知一名船员由于晚上睡得太晚，第二天早上没能按时起床，考评时他没有流露出不满，考评结束他拉上政委一起来到船员房间，见这名船员还在睡觉，他不但没发火，反而和蔼地询问船员是否生病了。事后这名船员非常感动地说："刘船长不批评人比批评人还厉害，我真服了。"正是他思想正、业务精、作风好的良好德行成为大家的榜样。

只有失去才感到珍贵。他病逝后同志们深切地感到，刘船长留下了一种让人永远难忘的特殊印记，他在大家的心中已升华为近乎完美的楷模而释放出激情和力量。无论是谁，一提到刘福军，都会脱口而出："好人，好船长，好党员。"

刘福军短暂的一生已凝聚为人格的魅力留给了活着的人。与他多次共过事的轮机长梁伟含着眼泪说："我佩服他，洁身自好，心底无私。"

海监一支队支队长朱再发说："古人说'一将难求'，刘船长就是难求的一将。他能上能下，身先士卒是远洋科考船船长的优秀代表。"

北海分局副局长滕征光20年前在"极地号"南极科考船上任大副时刘福军任三副，他们有过较长时间的工作交往。刘福军病危时他几次守在身边，病逝后，滕征光副局长推着刘福军的遗体从医院一直送到殡仪馆，一路上泪流不止。他说：

"福军是个好同志，他先做人，后做事。做人光明磊落，做事大智若愚，称得上是学而不厌，诲人不倦。"

某一科考航次首席科学家、国家海洋局第一海洋研究所研究员程振波听说刘船长病逝赶来送行。还未进殡仪馆他已泣不成声，他对北海分局领导不断重复地说："太可惜了、太可惜了……"并拿出 2000 元慰问金请转交刘船长的妻子，表示这是研究室全体同志的心意。

遗体告别时大家痛哭失声，刘福军 15 岁的儿子却一直强忍着悲痛。回到家中，妈妈问儿子："你怎么了？"儿子说："妈妈，那么多叔叔，伯伯都哭了，你已成了这个样子，我要是再哭，你还能挺得住吗？叔叔、伯伯都说爸爸是个好船长，我想告诉他们，我是爸爸的好儿子。"说完儿子"哇"的一声扑进了妈妈的怀里。

随后，国家海洋局北海分局委员会作出决定：追认刘福军同志为优秀共产党员，并号召全局干部、职工向刘福军同志学习，无私奉献，为海洋事业的发展，为建设海洋强国而共同努力奋斗。

人是有情怀的。人生的情怀有闲散的家常，有琐碎的柔情，有金刚怒目的爱与恨，也有单纯的理想主义的狂与热，更有或悲烈或豪迈的侠义表达，天下兴亡、匹夫有责的家国感情。这些经过淬火的生命感觉正是一个人骨髓里面需要灌注的东西，一个人要想站立，必须有脊梁；一项事业要发展，必须有这些人的脊梁作为砥柱。记者采访过后说："有一个独立的镜头，将不分场合地永远存在我的记忆中。那是一艘破浪航行在太平洋上的中国海洋科学考察船，高昂的船艏劈开万顷波涛显示着一种勇猛，而船艉不断延伸的航迹则是执着和坚韧的符号，狂烈的海风中，一位船长，——不，是一位又一位船长，在指挥台上一手抓住船舷，一手紧握话机，双眼傲视茫茫沧海，疾风扯开他海员的衣裳飘扬成一面冲锋的旗帜，突然，'笛笛'两声汽笛鸣响，瞬间把一个画面定格在中国海洋事业发展的进程中。"

第四章　海洋资源

　　原始先民栖息生存在与漫长海岸线相接的陆地上，沿海的气候与资源条件较为有利于为生存繁衍而开展各种海上活动。

　　考古表明：早在旧石器时代，中国沿海地区就已有了人类活动的足迹。那时的先民主要是在海滩上以捡拾小型水产动物为生，其生活的遗迹被称为"贝丘遗址"，他们也被称为"贝丘人"，这是中国沿海最早的关于原始人的记载。根据《物原》有关"燧人氏以匏（葫芦）济水，伏羲氏始乘桴（筏）"的传说记载，旧石器时代晚期，以渔猎为生的原始先民已开始利用原始的航行工具与海洋打交道。新石器时代，先民们已懂得了"木浮于水上"的道理，并随着火与石斧技术的改进，开始出现了最早的船舶——独木舟，为海上航行创造了更好的条件。随着船的出现和捕捞工具的进步，近海渔业有了较快的发展。尽管随着沿海陆地农业兴起，农业、畜牧业逐渐占据主要经济地位，但采集和捕捞活动始终是沿海地区主要的肉食来源，为原始先民的生存繁衍提供了足够的资源保障。

　　海洋创造了生命和人类，也为养育他们准备了丰富的物质。

　　我们常说，中国"地大物博"，显然这儿的"物博"仅限于"陆地"而已。作为一个源于古老农业文明的国家，我们曾一直习惯于"面朝黄土背朝天"，对于海洋却长期有着一种陌生感。久而久之，竟使我们忘却了海洋本来的富有和丰腴。

　　广义上讲，我国享有主权和管辖权的部分包括约 300 万平方千米海域中的自然资源，以及公海、国际海底及极地等人类共享资源中我国应得份额两部分。中国近海是指我国的内海和领海以内海域，是中华民族未来生存与发展的空间。

第一节　海水资源

目前，世界范围内淡水资源危机已经成为仅次于全球气候变暖的第二大环境问题。

2002 年，由联合国组织编写的《全球环境瞭望》面世，1100 名科学家指出：30 年后，地球上 70% 的自然环境将遭受到严重的破坏，许多物种灭绝，一半以上的国家严重缺水。水、这一生命的源泉，在今天已非常紧缺，而可怜的地球还要再养活 20 亿的新增人口。

跨国水源引发争议，争水可能导致战争……我国由于淡水资源分布不均，水资源污染和社会经济发展不均衡，造成北方干旱缺水，尤其是东部沿海地区的淡水资源严重短缺。我国人均淡水占有量 2220 立方米，仅占世界人均占有量的四分之一，位列世界第 100 位之后，是个贫水国家。目前，全国有 300 多个城市缺水，50 多个城市严重缺水，东部沿海城市更加严重。东部沿海以 13% 的土地养活了全国 40% 的人口，提供了 60% 左右的国民经济贡献率。而沿海工业城市人均水资源量大部分低于 500 立方米（大连、天津、青岛、连云港、上海的人均水资源量均低于 200 立方米），处于极度缺水状况。

因此，淡水资源紧缺已成为制约我国沿海城市和地区国民经济和社会可持续发展的瓶颈和影响国家可持续发展的一个亟待解决的问题。蓄水、跨流域调水等传统措施只能实现水资源的位移，而不能增加水资源总量，不可能解决我国 2030 年以后的缺水问题。开源——向大海要淡水，将成为解决我国 21 世纪淡水资源危机的必然选择。

今天，面对淡水资源严重短缺的现实，面对日益逼近的海水淡化产业的兴起，严重缺水的城市和地区的政府、企业和民众，对于这拯救生命之水的新出路，我们准备好了吗？

我国研究海水淡化技术起步较早，也是世界上少数几个掌握海水淡化等资源利用先进技术的国家之一。1961 年，国家海洋局在海洋二所组建了海水淡化研究室，标志着我国海水淡化研究工作起步。10 多年后，党和国家领导人对海水淡化工作的批示标志着我国海水淡化研究工作全面展开。

这是一项具有前瞻性的决策。

1978 年 9 月，华国锋、邓小平、李先念等 13 位党和国家领导人在国家科委、国家纪委的一份报告上批示，同意成立我国海水淡化研究所。

1979年，海水淡化研究所在国家海洋局的领导和组织下紧张筹备，并于1984年正式成立。此后的20年间，我国海水淡化科研工作在党和国家的重视下，在有关部委及国家海洋局的关心与支持下默默地进行着。

"善治国者，必重治水。"在此期间，党和国家领导人江泽民、李鹏、李瑞环、李岚清、温家宝、迟浩田、邹家华、吴阶平、蒋正华、宋健等先后多次视察国家海洋局和有关海水资源开发利用的院所，为海水资源开发利用作出了一系列明确指示。

2001年7月，邹家华副委员长视察海水淡化所时指示：要利用技术进步进一步降低海水淡化成本。沿海地区和城市水资源非常紧缺，要把这一问题作为战略问题来抓。海水淡化这条路非走不可。

2001年，海水淡化被列入《中华人民共和国国民经济和社会发展第十个五年计划纲要》；海水利用技术被列入国家《当前国家重点鼓励发展的产业、产品和技术目录》和《当前优先发展的高技术产业化重点领域指南》。

国家海洋局1961年成立的海洋二所海水淡化研究室，后来发展为国家海洋局杭州水处理技术研究开发中心。1984年，又组建了天津海水淡化与综合利用研究所。

科技进步对于海水资源开发利用事业的发展发挥了十分关键和举足轻重的作用。40余年来，在国家科技部等部委前瞻性的大力支持下，经过"六五""七五""八五""九五"持续攻关，特别是"九五"以来，海水资源开发利用领域的许多关键技术取得了重大的突破和进展，培养造就了一支高素质的技术队伍，具备了坚实的推广应用技术基础，技术经济性日趋合理，产业大发展的技术经济条件已经具备。

海水（苦咸水）淡化技术分为两类。一是蒸馏法淡化技术，已具备产业化示范的基本条件，实现了廉价海水淡化材料研制及选用、主要设备及部件的研制、系统优化设计等重大突破，使设备价格及造水成本大幅降低，可以满足国内需求并在适当时机参与国际竞争。二是反渗透海水（苦咸水）淡化技术，已在我国辽宁、山东、浙江、河北、天津、甘肃等地建成。通过以上装置的建立和生产运行，积累了一整套设计、生产和管理经验。

海水淡化的吨水成本已经从20世纪90年代的7元左右降低到2001年的5元左右，随着装置规模的扩大和技术的进步，造水成本还有望进一步降低。特别需要指出的是，这里所讲的成本是包括设备折旧和投资回收的总成本，而不是传统意义上的运行成本。

海水直接利用技术分为3种。一是海水直流冷却技术，主要应用于沿海城市和苦咸水地区的电力、石化、钢铁、化工等行业。

二是海水循环冷却技术。海水循环冷却技术属节水、环保型新技术，在天津碱厂建成并运行我国首例100立方米/小时海水循环冷却中试工业试验装置，首次实现了以海水代替淡水作为工业循环冷却水、在海水冷却水系统中使用普通碳钢和比海水直流冷却的排污量减少了95%以上，有效地控制了海水的腐蚀、结垢和生物附着问题。

海水循环冷却技术具有海水取水量小、工程投资和运行费用低及排污量小等优点，是海水冷却技术的主要发展方向，在节省大量淡水资源的同时，利于保护环境、维护生态平衡。可广泛用于沿海城市和苦咸水地区的电力、石化、化工、钢铁等多种行业，应用前景广阔。

三是大生活用海水技术。大生活用海水主要是指冲厕用水，"九五"国家科技攻关解决了大生活用海水的后处理技术水质标准和排放标准等关键技术难题，填补了国内空白。

海水化学资源综合利用技术。经过"七五""八五"科技攻关，在天津沸石法海水卤水直接提取钾盐，气态膜法海水卤水提取溴素，制盐卤水提取系列镁肥，高效、低毒农药二溴磷研制以及无机功能材料硼酸镁晶须研制等技术均取得了突破，达到国内或国际先进水平。该技术已在我国山东、河北、天津等地建成万吨级规模的制盐卤水制取硫酸钾工厂，并投入生产运行；新型农药"二溴磷"已在河北建厂，产品已投放市场。

随着世界淡水资源的匮乏，淡化水的市场需求在不断扩大，这同时加快了海水淡化技术产业的进程。那么，在我国海水淡化的市场前景如何呢？

城市用水中的80%是工业用水，而工业用水的80%是工业冷却水。生活用水占城市用水的20%，而冲厕用水占生活用水量的35%。事实说明城市用水中的50%以上都用作了工业冷却水，而这一部分工业冷却水是可以用海水直接代替的。生活用水中的35%冲厕用水同样可以利用海水代替淡水。这表明了国内海水利用市场的巨大潜力。

国内消费水价的逐步市场化，也为海水淡化提供了市场发展的空间。国外的消费水价多在0.3~1.9美元之间，一些国家的海水淡化吨水成本与自来水相当或低于自来水价。2001年，中国已经投资一座万吨级海水淡化厂，其吨水投资不超过5000元，其产水成本低于5元/吨，基本具备了产业化条件。

我国经过"九五"攻关，在海水净化、管道选用、防海洋生物附着、系统测漏、高含盐量污水的微生物法处理污水等关键技术上都取得了重大突破，已具备了示范条件。利用海水作为工业冷却水，由于其水资源有保障，成本低、节省淡水总量大，无须更换原有金属材质，因此具有广阔的市场前景和显著的社会与经济效益。

我国诸多沿海城市均具有利用海水作为冲厕用水的条件，沿海城市充分开发利用海水资源、节省淡水资源，对于未来城市的发展与建设无疑是一种最佳的市场选择。

目前，我国的海水资源利用在较长的时期并未有大的进步，其综合利用技术也没有大的突破，其原因无外乎技术进步与政策抉持，同时还有一个十分重要的原因就是社会对水资源认识的不足。海水综合利用包括海水淡化、海水直接利用、海水化学资源利用 3 个方面。这些技术产业对于解决人类社会发展中的淡水危机、能源匮乏等问题有着深远的意义。

综上所述，国家应进一步加大扶持力度，引导培育海水利用这一新兴海洋产业大市场。逐步在沿海地区综合利用海水淡化、海水冷却、海水冲厕等技术。再配以水价政策的合理运用，可以为迅速大规模地利用海水创造先期的产业发展基础；把海水利用这一新兴海洋产业做大做好，最终为有效地解决淡水资源缺乏的矛盾，为未来沿海城市可持续发展提供水资源安全保障。

▌ 第二节　海洋动物资源

我国海域跨越温带、亚热带和热带 3 个气候带，地理、气候条件得天独厚。因而海洋生物资源种类繁多，始于 2003 年的国家"908 专项"的重要成果《中国海洋物种和图集》向我们展示了中国海的这样一个世界：到 2012 年，我国海域已发现海洋生物 59 门 2.8 万余种，其中包括新发现的 3 新属 43 新种。图集编汇了 1.8 万余种物种形态图，阐明了我国海洋生物种类的分布、各类群的分类和地位，基本摸清了我国海洋生物"家底"，阐明了我国海洋生物的种类组成、分布和在进化上的相互关系。

科学家们付出了巨大的努力，他们为我们揭示了中国海这样一个神奇的海洋世界。

以上所指，均为我国主权管辖海域所拥有的常规性动物资源。然而，作为海洋大国，我们更应该关注的是战略性的深海动物资源。

深海大洋极端环境下的生命，是最具战略性的动物资源。

2005 年下半年的一天，中国大洋环球科考某航次调查已经进入后半段。“大洋一号”船上装备的深海调查中具有可视功能的液压抓斗已经接近了洋底，由于长距离传输摄像信号和洋底照明还不够强的原因，实验室里计算机屏幕上的图像随着抓斗的上下运动忽明忽暗。一段大幅度上下运动后，抓斗的运动开始趋缓，围在计算机屏幕前的首席科学家和调查队员个个都瞪大了眼睛，他们都想看清楚这是不是所要采取的样品。作业现场操纵绞车的调查队员推开围在屏幕前越靠越近几个人的脑袋，高声说道：“你们再靠近我就看不见高度计（的数据）了，首席（科学家），我是不是现在放下去，咱们就抓这一块（样品）？”

首席科学家没有说话，两只眼睛紧紧地盯着计算机屏幕。抓斗起伏的幅度又开始变大，这一次抓斗触到了下面的“岩石”，显示器上的图像一下子变黑了，实验室里一下子变得鸦雀无声。当屏幕再次亮起来时，人们先是看到洋底像“烟雾”一样的东西四处腾起，当“烟雾”慢慢散去，从“烟雾”里面弹出来的却是一只只乱蹦的小虾。看到这情景，实验室里一下子炸开了锅，刚才人们看来看去有些犹豫选择采取的岩石，它的上面竟然包裹着一层小虾。首席兴奋地说道：“这才是我们要采取的样品，这就是我们要找的目标。”于是，首席大手一挥，调查队员马上把绞车的手柄推了下去。其实，科学家并不是要抓海底的小虾，而是要取上来这些小虾包裹着的岩石，在这些岩石上寻找和获取生物基因样品。

“大洋一号”船在海底热泉及附近地区发现了生物和生物生存的痕迹，这一在极端环境下的生命现象引起了科学家们的极大兴趣和关注。

地球上的生命产生于何时何地？是怎样产生的？

千百年来，人们在破解这一谜团时遇到了不少陷阱，科学在这一问题上走了不少弯路，甚至是死路。在 2500 年前的春秋时代，老子在《道德经》里写道：“道生一，一生二，二生三，三生万物。”用现在的话说，就是地球上的生命是由少到多，慢慢演化而来。它们有一个共同的祖先，这个祖先就是一，而这个一是由天地而生，用今天的话说，可能就是由无机物所形成的。

对于生命最先是诞生于地球表面还是起源于海洋底部，目前科学界仍在争论。

1860 年，法国微生物学家巴斯德（Louis Pasteur）设计了一个简单但令人信服的实验，彻底否定了自然发生说，让人们普遍接受了生命起源的假说。巴斯德发现将肉汤置于烧瓶中加热，沸腾后让其冷却，如果将烧瓶开口放置，肉汤中很快就繁殖生长出许多微生物；但是，如果在瓶口加上一个棉塞，肉汤中就没有微生物繁殖。所以，巴斯德认为：肉汤中的小生物来自空气，而不是自然发生的。

宇宙生命论则认为“一切生命来自宇宙”，认为地球上最初的生命来自宇宙间的其他星球，即"地上生命，天外飞来"。这个假说实际上是把生命起源的问题推到了无边无际的宇宙中去了，与我们不太了解的宇宙混为一谈。但是，这个假说本身对于"宇宙中的生命又是怎样起源"的追问，仍是无法解释的。

美国学者米勒在他的实验中假设：在生命起源之初，大气层中只有氢气、氨气和水蒸气等物，其中并没有氧气等。当他把这些气体放入模拟的大气层中，并通电引爆后，发现产生了些蛋白质，而蛋白质是生命存在的形式，因此，他认为生命是从无到有的。尽管米勒也承认他的实验与自然界生命起源相距甚远，然而化学起源说成为被广大学者和人们普遍接受的生命起源假说。这一假说认为，地球上的生命是在地球温度逐步下降以后，在极其漫长的时间里，由非生命物质（无机物）经过极其复杂的化学过程，一步一步地演变而成的。

美国卡内基研究所地球物理实验室进行的一项实验发现，在高温和高压下利用金属矿物质作为催化剂，氮分子可以与氢发生还原反应生成由 1 个氮原子和 3 个氢原子组成的具有活性的氨分子。而氮还原，生成氨分子的温度条件为 $300\sim800℃$，压力为 $0.1\sim0.4$ 千兆帕，而这些条件正是早期地壳和海底热泉系统的典型特征。

研究人员推测，海底热泉在地球早期如果能够产生足够的氨分子，通过海洋与大气的水和气体交换，氮占主导的早期地球大气中氨分子会逐渐增多。由于氨属于温室气体，能够对地球表面起到保暖作用，这同时也解释了为什么在当时太阳能量不足的情况下，地球上的海洋仍能保持液态。

迄今为止，我们发现的最古老的生物化石来自澳大利亚西部，距今约 35 亿年前的岩石，这些化石属于细菌和蓝藻，它们是一些原始的生命，是肉眼看不见的。它的大小只有几个微米到几十个微米。因此我们可以说，生命起源不晚于 35 亿年。同时我们知道地球的形成大约在 46 亿年前，有这两个数据我们就可以将生命起源的年龄，大致界定在 46 亿年到 35 亿年之间。进一步的科学研究证明生命发生于距今 40 亿年到 38 亿年之间，自从地球上出现生命之后一直到现在，45 亿年就是一部生生不息的生命演化史书，至今人类只能打开书的一小部分。

迄今为止，我们可以把生命起源简要描述成：在 40 亿年前的地球上，由无机分子合成的有机小分子聚集在热泉口，或者火山口附近的热水中，通过聚合反应形成了生物的大分子，然后它们开始自我复制，自我选择，自我组织，从而形成核酸和活性蛋白质；同时分隔结构同步产生，最后在基因的控制下出现代谢反应，为基因的复制和蛋白质的合成提供能量，一个由生物膜包裹着的具有能自我复制的原始细胞，就在地球上产生了。这个原始细胞可能是异养的或者是自养的，它可能类似于现代生物在热泉附近的嗜热古细菌。

目前，我们并说不清生命的自我复制、自我选择和自我组织，尤其是生物的自我控制能力等很多问题，其实还有很多的问题和猜想需要进一步的研究和证实，需要继续探索。说到底，至今我们还无法解释地球生命的起源，生命对于人类仍是一个不解之谜。

尽管科学研究和“大洋一号”船的深海探测一时难以揭示深海极端环境下的生命现象，但可喜的是验证了这一生命现象的存在，我们的科学家们正在一步步揭示着这一生命形式存在的奥秘。

不同纬度、地形和深度的海洋具有不同的物理及化学条件，这是一个极为复杂的生态环境，因此也造就了特色不一、各式各样的海洋生物。如同 18 世纪我们认为 200 米以下就没有生物一样，在 1979 年以前，许多科学家都认为深海海底是永恒的黑暗、寒冷及宁静，不可能有所谓的生命存在。但是，首次发现热泉，观察到了与已知生命极为不同的奇特生命形态，这改变了我们对地球生命进化的认知。

在深海热泉泉口附近均会发现各式各样前所未见的奇异生物，包括红蛤、海蟹、血红色的管虫、牡蛎、贻贝、螃蟹、小虾，还有一些形状类似蒲公英的水螅生物。即使在热泉区以外像荒芜沙漠的深海海底，仍出现了蠕虫、海星及海葵这些生物。

在黑烟囱喷出的热液里富含硫化氢，这样的环境会吸引大量的细菌聚集，并能够使硫化氢与氧作用产生能量及有机物质，形成“化能合成作用”。这类细菌会吸引一些滤食生物，或者是形成能与细菌共生的无脊椎动物共生体，以氧化硫化氢为营生来源，一个以“化学自营细菌”为初级生产者的生态系便形成了。以贝壳来说，由于它们是滤食性动物，会有鳃、消化系统及进出水口器官，可是海底热泉的贝壳不一样，它们消化系统及进出水口已经退化，海底细菌则会住在它们的鳃里面，等到繁殖多了，就会被贝体利用，于是贝壳的生长速度也变得非常有效率。

从热泉“烟囱”里冒出来的热液，温度常能超过 100℃。就是在这样的沸水环境里，在这些冒着沸水的“烟囱”外壁上，生活着一种毛茸茸的软体动物，专家们叫它为“庞贝蠕虫”。它们用分泌物自石头“烟囱”的岩基上堆起一条细长的管子，就像珊瑚虫一样，身体就蛰居在里面，这些蠕虫有时会爬出管子而在四周游荡。经测量，那里的中心水温高达 105℃，但专家们仍不敢相信，像蠕虫这样高级的动物，竟能生活在如此的高温环境之中。

也许庞贝蠕虫有一种特殊的隔热本领，就像消防服和宇航服那样能保护身体免受高温或真空环境的伤害。可是研究表明，庞贝蠕虫并没有这样的天然防护机能，或许地下热液直窜的上方，并没有那么高的温度，就像冬季烤火，在铁皮烟囱管周围稍远一点，就不会感到太明显的热度一样。

虽然高等一些的生物对环境都会变得相当挑剔，但是，科学家的发现证实了，在地球上还真有这样的生物存在！在极端环境里就是有一些十分顽强的生命存在。

第三节　海洋植物资源

除鱼类等海洋动物外，中国海还有丰富的海洋植物和海洋微生物资源。我国拥有红树植物 38 种，约占世界总种数的一半。海藻资源产量最大的主要是褐藻和红藻，可供食用的达几十种，如海带、紫菜、裙带菜、麒麟菜等。藻类植物中许多不仅具有食用价值，还含有 20 余种脂溶性或水溶性维他命。

人们说，在中国吃海带，不能忘记曾呈奎。是的，我国海带养殖从零开始，一跃成为世界海带生产第一大国，紫菜产量也位居世界前茅，奇迹是怎么创造出来的呢？

曾老 1909 年出生于厦门，自幼在海边长大。1927 年，他在厦门大学攻读植物专业，学习藻类学课程时，一个想法油然而生：人们能在陆地上种植稻米和小麦，为什么不能在海洋里种紫菜？当时，他目睹了贫苦人民在饥饿线上挣扎的现状，立志改造中国的"蓝色农业"，使之造福中国老百姓。为此他取号"泽农"，意在润泽农耕，以明心志。于是，一次"耕海"远征在他的脚下起步了。

54 年前，紫菜的生活史一直是个谜，无法进行人工采苗和栽培。曾老和他的合作者完成了紫菜生活史的研究，证明了紫菜孢子的来源，解决了紫菜栽培中的关键问题，使紫菜的大量人工栽培成为现实，南北方两种紫菜的丝状体培养、全人工采苗和养殖技术迅速取得成功。

从 1933 年发表首篇科学论文《厦门的海藻及其他经济海藻》开始，曾老一生独自撰写和与他人合作发表论文 370 余篇，学术专著 12 部。新中国成立前，他不顾风吹日晒，调查研究全国海藻资源，采集了数千号海藻标本，这些标本成为中国最早的海藻资料。新中国成立后，通过有计划地对渤海、黄海、东海和南海的底栖海藻调查和分类区系研究，他发现了上百个新种、2 个新属、1 个新科和 1 门藻类（原绿藻门）。摸清了海藻家底，铺开了他引导人工养殖海带和紫菜的成功之路。种庄稼离不开水、肥、土，海带人工养殖则面临着育苗、施肥等难题。曾老与助手获得了一系列原创性研究成果，发明了海带夏苗低温培育法、海带施肥增产、海带南移养殖等技术，使冷温带的海带在我国北方温带海域、南方暖温带和亚热带海域都能进行大规模人工养殖。随着切梢增产法、合理密植法、夏苗病害防治法等新方法的诞生，海带养殖发生了革命性变化，从北到南迅速普及全国。栽培海带、紫菜等大型海藻的成功，掀起了我国海水养殖第一次浪潮的兴起，并为我国贝类、虾类等海水养殖第二、第三次浪潮的形成和发展奠定了基础。曾老还是我国海藻化学工业的开拓者。1956 年，他在青岛建立了我国首个生产褐藻胶的车间，利用海带生产褐藻胶、甘露醇和碘等，并将这些产品用于药品、食品和饲料生产。今天，我国已成为在国际上仅次于美国的褐藻胶生产大国。

"蓝色农业的重点是水产生产农牧化"，针对我国海洋渔业资源过度捕捞的问题，曾老率先提出了"海洋水产生产农牧化"的设想。他预言，如果方法得当，再过二三十年，我国海水养殖业年产量可能突破三四千万吨，相当于当时中国年进口粮食总量的 1.5 倍到 2 倍。面对海水养殖所带来的一定范围内的环境污染问题，曾老生前多次在各种场合建议：保护海洋环境的一个良策就是发展海藻栽培业。这是曾老为之奋斗的事业，也是曾老留给我们未竟的遗愿。

2001 年 9 月 19 日，中科院海洋所海洋科学家俱乐部内，鲜花吐艳，喜乐融融。曾老荣获美国藻类学会"杰出贡献奖"庆祝大会正在举行。时届 92 岁高龄的曾老满头银发，精神矍铄。由于在世界藻类学领域所取得的杰出贡献，曾老被该学会授予 2001 年度"杰出贡献奖"，他是迄今为止已获得此殊荣的两位北美之外的藻类学家中的第一位。曾老未能出席年会，他委托在美国的次子、美国著名物理海洋学家曾云骥代领了奖牌。此时，曾云骥手托奖牌，"颁发"到父亲手中，顿时会场响起一阵热烈的掌声。面对众多学者的祝贺，父子俩激动不已，热泪盈眶。提起这段儿子为父亲颁奖的"巧事儿"，还与曾老的"世界眼光"以及其开创的海藻研究"中国经验"息息相关。科学无国界，但掌握它的人有国籍，曾老希望中国的海洋科学早日跻身于世界先进海洋科学之林。早年曾留学美国的曾老深知，要想在世界强手之林占据一席之地，就必须努力提高我们的科技创新和研究应用水平，创出自己的特色。人口、资源和环境是威胁人类当今和未来发展最主要的问题，提供足够的食品来面对日益增长的人口压力是一个全球性的问题。向陆地以外寻求新的食物来源成了许多国家研究者的行动目标。曾老的弟子费修绠教授说："曾老的功劳，是把描述性的海洋科学变成了一个通过实验来验证的海洋科学。他善于理论联系实际，课题主要是为满足百姓的需要来做的。"费教授介绍，曾老治学严谨、严格、严密，实事求是。即便是他已公开发表的文章，若发现数据或叙述有误，就毫不犹豫地马上公开纠正。曾老 1954 年 9 月发表《甘

紫菜的生活史》一文后，又进行了 1 年的继续观察研究，发现该文表解中表明的
"丝状体阶段在水温达到 15~17℃以上时就能产生壳孢子"不够确当。严谨的他
于 1955 年在杂志上公开发文修订。曾老治学严谨还体现在与时俱进，精益求精上。
时隔 30 多年，1987 年，随着仪器设备的改善和实验方法的进步，曾老再次做实验，
从新的角度研究影响紫菜生活史的因素，实验结论在世界范围内被广泛引用。曾
老呕心沥血的付出，不仅使中国海藻分类学研究走到了世界前列，而且中国海带
大规模栽培作为海洋生物资源开发的范例，具有里程碑意义，如同建立陆地农业
一样，也可以在海洋中建立起类似的海洋农业，对开发利用其他海洋生物资源起
到了带头和表率作用。榜样的力量是无穷的，以发展鱼、虾、贝、藻等蛋白类食
品养殖业为主的中国蓝色农业在世界上可以算得上首屈一指，吸引了全世界的目
光，一些国家还热心地学习和仿效"中国经验"。曾老还利用他在国际学术舞台
的威望和地位，先后促成了中国与美、加、英、日、法、德等国家之间的多项合
作研究与学术交流，领导和组织了中美藻类学术讨论会、第 11 届国际海藻学术
讨论会、第 5 届世界藻类学术大会等多次大中型国际会议在我国召开，使我国海
洋科学界在世界上的影响逐步扩大。由于曾老在海洋科学研究上和国际学术交流
方面的贡献，他先后成为第三世界科学院院士、国际藻类学会主席、美国纽约科
学院院士、世界水产养殖学会终身荣誉会员、国际藻类学会终身荣誉会员等，并
荣获太平洋地区科学大会奖（畑井新喜志奖）、美国藻类学会杰出贡献奖等奖项。
在海洋界，曾老率先走向了世界，中国海洋科学也走向了世界。

　　"在中国，当科学家挺自豪。"曾老这样说。在曾老离去的办公室里，办
公桌上那个普通而特殊的茶杯引起了记者的注意。说它普通，它只是一个陶瓷茶
杯，讲它特殊，上面印有漂亮的隶书字："1921~1993 年庆祝建党 72 周年，赠
曾呈奎"。曾老的秘书周显铜教授介绍称，1993 年，海洋所在建党 72 周年时，
赠给每名党员一个茶杯。"曾老很珍惜，一直用了 10 多年。有一次曾老没拿稳，
不小心把杯盖摔碎了，他也没舍得丢掉，又让我另外找到一个杯盖，配上了。他
认为这是一种非常值得珍惜的荣誉。"斯人已逝，曾老为何如此珍惜这个茶杯，
我们已无可请教求证，但是我们可以循着他入党的足迹，一窥其中蕴藏的大义。
出生于华侨世家的曾老，从小就胸怀富国强邦的梦想，年轻时满怀一腔爱国激情。
费修绠教授说："曾老非常爱国，一生立志要为祖国争光，要为中国人办好事。"
1926 年曾老参加了"反对文化侵略，收回教育权"的爱国运动，曾被校方开除；
1940 年赴美攻读博士，仍时刻关注着饱受日本欺凌的祖国；1946 年，获得理学
博士后，他不惜放弃美国优越的工作条件和优厚的生活待遇，毅然决然地回到战
火纷飞的祖国，到原山东大学任教，他说："我的事业在中国，正因为她贫穷落

后才更需要我们去建设。""我在山大任教时，美国兵强占山大校园，一座校园被铁丝网一分为二，我和童第周、冯沅君教授等联名上书，强烈要求归还被美国强占的校园。"曾老曾回忆说，"作为一个科学家，我们渴望有一个稳定强大的祖国，有一个良好的科研环境，而每个科学家都有一颗愿为自己的国家奉献力量的心。"

说到曾老的爱国之心，有一件往事不得不提。那是 20 世纪 90 年代初，山东省科技兴海现场会在潍坊市召开，会上曾老陪同原国家科委和山东省政府领导一同前往烟台、威海现场考察。到威海时曾老提出抽空要去一下刘公岛，凭吊为国捐躯的北洋水师。在刘公岛，曾老在丁汝昌、邓世昌的蜡像前伫立了很久。走出纪念馆时，曾老提议同记者一起照了张相，他对记者说："北洋水师悲壮的历史，中国人永远也不能忘记，我不能忘，你们更不能忘。"

刘公岛

1956 年，曾老开始申请加入共产党，并于 1966 年由基层党组织讨论通过。按当时规定，因为他的职务太高又是高级知识分子，必须经中共青岛市委审批。正待审批时，"文革"开始，入党之事被搁置起来。当阴霾散去，科学的春天来到时，他又一次申请入党。1980 年 1 月，曾老正式加入中国共产党，实现了多年的夙愿。

入党后，年已七旬的曾老仍然精神焕发，以时不我待的精神头度过每一天。1980 年，曾老不顾 71 岁高龄，率队赴西沙群岛进行海洋生物科学考察。他头顶烈日一干就是几个小时，冒着 40 多摄氏度的高温徒步走在灼热的沙滩上，脸上晒爆了皮也全然不顾。当时西沙晚间供电结束后，他就用蜡烛作光源，通宵达旦地在显微镜下分析鉴定当天采集的标本。哨兵不解地问周显铜秘书："这老头是干什么的，怎么他每晚都不睡觉？"当周秘书介绍情况后，哨兵竖起大拇指："中国还得靠这个，这才是真本事。"曾老说："我培养出来的学生，我鼓励他们出国深造学习先进科学技术，但学成后我希望他们回到自己的祖国。"

2004 年 1 月，海洋所侯宝荣研究员当选为中国工程院院士，在海洋所举行庆祝大会时，曾老在两名学生的搀扶下出席了大会。自 2003 年 4 月后，由于年龄与身体原因，曾老已谢绝了参加一切社会活动。这一次令侯宝荣院士感激不尽。在记者采访时，侯宝荣院士说："这充分说明曾老对科学的尊重，对晚辈的爱护，这是我一生中最大的荣幸。"那天曾老也十分兴奋，尽管身体不便，他依然与侯宝荣院士合影，以示真诚的祝贺。

曾老对学生的爱护可谓胸怀如海，润物无声。一位学生在一篇文章里讲述了一段令他终生不忘的往事。这位学生与妻子同在海洋所工作，"文革"开始后被遣返回老家农村。丈夫远离，没有了收入，而妻子带着 3 个孩子靠仅有的 50 多元工资艰难度日。在当时，曾老的处境同样十分困难，可每当孩子们开学时，曾老不会忘记找到她说："老张（曾老夫人）叫你到她那里去一下。"她去了，曾老的夫人就送给一些钱，说是给孩子交学费。她坚持不要，曾老的夫人就说："算是借给你的好了。"如今，孩子们已长大，一个孩子还出了国。在庆祝曾老 80 岁寿辰的时候，这对学生夫妇代表全家对曾老夫妇在患难中给予的厚爱深表谢忱，一杯祝酒引来曾老开心一笑。

曾老 80 多岁以后，远在国外的子女让他到国外定居安享晚年，他没有去，依然坚持每天到海洋所上班。进入 2000 年以后，年逾九旬的曾老还坚持上班，默默耕耘直至 2003 年 4 月停止工作。2000 年中科院海洋所迎来 50 周年所庆，91 岁的曾老作学术报告，大家请他坐着讲，他非要站着讲，讲了近 40 分钟。事后记者采访问及此事，他说："坐着作报告是对别人的不尊重。"2002 年 5 月，在秘书的陪同下，曾老前往马来西亚吉隆坡，出席了亚太海洋科学技术会议，并在分组会上作报告，这是他最后一次出国参加国际学术会议。这充分体现了他生命不止，奋斗不息的人格力量。就在曾老最后的日子里，病榻上只要意识一恢复，他所惦记的依然是他的科研工作。海洋所原副所长刘书明告诉记者，曾老生前尚有一个科研课题未完成，该课题 2002 年立项，2003 年开题。该项课题需要到西沙群岛调查一种叫苔藓虫的低等动物，其体内长着一种藻，通过研究，想发现生物进化规律。刘书明说："曾老住院前安排秘书周显铜去了西沙群岛，曾老病重后，长时间处于昏迷状态，有两三次他睁开眼睛就问：'周显铜回没回来？'"

当周秘书接到所领导通知曾老病危速回的电话，他风尘仆仆从海南赶回青岛直奔病房。来到曾老身旁周秘书轻声呼唤："曾老。"没想到，已昏迷了几天的曾老听到喊声竟又一次睁开了双眼，这是他人生最后一次睁开眼睛，这目光看望的依然是自己的学生。

曾老带着对中国海洋事业的无限钟情和对祖国的无限眷恋走了。望着他那哲人般远去的背影，不由得让人想起中国的一句古语："仰之弥高，钻之弥坚，瞻之在前，忽焉在后。"

第四节　海底矿产资源

海底矿产资源是相对陆地矿产资源而言的，存在于海底表层沉积物和海底底土中。我国海域的油气资源相当丰富，有资料显示：我国海域石油资源量约为467亿吨，天然气资源量约23亿立方米。截止到20世纪末，我国在近海大陆架上已发现9个含油气沉积盆地，面积达90多万平方千米。

我国的海滨矿产资源十分丰富，矿产种类比较齐全，包括黑色、有色和稀有金属以及许多非金属矿产。截止到20世纪末，已探明种类达65种，其中具有工业开采价值或储量的砂矿主要有锆石、钛铁矿、金亿石、独居石、沙金、金刚石等13个矿种。据不完全统计，已探明各类海滨砂矿床191个，矿点135个，矿产资源量约16亿吨。

说到矿产资源开发，我们不妨看一下美国。美国本土并不缺乏石油资源，但其宁可封住已开发的油井，而拿大把美钞，开着钻井船去阿拉伯、波斯湾、北海寻找石油供应基地。

我国按人均拥有量来讲是一个地道的矿产贫国，我们在保护、合理开发陆地矿产资源的同时，是否也该把目光投向深海大洋呢？

20世纪70年代以来，工业化生产一直保持迅猛发展势头，能源消耗连年递增，发达国家高耸入云的大烟囱，成为先进与发达的代名词，然而它们夜以继日地喷涌着浓重的烟尘，却与这个代名词并不相称。人们对陆地有限的自然资源连续多年大规模机械化采掘和源源不断地使用之后发现能源的储量快速减少，日趋枯竭。为此，世界各国纷纷将人类未来资源的希望倾注于海洋，并开始了海底探矿寻宝的热潮。

可以毫不夸张地说，海洋中几乎有陆地上所有的各种资源，而且还有陆地上没有的一些资源。到目前为止，人们已经在海洋中发现的资源包括石油和天然气、煤炭、铁矿、滨海砂矿、多金属结核、富钴结壳、锰结核、热液矿藏、可燃冰、稀土资源等。近些年我国"大洋一号"船对大洋国际海底区域资源分布、丰度和储量的调查便是一项主要的科学考察任务。

滨海砂矿等固体矿产是近海很稀有的资源。滨海沉积物和矿砂中有许多贵重矿物，如含有发射火箭用的固体燃料钛的金红石，含有火箭、飞机外壳用的铌和反应堆及微电路用的钽的独居石，含有核潜艇和核反应堆用的耐高温和耐腐蚀的锆铁矿、锆英石，在某些海区的砂矿里还有黄金、白金和银等贵重金属。我国近海海域分布有金、锆英石、钛铁矿、独居石、铬尖晶石等经济价值极高的砂矿。

世界许多国家多年来主要开采的是近岸海底煤、铁矿藏。日本海底煤矿的开采量占其总产量的30%；智利、英国、加拿大、土耳其也有类似开采。日本九州附近海底还发现了世界上最大的海洋铁矿。亚洲一些国家还发现了许多海底锡矿。目前，已发现的海底固体矿产有20多种，仅在我国大陆架浅海区就广泛分布有铜、煤、硫、磷、石灰石等海底矿产。

在深海海底平原区域，大洋多金属结核被发现得较早。1873年2月18日，正在做全球海洋考察的英国调查船"挑战者号"，在非洲西北加那利群岛的外洋进行例行的绳测水深时，在绳缆重块的泥巴上从海底粘上来一些小土豆大小呈深褐色的物体。3月7日，他们再次从拖网中发现了这种奇怪的"鹅卵石"。经初步的化验分析，认为这种沉甸甸的团块是由锰、铁、镍、铜、钴等多金属的化合物组成的，而其中以氧化锰为最多。剖开这些团块来看，发现这种团块是以岩石碎屑、动植物残骸的细小颗粒或鲨鱼牙齿等为核心，呈同心圆状，一层一层长成的，像一个切开的葱头。由此，这种团块被命名为"锰结核"。

20世纪初，美国海洋调查船"信天翁号"在太平洋东部的许多地方都采到了锰结核，并且得出初步的估计报告称：太平洋底存在锰结核的地方，其面积比美国都大。尽管如此，在那时也没有引起人们多大的重视。1959年，长期从事锰结核研究的美国科学家约翰·梅罗发表了他关于锰结核商业性开发可行性的研究报告，引起许多国家政府和冶金企业的重视。此后，对于锰结核资源的调查、勘探大规模展开。开采、冶炼技术的研究、试验也在不断地推进。在这方面投资多、成绩显著的国家有美国、英国、法国、德国、日本、俄罗斯、印度及中国等。到20世纪80年代，全世界有100多家从事锰结核勘探开发的公司，并且成立了8个跨国集团公司。

据估计，在世界海洋 3500~6000 米深的洋底，储藏的多金属结核约有 3 万亿吨，多金属结核含有锰、铁、镍、钴、铜等几十种元素。其中，按照目前的水平，仅锰的产量就可供全世界用上 1 万年，镍可用 2.5 万年。

在众多的海山区域，富钴锰结核是科学发现的第二类深海资源。1981 年，世界著名的德国"太阳号"海洋调查船，对夏威夷南部的莱恩群岛（Line Islands）进行了一次系统调查后发现，在太平洋 800~2500 米海域较大范围内存在富钴结壳的资源。随后的 1983~1984 年，美国海洋研究所对太平洋和大西洋等海域进行了一系列调查研究发现，包括马绍尔群岛、密克罗西亚和基里巴斯群岛联邦的赤道海山处普遍存在富钴结壳矿床，研究人员初步估计，这些丰度高的金属资源可供美国消耗数万年时间。随后，苏联和日本在 1986 年也进行了相关调查，他们发现了一些平均厚度 30 毫米的结壳矿层，经测定其中钴的含量为陆地矿的 10 倍以上。

大洋富钴结壳存在于水下顶面平坦、两翼陡峭、形似"圆台"的海山斜坡上，水深 1000~3500 米，色黑似煤，质轻性脆，结构疏松，表面常布满花蕾似的瘤状体，厚度一般为几毫米至十几厘米，形状为板、结构疏松、结核或砾状等的海相固结沉积物。由于沉积时古海洋环境的差异，富钴结壳常呈现为成分和颜色不断变化的多层构造特征，如褐煤状、多孔状或无烟煤状结壳分层。此外，据实地勘察及系统科学研究，富钴结核在太平洋不同区域的储存特征和富集规律也是色彩纷呈、千奇百态。

至今，富钴结核已静静地沉睡在洋底数千万年了。据不完全统计，太平洋西部火山构造隆起带上，富钴结壳矿床的潜在资源量达 10 亿吨，钴金属量达数百万吨。因此，自 20 世纪 80 年代以来，它一直是世界海洋矿产资源研究开发领域的热点地区。

深海沉积物中还有稀土资源。2012 年 6 月 29 日，凤凰资讯在以题为"日本专属经济区发现约 680 万吨稀土可供使用 230 年"的报道中称，东京大学地球资源学教授加藤泰浩等人组成的研究小组，日前发现南鸟岛周边的海底可能存在大量稀土。据研究组计算，日本的海上专属经济区内存在的稀土可供其国内使用 230 年。此前，日本曾经在公海海底发现过稀土，但在日本专属经济区发现大量稀土尚属首次。据悉，研究组发现在距离南鸟岛约 300 千米、水深约 5600 米海底采样的泥土中富含镝等稀土元素。这种泥土堆积范围超过 1000 平方千米，可能蕴藏着约 680 万吨稀土。加藤教授表示："鉴于稀土价格长期走高，即使从海底开采也是合算的。"报道称，海洋开采稀土还存在诸多技术难题，但若找到合适的方法，日本有望摆脱对中国稀土的依赖实现自给自足。

　　土是人们常用的词，何为土？多数人并不知道。在中国古汉字的演变中，土字来自一个站在地上的人。土的科学定义有两大类：1.土是由岩石在风化作用下形成的大小悬殊的颗粒，经过不同的搬运方式，在各种自然环境中生成的无黏结或弱黏结的沉积物。土壤的主要组成部分有矿物质、有机质、土壤水分和土壤空气。岩石风化后的矿物质是土壤的骨架，占土壤成分的95％以上。2.土是尚未固结成岩的松软堆积物，由各类岩石经风化作用而成，主要为第四纪时的产物。土与岩石的根本区别是土不具有刚性的联结，物理状态多变，力学强度低等。土，位于地壳的表层，是人类活动的主要承载物。

　　稀土与土有关，而非土。稀土一词与不少来自科学的名词一样，也是历史遗留下来有些误解的名称。稀土元素从18世纪末叶开始被陆续发现，当时的科学家常把不溶于水的固体氧化物称为土。稀土一般是以氧化物状态分离出来的，虽然在地球上储量非常巨大，但冶炼提纯难度较大，显得较为稀少，得名稀土。中国、俄罗斯、美国、澳大利亚是世界上四大稀土拥有国。

　　稀土有"工业黄金"之称，由于稀土元素具有优良的光、电、磁等物理特性，能与其他材料组成性能各异、品种繁多的新型材料，其最显著的功能就是大幅度提高其他产品的质量和性能。在冶金工业、石油化工、玻璃陶瓷、农业、新材料等诸多方面有着广泛的应用。比如，稀土钴及钕铁硼永磁材料，具有高剩磁、高矫顽力和高磁能积，被广泛用于电子及航天工业；纯稀土氧化物和三氧化二铁化合而成的石榴石型铁氧体单晶及多晶，可用于微波与电子工业；用高纯氧化钕制作的钇铝石榴石和钕玻璃，可作为固体激光材料；稀土六硼化物可用于制作电子发射的阴极材料；镧镍金属是20世纪70年代新发展起来的贮氢材料；铬酸镧是高温热电材料等。

　　近年来，世界各国还采用稀土中的钡钇铜氧元素和改进的钡基氧化物制作超导材料，可在液氮温区获得超导体，使超导材料的研制取得了突破性进展。

　　稀土在军事方面也有很多用途，稀土可大幅度提高用于制造坦克、飞机、导弹的钢材、铝合金、镁合金、钛合金的性能；也是电子、激光、核工业、超导等诸多高科技的润滑剂。

　　此外，稀土还广泛用于照明光源，投影电视荧光粉、增感屏荧光粉、三基色荧光粉、复印灯粉；在农业方面，向田间作物施用微量的硝酸稀土，可使其产量增加5%~10%；在轻纺工业中，稀土氯化物还广泛用于鞣制毛皮、皮毛染色、毛线染色及地毯染色等方面。

131

第五节　海洋中的能源

海洋中的能源既包括蕴藏于海洋中的可再生资源，如潮汐能、波浪能、海（潮）流能、温差能（热能）和盐差能，也包括不可再生能源，如煤、石油、天然气和天然气水合物。

据初步估算，我国海洋可再生能源总蕴藏量约为 4.31 亿千瓦，其中仅潮汐能和海流能两种，年理论发电量可达 3000 亿度。我国沿海波浪能总蕴藏量为 0.23 亿千瓦。据测算，可开发的海流能装机容量约为 0.383 亿千瓦，年理论发电量约270 亿度。海洋温差能按照海水垂直温差大于 18℃ 的区域估算，具有商业开发前景的区域达 3000 多平方千米，可供开发的温差能资源约为 1.5 亿千瓦。

海洋油气是人们极为关注的资源。据不完全估计，世界石油极限储量约 1万亿吨，可采储量 3000 亿吨，其中海底石油 1350 亿吨，占三分之一强；世界天然气储量 255 亿~280 亿立方米，海洋储量占 140 亿立方米，约占储量的一半。20 世纪末，海洋石油年产量达 30 亿吨，已经占世界石油总产量的半壁江山。我国在临近各海域探明的油气储藏量约 40 亿~50 亿吨，这些丰富海洋油气资源的发现，使我国有可能成为世界第五大石油生产国。

大洋里可以说处处都有宝贝，在深海沉积物里，有一种可燃的冰状物。这是一种被称为天然气水合物的新型资源，它广泛分布在大陆永久冻土带、岛屿的斜坡地带、活动和被动大陆边缘的隆起处、极地大陆架及海洋和一些内陆湖的深水环境。在标准状况下，一单位体积的气水合物分解最多可产生 164 单位体积的甲烷气体，因而其是一种重要的潜在未来资源。

天然气水合物，是 20 世纪科学考察中发现的一种新的矿产资源。

1960 年，苏联在西伯利亚发现了第一个可燃冰气藏，并于 1969 年投入开发，采气 14 年，总采气 50 余亿立方米。美国于 1969 年开始实施可燃冰调查。在接近 30 年后，美国把可燃冰作为国家发展的战略能源列入国家能源计划，一直尝试进行商业性试开采。日本关注可燃冰是在 1992 年，迄今为止，已基本完成周边海域的可燃冰调查与评价工作，钻探了 7 口探井，圈定了 12 块矿集区，并成功取得可燃冰样本，首次试开采成功获得气流。

可燃冰能量密度之高，杂质之少，就连石油都难以相比。燃烧后的可燃冰几乎无污染物排放和残留，这种新型能源具有矿层厚，规模大，分布广，资源丰富的优点，得到了人们的高度关注。据初步估计，全球可燃冰所含碳总量是现有煤、石油和天然气所含碳总量的两倍以上。因此，有望成为煤、石油和天然气的替代性能源。

对于可燃冰的研究，我国起步较晚，从1999年起才开始对可燃冰开展实质性的海上调查。我国可燃冰在海中主要分布在南海海域、东海海域，现已在南海北部神狐海域进行了试开采。据初步测算，仅我国南海的可燃冰资源量就达到了700亿吨油当量，约相当于我国目前陆上油气资源量总数的二分之一。在世界油气资源逐渐枯竭的情况下，可燃冰的发现又为人类开发新型能源带来了一线新的希望和挑战。

长久以来，日本的所有能源几乎全部依赖进口，是世界上头号液化天然气进口国。2011年的福岛第一核电站事故深深触动了日本能源部门，开采国内天然气资源的呼声也越来越高。自2001年以来，日本政府投资数亿美元研发相关技术，用于从沿海甲烷水合物沉积物中提取甲烷，政府认为这种方式的效率超过日本在2002年成功测试的热水循环法。

2012年2月，英国政府官员和专家指出："设得兰群岛西部海域可能蕴藏着大量甲烷水合物。"时任英国能源大臣查尔斯·亨得利曾说："设得兰群岛西部海域可能存在大量甲烷水合物，但尚未得到确切的证实。由于没有开采这种资源所需的商业技术，目前还无法对储量进行评估。"

第六节　滨海旅游资源

滨海旅游资源是海岸线附近陆域和海域的人文与自然景观的总称。我国滨海地区可供开发的景点达1500多处，主要分布在基岩海岸、砂质海岸和河口处。如海山洞石、海陆作用造就的奇特景观、海洋生态类型、海洋古迹等。

中华民族对海洋资源的开发利用活动从未停止过，但一直在传统或较低的水平上徘徊。正是在那遥远的年代，由于大海的神秘莫测和受对大海认知度的制约，长期以来在人们心中产生的只是一种寄托。随着社会进步和生活水平的提高，以前仅作为海洋自然景观和人文景观而存在的资源，因其具有的不可再生性，在被开发利用的过程中，其生态保护也日益受到重视。

作为历史人文景观，海滨城市、乡镇和村落，是滨海旅游的最大资源。

我国1.8万千米海岸线的岸带，自古以来就是集地气、人气、商气的风水宝地。因此，自原始社会时开始，人类就已经来到这里，涉足大海开始实践享用"舟楫之便、渔盐之利"。正是如此，大小不同，千差万别，风格各异的原始村落开始形成。由于大海提供了丰腴的资源和便利的生存条件，这些村落又以各自的方式发展起来。随着人类文明的进程，有的村落消亡了，而更多的村落发展成为城镇，进而有的发展成为城市或大都市。

我国绵延的万里海岸带上的乡村、城镇、都市，是中华民族的另一部人居与城郭的发展史。

环渤海海岸线上遍布着许多名胜古迹和人文景观，体现出了更具社会与经济的价值。如黄河口、辽河口、双台子河口、海河口、滦河口景观、大连老虎滩、营口大清炮台、乐亭李大钊故居及纪念馆、山海关老龙口、碣石遗址、九门口长城、北戴河、古贝堤遗址、蓬莱仙阁、长岛半月湾等。正是这些名胜古迹和人文景观装点了蜿蜒曲折的岸线，使其多姿多彩、神奇迷离，令人流连忘返。海岸线上礁岩、岬角、海湾和沙滩是海岸线景观构成的基本元素。自然形成的这些元素质朴，天成，神奇。人为因素的介入却使这些原始的岸线发生了令人意想不到的变化。

成山头

　　自然岸线一旦失去将意味着永远不能恢复，不可重得。在渤海围填海的热潮中，许多自然岸线被永远毁掉了。这并不是说自然岸线一定要全部保留，但也不是说为了开发就不管什么样的自然岸线都要毁掉。建好了的厂房可以炸掉重建，而自然岸线呢？

　　我们简要介绍几处具有代表性的依托魅力无比、婀娜多姿的美丽海岸线并展示出人文色彩的滨海旅游资源。

　　成山头，又称成山角，因地处成山山脉最东端而得名，位于山东省荣成市龙须岛镇境内。成山头三面环海，一面接陆，与韩国隔海相望，仅距94海里，是我国大陆最早看见海上日出的地方，自古被誉为"太阳升起的地方"，春秋时称"朝舞"，有"中国好望角"之称。

　　刘公岛，1888年北洋海军成军时在岛上设电报局、水师学堂，建北洋海军提督署、铁码头，故此刘公岛成为中国近代第一支海军"北洋水师"的诞生地。1894年，中日甲午海战就发生在该岛东部海域。

　　山东长岛，位于胶东半岛和辽东半岛之间，渤海、黄海交汇处，古称沙门岛，又称长山列岛或庙岛群岛，是神话故事"八仙过海"诞生的故乡。

　　蓬莱阁，是古代登州府署所在地，管辖着九个县一个州，是当时中国的东方门户，也是我国古代传说中的八仙过海之地，号称"人间仙境"。久负盛名的登州古港，是中国古代北方重要的军港和贸易口岸，也是我国目前保存得最完好的古代海军基地，与我国东南沿海的泉州、明州（宁波）和扬州同称为中国四大通商口岸。蓬莱依山傍海，所以又以"山海名邦"著称于世。

　　在渤海的唐山湾里，有一个小岛叫曹妃甸。小岛连有三道杠沙，横亘在西起大沽口，东至辽河口的海域。曹妃甸地险浪恶，这一带百姓常说："英雄好汉，难过曹妃甸。"

　　这个小岛本无名。唐朝初年，唐王李世民跨海东征，得胜还朝。有个随军东征的妃子叫曹妃，姿容秀丽，不但能歌善舞，而且会吟诗作画。她对唐王百般体贴，一路上伴着唐王赋诗、对弈，早晚侍候，唐王非常宠幸她。

　　由于曹妃体质虚弱，船行至本县海域，竟身染重病，船行经该岛，唐王命龙舟拢岸，扶曹妃上岛治疗。曹妃病情日趋严重，后竟死在岛上。李世民痛失爱妃，遂下旨在岛上建三层大殿，塑曹妃像，赐名曹妃甸。

　　在地质学界，江苏如东县是一个颇有些名气的地方，它的名气缘于其海域拥有一片壮观的辐射状沙脊群。从空中俯瞰，宛如一只"巨掌"遏住了黄海巨涛，横按在辽阔的江海平原之上，而由岸滩处向大海伸展的一条条辐射沙脊，则是"巨掌"的"手指"，平面上以弶港为顶点，呈扇形向外海辐射出去。

钱塘江的古名为"浙江"，亦名"浙江"或"之江"，最早见名于《山海经》，是越文化的主要发源地之一。钱塘江在上海市南汇区和宁波市、舟山市嵊泗县之间注入东海，其中杭州附近河段，称为"之江"或"罗刹江"，在宁波市区三江汇一后入海。钱塘江的地形使外海传来的潮波形成共振，其大潮可谓蔚为壮观，惊天动地，被誉为"天下第一潮"。

舟山群岛岛礁众多，星罗棋布，占我国海岛总数的20%。主要岛屿有舟山岛、岱山岛、衢山岛、朱家尖岛、六横岛、金塘岛等，其中舟山本岛最大，为我国第四大岛。

地质上，舟山群岛是浙东天台山脉向海延伸的余脉。在距今1万至8000年前，因海平面上升将山体淹没才形成今天的岛群。普陀山岛上的潮音洞就属海蚀洞穴。潮流像一个大搬运工把大量泥沙搬运到群岛的缓流区沉积，把几个岛屿连接起来形成岛上的堆积平原。舟山岛、朱家尖、岱山岛就是由于海积平原的扩展形成的。

在中国东海上有一群远离舟山本岛的东极诸岛，拥有大小28个岛屿和108个岩礁，是舟山群岛最东侧的岛屿之一。这里有浓厚、古朴的渔家特色，更有那美不胜收的风光，它几乎包揽了真正意义上的阳光、碧海、岛礁、海味，且水质清澈，气候宜人，是少有的纯洁之地。

东极岛既有碧海奇石的美称，还有那美丽动人的传说故事。世传秦时的徐福率3000童男童女下东海为秦始皇求长生不老之药，驻足地便是东福山。

福建泉州，北接福州、莆田，南毗厦门、漳州，东望宝岛台湾，西接三明、龙岩。泉州和漳州、厦门、台湾、金门等地通行同一种语言：闽南语（河洛语即福建话）。泉州，历史文化厚集，古迹众多，文风浓郁，是闽南文化的发源地、发祥地，有"海滨邹鲁""光明之城"的美誉；是古代"海上丝绸之路"的起点，宋元时期被誉为"东方第一大港"，与埃及的亚历山大港齐名。

临近泉州的厦门，以鼓浪屿而闻名于世。鼓浪屿与厦门隔海相望，原名圆沙洲、圆洲仔，因海西南有海蚀洞受浪潮冲击，声如擂鼓，明朝雅化为今名。由于历史原因，中外风格各异的建筑物在此地被完好地汇集、保留，有"万国建筑博览"之称。虽然岛小，却可谓音乐的沃土，人才辈出，钢琴拥有密度居全国之冠，故又得美名"钢琴之岛""音乐之乡"。

在南海，东方银滩据称是目前世界上唯一没有被污染的生态海滨浴场，被誉为"南海之窗"，坐落在广东阳江的海陵岛。在花花绿绿的商业旅游广告上，这里被称为"南方北戴河""东方夏威夷"。

在海陵岛东面是一望无际的"十里银滩"，地理位置得天独厚。这里的海水清澈透底，碧绿的海藻、鲜艳的珊瑚像泡在玻璃杯中的清雅绿茶；海滨浴场沙滩绵延近千平方米，海边沙砾散发着银色光芒，形形色色的贝壳点缀其中。

北仑河口保护区属海岸潮间带，陆地土壤为砂页岩发育形成的砖红壤和海滨沙地，这里洁净无污染，不受淡水显著影响。河口保护区内有红树植物15种，其他常见植物19种，大型底栖动物84种，鱼类27种，鸟类128种，具有较高的生物多样性。此外，保护区核心区还发现有大面积珍稀海草——矮大叶藻。

靠近海岸线的浅海区域是海洋重要而脆弱的生态系统，有着珍贵而丰富的自然资源，也是海洋与人类社会最为亲近的地区，易于受到伤害的地方。海岸线为沿海城市、工业和码头的建设提供了依托，而且曲曲折折的海岸线造就了一个个天然良港，为海洋经济发展提供了广阔的发展空间。

辽东湾海滨，是我国东部沿海地区仅有的最大片的空旷滨海湿地原野，更是一笔难得的旅游资源。

夏季从空中鸟瞰河口湿地，一望无边的绿色中点缀着大小不一的水洼，恰似一块硕大无比，装饰图案精美的绿色地毯。进入秋季以后，苇海的苇叶开始枯黄，这预示着冬天就要来了。此时再鸟瞰苇海，一望无边的黄色中点缀的大小不一的水洼依旧，周边却多了一片片红色装点，那是辽东湾与河口特有的景观——红海滩，这时又恰似给一块硕大无比的黄色地毯注入了另一种活力。正是这苇海绿了又黄，黄了又绿的轮回，使辽东湾充满了独特的魅力。

红海滩是大自然的色彩，有人说也是英雄的色彩，更是人伦的色彩。因为我国的河口从古至今多为军事重地，所以多有英雄战死在疆场，是英雄的鲜血染红了河口，也染红了河岸海边的漫山遍野的碱蓬草，从此野草涂上了英雄的光辉。今天，已经少有人会再有这样的联想了，理想主义的时代渐渐远离我们而去，但碱蓬草依然在顽强地生长，铅华洗尽，本色如初。20世纪60年代，"瓜菜代"的岁月，碱蓬草成为救命草。滩边的渔民村妇采来碱蓬草的籽、叶和茎，掺着玉米面蒸出来红草馍馍，几乎拯救了一整代人。可今天，不会再有人为它顶礼膜拜，只有一些都市人在厌倦了生猛海鲜、大鱼大肉后，买上一两个碱蓬菜的包子，调节一下已被油腻堵塞的肠胃。碱蓬草依旧鲜红亮丽，依旧春天发芽，秋天枯萎，它能觉出自己地位的变化，几世的荣辱吗？草木无情，多情的只是人类自己，但往往又是自作多情。无论联想也好，救命草也罢，草依旧是草，人依旧是人。

这里的滨海湿地是丹顶鹤的驿站。由于丹顶鹤像鸳鸯一样成双成对，1981年，人们最早发现了丹顶鹤在这片苇田里产蛋繁殖。有一次人们无意中看到一只成年的丹顶鹤在大雾天撞到树上死去了，而另一只竟长久地悲鸣不肯离去，从那时起人们开始将丹顶鹤保护起来。

盘锦红海滩

更为神奇的是这里是渤海的宠物——斑海豹产仔的地方。每年入冬前，斑海豹都要洄游到这里繁殖后代，几十只或上百只簇拥在一起生活，尽享天伦之乐，场面极为好看喜人，直到次年开春它们才离开这里。当到了五六月时，斑海豹游走了，取而代之的是海豚，如此往复，成就了这里的神秘与神奇。

湿地是地球的“肾”，是动物的天堂，辽河口湿地更是海洋动物的家。

家是让人魂牵梦绕的地方。而对于爱国将领张学良来说，这里也曾是他的家，少帅曾在这里度过了他的青少年时光。

盘锦市大洼县东凤镇驾掌寺村是少帅张学良的故里。1928年，已离开了家的少帅投资3万元现大洋在驾掌寺修建了占地1万平方米，拥有80间教室、宿舍的小学校。1931年又修建了礼堂，校名为少帅张学良亲笔所书“驾掌寺新民小学”。

1931年“九一八”事变，日寇占领了东北，驾掌寺小学被迫停办。1934年，校舍被日军扒掉。如今，这里剩下的只是零星的遗址。

在村外不远的地方，有一片墓地。墓地前有大洼县人民政府立的一块“张氏墓地”座碑，碑文刻着“该墓地系爱国将领张学良祖父张有财之坟墓，其伯父张作孚亦葬于此”。

第七节　深海资源

深海资源已成为世界大国关注的焦点，国际海底区域是地球上尚未被人类充分认识和利用的最大潜在战略资源基地，随着人类进入 21 世纪，国际海底区域在战略地位上的重要性也日益凸显出来。国际海底区域是指国家管辖海域以外（假定所有沿海国家都主张宽度为 370 千米的专属经济区）的海底区域，总面积为 2517 亿平方千米，占地球总面积的 49%。

国际海底区域资源蕴藏丰富，包括多金属结核、富钴结壳、海底热液硫化物等多种资源。多金属结核是最早引人注意和研究较为清楚的深海矿床，可能是海底分布最多、数量最大的金属资源。富钴结壳也是一种海底重要的金属矿产资源，其中钴的平均含量高于陆地 80 倍。海底热液矿床是近年来颇为引人注目的深海资源。根据《联合国海洋法公约》，国际海底区域及其资源属于人类的共同继承财产，由国际海底管理局代表全人类组织和控制区域内矿物资源的勘探和开发。

人类开发海洋已有几千年的历史，早期的海洋开发活动仅局限于"兴渔盐之利，行舟楫之便"，早期的海洋之争，无论是商船还是军舰都集中在海面上。

早在 2004 年，美国海洋政策委员会就向国会提交了《21 世纪海洋蓝图》。2010 年 7 月，时任美国总统奥巴马签署有关海洋、海岸带和五大湖开发与保护方面的跨部门海洋政策任务书。2012 年，美国国家海洋委员会进一步制定海洋执行规划，开始就相关海洋发展规划进行意见征询。

2007 年 10 月，欧盟委员会颁布了《欧盟海洋综合政策蓝皮书》，推进海洋事业发展的综合决策与管理。2012 年，欧盟进一步提出相应的蓝色增长战略，将海洋与海事部门统筹考虑，认为海洋是欧盟创新与增长拥有巨大潜力的领域，蓝色经济每年可以拉动数百万个就业岗位和数百亿欧元增加值。澳大利亚、日本、韩国都提出了海洋发展规划和战略，尤其注重深远海和极地地区的开发，并且与具体产业发展规划和领军企业发展计划相衔接。

自 20 世纪 60 年代，当世界兴起第一轮"蓝色圈地"时，美国、日本等海洋国家就已开始筹划其海洋战略。20 世纪 80 年代，美国仰仗其霸权国地位，对外明确提出反对沿海国家扩大管辖权的主张和倾向，反对将 200 海里的沿海区域作为各国的领海管辖范围行使主权。进入 21 世纪，美国进一步加强海洋工作的领导和协调，促进对海洋沿岸和大湖的了解，保护海洋环境资源，促进海洋科技发展，重视海洋教育。

日本从 20 世纪 60 年代开始推行"海洋立国"战略，大力发展国际贸易和海洋产业。早在 1983 年，日本就开始调查海底资源。较早的起步，使美、日在以海洋科技、海洋资源开发、海洋协调管理为代表的海洋开发能力上具有明显的优势。

20 世纪 80 年代以来，印度加紧实施印度洋控制战略，不断延伸海上触角。20 世纪 90 年代至 21 世纪初，印度实施"西挺东进"战略，东扩进入南海，涉足西太平洋。近年来印度积极开展南北极、大洋和国际海域深海调查，积极参与争夺海底资源支配权。澳大利亚也多次出台海洋产业发展战略；临近北极的加拿大于 1988 年就通过了《加拿大海洋政策——迎接海洋疆界挑战和机遇的战略》，并作为海洋工作基本政策。1997 年，加拿大通过了海洋法，成为世界上率先依法采取综合管理方式，保护、开发海洋和近海水域的国家之一；2009 年，发布北方战略，确定了该地区的北极地区优先项目。

俄罗斯为了全面提升海洋战略地位，2001 年 7 月起草了《俄罗斯联邦海洋学说》，成为至 2020 年期间俄罗斯海洋政策的基调。该政策几乎涵盖了世界上所有海洋；海洋资源开发从大陆架延伸到了大洋底层；军事上，力求确保俄海军在世界海洋的存在；科技上，除了加强与海洋有关的科技活动外，还特别强调对各大洋底层生物和矿物资源的勘探和开发。2009 年 3 月，俄罗斯颁布了北极战略规划——《2020 年前及更远的未来俄罗斯联邦在北极的国家政策原则》，进一步加强对北极资源的掌控。

世界各大海洋强国制定短、中、长期的海洋战略，邻近海域、相邻海域和国际海域海底资源成为各国普遍关注和竞争的焦点。

第八节　海洋空间资源

地球的表面七成是海洋，平均深度 4000 多米，我们对海洋的了解还是太少，厚厚的海水阻挡了人们的视线，100 多年来，我们对海洋的探测深度大约只有 5%，深海仍是一个未知的区域。海洋的一半区域是国际海底，其中有我们知之甚少的许多资源，直到第二次世界大战之后，我们才开始了解太平洋水下的平顶海山。洋中脊的热液"黑烟囱"和极端环境下的生命现象，让我们开始重新审视生命的起源。海底蕴藏着的丰富矿物资源，一步步成为各国关注的对象，新一轮的"蓝色圈地"把这些战略资源推到了新的竞争舞台上，这是人类第二生存和发展空间。与地外空间争夺相比，深海资源更具吸引力，"大洋一号"船便成了我国在国际竞争舞台上的排头兵，在深海资源竞争中，正在努力地为子孙后代争取更为广阔的生存空间。

2006年，我国启动第18航次大洋科考。"大洋一号"船在海面上向耕地一样来回地航行，在深海多波束的计算机屏幕上，海面下一座拔地而起的海底山峰清晰地展现出来，海山的顶部是一个平坦的近乎圆形的山顶，似乎被一把无形的利剑削去了一大块。对此，科学家们并不感到惊奇，因为他们知道在太平洋海域数百米，乃至数千米水下有许多这样的海山，他们感兴趣的不是海山的大小和形状，而是分布在海山陡峭斜坡上的多金属结壳，这是一种新的海底矿物资源。

太平洋海区夏威夷群岛、加罗林群岛、马绍尔群岛和斐济群岛一带的深海海底，有一座座奇异的海山，它们的共同特征是山的顶部像是被截掉了一样，都是平坦的，被称为"平顶海山"。

"大洋一号"船在太平洋

这种海山，除太平洋外，在大西洋和印度洋中也有存在，但是数量上比不上太平洋，它们有的孤独地耸立在海底，有的成群成片地出现。平坦的顶部多为圆形或椭圆形，直径从几百米到二三十千米不等，顶部离海面最浅约为 400 米，最深接近水下 2000 米。海底平顶山的山头好像是被什么力量削去了，大片的平顶山就像神话中描述的消失的"亚特兰蒂斯"王国那样。

海底平顶山是位于大洋底部呈孤立分布的、顶部截平的、高出海底很大高度的圆锥形山体。它的基底往往是过去的火山，上部是珊瑚礁体，有时珊瑚礁体的厚度可达 1500 米。平顶山大多分布在太平洋中，如瓦列里厄海底平顶山、约翰逊角海底平顶山、赫斯海底平顶山、林恩海底平顶山等。可是，第二次世界大战以前，人们并不知道海底还有这种平顶的山峰。

第二次世界大战期间，为了适应海战的需求，摸清海底情况，以便于美国海军舰艇和潜艇活动。当时在"约翰逊号"任船长的美国科学家、普林斯顿大学教授 H.赫斯，接受了美国军方一道新的指令，由他负责调查太平洋洋底地形情况。他带领全舰官兵，利用当时极为简易的回声测深仪，在当时艰苦的战争环境里，对太平洋海底进行了普遍的探测，发现了数量众多的海底山峰。战争结束后，他通过整理大量的测深记录发现这些孤立的山峰或山峰群，大多数成队列排列在大洋海底，并且它们有一个共同的特征，都有一个平坦的山顶，这是人类首次发现海底平顶山。然而，令我们深思的是这个发现不是由于科学目的，而是出于战争的实际需要。

这种奇特的平顶山有的高，有的矮，大多位于海面 200 米以下，有的甚至在 2000 米水深。凡水深小于 200 米的平顶山，美国海洋地质学家赫斯称它们为"海滩"。1946 年，赫斯正式命名位于 200 以深的平顶山为"guyot"。

为解释海山成因之谜，勘察海山区富钴结壳，"大洋一号"船在海山区开展了大量的科学考察。按照赫斯的说法，原来平顶山是露出海面的火山岛，后来由于海水长时间的侵蚀，山头部分被"削"平，才形成今天的平顶山。为这个论点提供强有力证据的是有人在平顶山顶部，找到了一些磨圆度很好的玄武岩砾石。这些砾石的存在，说明平顶山曾经在一段时间里接近海面，受到过海浪的洗礼。因为，假如海浪能对碎石起到磨蚀作用，当时的海深最多只有一二十米。而今天的平顶山山顶已经在海面下好几百米，甚至达 1000 米以上。在这个深度，海浪是无论如何也不会起到什么作用的。科学家们估计，在海浪对火山岩石进行磨圆的同时，也把火山的尖顶削平了。

后来，人们从海底平顶山的顶部打捞到了呈圆形的玄武岩块，据此有人认为，它们可能是一座座海底火山，顶部是火山口，被火山灰等物质填平了，所以呈现平顶。年龄测定表明，它们形成于距今 1 亿年至 2500 万年之间的火山大量喷发时期，这就给火山说提供了一个依据。20 世纪 50 年代，人们又从海底平顶山的顶部打捞到珊瑚礁、厚壳蛤及层孔虫等生物化石，以后在太平洋中部又有类似的发现，表明海底平顶山的顶部过去有过珊瑚礁发育。造珊瑚礁需要生活在有光照的水里，因而其生存的最大水深在 50 米左右。这说明曾有一段时间，海山顶部的水深不超过 50 米。由于此时的海山顶部离海面近，风浪就有可能将其削平。以后，海山下沉，沉到水深 200 米以下的地方，所以海底平顶山上就残留着以前发育的珊瑚礁和其他喜礁类生物。

但美国学者德利指出，海底火山不一定发生过地面的上升和下沉，可能是在天气寒冷的冰川时期，海平面大幅度下降，使海底火山的顶部露出海面被风浪削去。海洋地质学家孟纳德则认为，太平洋中的海底平顶山都位于一片原来隆起的地壳上，他称之为"达尔文隆起"。这些隆起的海山顶部接近海面，被风浪削平，尔后，整个隆起下沉，便形成了今日的平顶海山。但有一些人不同意孟纳德的见解，认为没有事实证明"达尔文隆起"曾经存在过。

即使是第一种被大家比较容易接受的看法，也受到了严重的挑战。因为有人在调查海底平顶山时意外发现山顶上的岩石比山脚下的岩石年龄要老得多。这就难坏了科学家们。因为按照地质学的基本规律，既然海底平顶山是多次海底火山喷发堆积形成的，那么，早期喷发物必然会埋在山下，而较新喷发物必然出现在山顶。

不管海底平顶山的成因到底如何，21 世纪它都正日益受到人们的重视。渔民在远洋捕捞作业时，经常发现凡是平顶山所在的海区，多数都是鱼类成群的地方。这是因为，受水下突出地形的影响，海流在这里往往形成一股很强的上升流，而上升流从海底带上来的大量有机质是鱼极好的饵料。

看来，要想解开海底平顶山这个谜，科学家们还需作进一步的努力。

海底"黑烟囱"是洋底空间的一种特有现象，更是一种资源。

2009 年，我国启动第 21 航次大洋科考，当在空气中重量达数吨重的"海龙号"水下机器人被缓缓地吊起，从"大洋一号"船尾部 A 形架上慢慢地下放到海面时，随着钢缆下放长度的增加，"海龙号"进入了幽暗的深海，向着目标缓缓前进。"海龙号"要去探测的是一个位于海底火山口内斜坡上的"热液喷口"。在"海龙号"接近海底时，"海龙号"本体脱离了中继器，操作手控制着"海龙号"继续下潜，慢慢接近海底。随后，操作手打开了全方位扫描声呐，屏幕上展现在科学家们面前的是一片凸起的海底"烟囱群"，科学家们在声呐扫描屏幕上仔细分辨着，不断地调整声呐量程，他们很快确定了本次探测的预定目标。

无浮力的脐带缆像一条海蛇一样跟随在"海龙号"本体的后面，在操作手的控制下，"海龙号"本体缓慢地向目标推进。在距离目标十几米时，透过摄像头科学家们看到的是"烟囱"边上密集的虾群，它们聚集在冒出黑烟的缝隙周围，一只紧挨着一只，在"烟囱"上密密麻麻地铺了一层，"海龙号"围着"黑烟囱"转了一圈，估计"烟囱"的直径接近 5 米。然后，"海龙号"开始沿着"烟囱"的边缘上升，5 米、10 米、15 米、20 米；慢慢地，操作手看到"烟囱"的裂隙开始变得多了起来，但还是没有看到顶部。

操作手继续让"海龙号"向上升，通过摄像头看到黑烟从慢慢地冒出变成了喷射，不久他们便看到了向上喷涌的"烟囱"口，副操手看了一下海水压力计指针，这个"烟囱"的高度有 23 米，足有 8 层楼高。其实说它是"烟囱"并不很像，因为它浑身"漏气"，即便是上部的喷口也是这里一个那里一个，只是这些喷口冒出来的黑烟有一股冲劲，像火车上的烟囱那样，一鼓一鼓地向外喷吐。

海底"黑烟囱"——热液喷口的发现是全球海洋地质调查近 10 年来取得的最重要的科学成就。在这个科学发现之旅中，"大洋一号"船让中国人在数千米海底大洋中脊上有了自己的发现，我们不仅有 ROV（遥控无人潜水器），在发现"黑烟囱"的方法上我们还创造出了一套实用而有效的办法。

早在 1871 年，达尔文在一封信里曾这样写道："生命最早很可能在一个热的小池子里面。"当年这仅仅是他的一个猜测。后来，这个"热的小池子"被称作"原始汤"。但是，由于当时研究条件的限制，"原始汤"的研究一直没有多少进展。直到 100 多年之后的 1977 年，美国科学家在加拉帕戈斯群岛的海底遇到了。

1977 年 10 月，美国伍兹霍尔海洋研究所的"阿尔文号"（Alvin）载人深潜器下潜到了加拉帕戈斯群岛附近的深海，在那里测量的深层海水温度竟然高达 8℃，这是一个违反常理的温度，比一般的深海水温高出了几倍，同时海底发现了白色巨型蛤类。尽管这些不是这次下潜所要观测的内容，可是这种反常现象引起了专家们的关注。他们已经接近了 21 世纪重大的科学发现，但是，这批科学家在毫无准备的情况下，还是差了一小步。

1979 年，"阿尔文号"又重新来到这里，并且很多生物学家一同前往。正是这次的研究揭开了"深海热液生物群"的神秘面纱。在上一次发现的附近区域，科学家们展开了细致的搜索后发现从海底岩石缝隙中涌出被加热了的海水，这些海水带出了大量的硫化物，在遇周边海水冷却后形成一个巨大的"冒着黑烟的'烟囱'"。大约 350℃富含矿物的海水从"烟囱"的缝隙中喷出，与周围海水混合后产生如同黑烟冒出的视觉，视觉上有些冒出的是"白色烟雾"，但均统称为"黑烟囱"。"烟囱"上的沉淀和结晶物主要由磁黄铁矿、黄铁矿、闪锌矿和铜铁硫化物组成。

30年后，2009年10月，我国"大洋一号"船上中国自主研制的新的水下机器人"海龙号"在东太平洋赤道附近洋中脊扩张中心海隆一个海底火山口内，首次发现"黑烟囱"并成功完成了取样作业。经过测量，这个"黑烟囱"高出海底面26米，直径约4.5米。

海底热泉的活动并不一定都会形成"烟囱"。早在20世纪60年代，科学家们就在红海发现了许多奇异的现象，比如水温和盐度偏高及高温卤水。1967年，科学家们在一处海渊中发现了在热泉周围形成的海底多金属软泥。

1988年，我国科学家与德国科学家联合考察了马里亚纳海沟。他们通过海底摄像看到，在水下3700米左右的海底岩石上有枯树桩一样的东西，它高2米，直径50厘米到70厘米不等，周边还有块状、碎片状和花朵状的东西。他们采集了黄褐色，间杂黑色、灰白色、蓝绿色的岩石样品。经过化学分析和鉴定确认，这就是海底热泉活动的残留物，或者说，这是一个已经死亡了的"黑烟囱"。残留物中除了大量铜、锌、锰、钴、镍外，还有金、银、铂等贵重金属。更加令人吃惊的是，在那些活动的热泉，即"黑烟囱"附近，不仅聚集了上述金属，甚至聚集了大量人类不曾认识的新物种，这是一个繁茂的生物世界。

尽管"大洋一号"船多次发现了海底"黑烟囱"，但是还不能揭示其成因之谜。

自1977年，在加拉帕戈斯群岛海域率先发现"海底黑烟囱"以来，海洋学家又先后在墨西哥西部北纬10°海底和北纬21°的胡安·德富卡海隆，勘察到大规模热泉区，这些奇异的自然景观引起了科学家极大的兴趣和关注。

科学家们认为"海底黑烟囱"的形成主要与海水及相关金属元素在大洋地壳内热循环有关。地球内部源源不绝喷涌而出的熔岩冷却成新的海底地壳，并将古老的海床推向两边取而代之，即便是地球上的岩石也遵循着有生有死的过程。

高压下的海水在引力作用下沿着岩石裂隙深入地层中，形成海底岩石里的环流，海水沿裂隙向地心渗透可达数千米，有时甚至更深。这些海水在地壳深部被加热升温，并溶解了周围岩石中多种金属元素。被加热到数百摄氏度的海水携带着大量矿物质再度沿着岩石裂缝回到海底，有些地形下遇到上面冰冷的海水中时，矿物质遇冷收缩最终沉积成烟囱状堆积物，有些则形成多金属软泥。目前，世界各大洋的地质调查发现了很多"黑烟囱"的存在，它们主要集中于新生的大洋地壳上。

海洋地质学家们认为：构筑"海底黑烟囱"绝非仅是地质构造活动的结果。其中，神奇莫测的热泉生物的艰辛劳作也功不可没。在热泉口周围拥聚生息着种类繁多的蠕虫，其中一种管足蠕虫可长到约 46 厘米，它们独具特色的生存行为特别引人注目。

海洋生物学家斯特克斯和助手特里·库克发现这些底栖生物在营造"烟囱"中起着至关重要的作用。他们发现岩芯上布满了含有重晶石（主要成分为硫酸钡）的凹陷管状深孔，研究人员确认这些管状孔穴系蠕虫长期生存行为的结果。鉴于热泉口旁蠕虫遍布，因此尚难断定究竟哪些蠕虫擅长打洞筑巢。管足蠕虫内脏中的细菌可从热液中获取氢原子来维持生命，细菌还可把海水中的氢、氧和碳转化生成碳水化合物，为蠕虫提供生存所需的食物。这种化学反应的结果是硫元素被遗留下来，蠕虫排泄的硫又促使海水中的钡和硫酸发生催化反应。长此下去，蠕虫死后便在熔岩中遗留下管状重晶石穴坑，其矿产资源丰饶且种类繁多、品位极高。

由此推测，一座座海底"烟囱"演化生成过程可能在蠕虫聚集热泉口周围前就早已开始了。胡安·德富卡海隆下蠕虫建筑师精心创造的自然奇观令人叹为观止。它们开凿的洞穴息息相通犹如礁岩迷宫，从而使热液将矿物质源源不断地输送上来并堆集为"烟道"。当"黑烟囱"在热泉周围落成后，熔岩上深邃的管状洞口穴就成为矿物热液外流的通道从而形成海底"黑烟囱"热泉奇观，直到通道自身被矿物结晶体堵塞才告停息。

大量的海底调查研究发现，在"海底黑烟囱"周围广泛存在着古细菌。这些古细菌极端嗜热，可以生存于 350℃的高温热水及 2000~3000 米没有光线的深水环境中，为古老生命的孑遗。科学研究表明只有地球早期的环境才与此类似，科学家们为此提出了原始生命起源于"海底黑烟囱"周围的理论，认为地球早期环境中嗜热微生物可能非常普遍，生命可能就是开始于嗜热微生物。

因此，科学家们向国际社会发出呼吁，要求设立深海热泉自然保护区。

在世界各地，科学家们对不同时代古大洋地质记录（蛇绿岩）进行了广泛的调查，先后在日本、德国、美国、加拿大等地找到了古"海底黑烟囱"的残片及相关块状硫化物。但是，大多数硫化物的时代很少大于 6 亿年，老于 25 亿年的古"海底黑烟囱"记录还不多见，尽管在加拿大和澳大利亚发现了 26 亿~27 亿年前的金属硫化物矿产，但尚无"海底黑烟囱"残片，所以寻找古老的"黑烟囱"残片，对于解开"黑烟囱"形成之谜具有重要的科学价值。不仅是在海洋里寻找这些"黑烟囱"残片，在陆地上也有科学家在努力地寻找着。

1952 年，英国科学家瑞弗勒（Reveller）第一次在论文中报道了包括沉积物热传导的整个大洋热通量的测量结果。随后，在 1965 年，美国科学家埃尔德（Elder）认为洋中脊热通量测量只能通过洋壳和循环海水的对流冷却来解释。

正是他们的开创性工作，使人们逐渐意识到海底热液循环可以用于地球内部热量散失的解释，而后逐步发现了相应的证据。地球上即便是坚硬"永恒"的岩石也有"生死"的过程，只是这一过程极为漫长，而且我们无法证实存在"死亡"了的岩石，因为它们已经回到了地球内部炙热的熔岩中。

最早的证据发现于1948年，"信天翁号"海洋调查船在红海调查中发现海水温度与盐度存在异常，但这一异常并没有引起人们的注意。到1963~1966年的印度洋调查中，在途经红海时，科学家再次观测到海水的异常情况。之后，这一现象才引起了人们的重视，通过采水和沉积物取样，发现了含金属悬浮颗粒的热液和含金属浓度较高的沉积物。

1972~1973年，在大西洋中脊裂谷区开展的调查工作发现近海底存在温度异常情况，1972年，在大西洋中脊TAG区又获得了低温热液矿物样品，即氧化锰结壳，给热液提供了直接的证据。直到1977年，著名的"阿尔文号"深潜器在东太平洋海隆加拉帕戈斯洋脊区获得了第一批高温热液区调查资料。至此，人们才真正重新认识到海底热液活动的普遍存在，其特殊性和存在的重要科学价值逐渐被人们认识，并揭开了其神秘的面纱。

热液硫化物在海底形成的"黑烟囱"喷出了炽热溶液，这些溶液富含铜、铁、硫、锌，还有少量的铅、银、金、钴等金属和其他一些微量元素。这些物质随着炙热的海水涌出后，会像天女散花般地四散落下，沉积于"烟囱"的附近，久而久之形成高丰度的矿物堆积。一般来说，一个"黑烟囱"从开始喷发到最终"死亡"（停止喷发）只有十几年到几十年的时间，并不是在这么短时间里累积了近百吨的矿物，而是在喷发之前漫长的孕育过程中的积累，可以把喷发比喻为十月怀胎的一朝分娩。

除了上述资源外，深海空间还有许多有重要潜在价值的资源，如磷酸盐、深海黏土和碳酸盐、海水中的溶解矿物资源等。

陆地上的大多数磷酸盐只产于少数几个地区。结核状磷钙石主要在大陆架和陆坡上部或大洋中的海山区，产地基本上沿着美洲西海岸和非洲海岸呈线状展布。形成磷钙石的典型环境是低纬度富含营养物质的生物活动频繁的地区。另一种重要矿产品是含钾的矿物海绿石，它形成的环境为浅海及缓慢沉积作用的深海，一般认为是由无机矿物或有机物质转化而来。

深海中的黏土矿物和碳酸盐沉积是潜在的建筑材料和工业用料，它的资源量异常巨大，与其他海洋资源相比，其开采技术简单得多。日本等国已经开始探索性开发深海黏土矿物和深海软泥资源，并已试制成产品。从某种角度考虑，人类将来对深海中的黏土和碳酸盐的利用也许要早于其他金属矿产。

海水可看作现存的最大的单一矿体，利用最多的是通过海水蒸发得到食盐。现正从海水中提取的其他有经济价值的化合物是溴和氯化镁。前者是用氯气反应而回收，后者是与廉价的白云岩或灰岩作用而提取。有些国家还对用吸附法从海水中提取金属作了大量的研究。铀和钒被硅藻一类的海洋生物从海水中吸取，又从他们的组织中析出，保存在还原环境的沉积物中。典型的富含铀和钒的沉积物是在半封闭的边缘盆地中形成的黑色页岩，在海相磷钙土中也含有类似数量的铀。溶解于海水中的铀总量大于40亿吨，海水中相对较高的铀含量，促使人们加强研究用离子交换法直接从海水中提取金属，或者通过藻类海水养殖等方法间接取得。

第五章　海洋经济

"中华世纪坛"是中国 20 世纪的一个经典纪念性建筑，可它告诉了我们什么？

世纪坛上，黄土地上的山川、河流和城市等——标志在上，中国海偌大的一片蔚蓝色却被遗忘了。这是为什么，是因为色盲吗？

回答是否定的！原因在于习惯了的陆域思维定式。

中国有 960 万平方千米的陆域面积，位居世界第三，可谓地大。

中国有占世界第 3 位的耕地和草原，有占世界第 6 位的森林和水资源，多种矿产资源的储量也居世界前列，这就是物博。

当我们多年来津津乐道地大物博时，却忽视了另一个更为重要的存在：中国最名副其实的世界冠军，是占全球近四分之一的 13 亿人口。

在我们这个东方红，太阳升的国度里，每个人都不愿意打破地大物博的梦境。但当 13 亿中国人作为一个整体出现时，一切便都失去了优势。这时人们才猛然间发现，打破梦境的正是我们自己。

有人说，中国人想得开：太阳来了月亮走，天上下雨地下流；车到山前必有路，几麻袋地瓜土豆照样能把孩子养大，而那孩子又会像父辈那样去生养下一代。

难道这就是我们的梦想吗？

鲁迅先生曾说过，那是"闭了眼睛的自负"。因为众多人口首先会消耗大量资源，更何况"这许多人口，便只在尘土中辗转，小的时候，不把他当人，大了以后，也做不了人"。

1987 年 7 月 11 日，当世界人口突破 50 亿之时，联合国人口基金组织赠送我国一台人口时钟。这时钟能及时报告世界人口数量的发展情况，同时也在提醒我们：谁来养活中国人！

控制人口的基本国策不能变，中国要从贫困走向发达必须要资源充足，要有发达的经济保障，出路何在？当我们认识到可能降临的危机将会来临时，我们要责无旁贷地担负起历史的责任：经略海洋，发展海洋经济！

第一节　经略海洋

一个国家的自然环境受到该国地理位置的直接影响。国家地理位置一般分为数字地理位置、自然地理位置、政治地理位置和经济地理位置。

地理位置作为自然环境的一个要素，其本身对一个国家的发展战略将产生重要的影响。它既可能为一个国家提供某种机会和条件，也可能严重限制一个国家的某些政策和活动。

纵观世界经济的历史走向，经历了两个大的发展时期。

公元9世纪到16世纪近700年的时间里，世界经济联系主要是通过欧亚大陆来进行的，这一时期被称为大陆时代。大陆时代正值欧洲中世纪时期，也是东方中华帝国的鼎盛时期。这个时期的国际贸易重心在陆上，国际性的沿海经济活动体现更多的是地区性。

大西洋时代是16世纪至20世纪末的500年时间，大西洋作为世界经济中心经历了兴起、成熟和衰落的过程。大西洋500年经济中心史，在人类社会的政治、经济制度上发生了翻天覆地般的变迁，完成了近代工业革命和现代工业文明。有人把这种工业文明称为蓝色文明，几乎席卷了整个世界经济。

世界经济最后格局形成的根本原因在于，沿海经济发生发展的增强趋势，首先是由于沿海经济的国际化而导致的，其次是航海技术的日益进步，再次是生产大型化、集中化的现代生产本身，最后是旧国际经济关系的环境变化导致了新兴工业国的后发崛起。

让我们回头看一看中国。

古老的黄河似衰老的父亲，它与母亲河长江都覆盖了黑格尔涵盖的人类3种主要地理环境：干燥的高地及广阔的草原与高原、平原河流、沿海地区。

世界公认，中国的黄河有辉煌的过去。所以西方哲人无法讳言，在公元700年左右，若有天外来客，大概会发现地球上精神生命最高级的中心在中国的长安。经历了从炎黄战于涿鹿之野，共工怒触不周山，使"天倾西北，故日月星辰移焉；地不满东南，故水潦尘埃归焉"为传统的5000年神国内讧。最后这条古老的黄河只有一句"天下黄河富宁夏"的名谚引为骄傲。

再让我们看一看中国海，对于具有5000年文明史的中华帝国来说，万里海岸线就像一张满弓，几乎横贯960万平方千米大地的万里长江就像一支箭，位于箭端的上海，这块同样具有 5000 年文明史的崧泽文化的土壤，却注定永远不会成为民族命运之矢锋。因为封闭的古老文明一直在打圈圈。宋之临安，明之金陵都从它身边走过；矗立雷锋塔的西湖与沉没六朝金粉的玄武湖，如一颗颗珍珠因内陆文明深深积淀的光芒，照耀得它黯然失色。上海，处在东方地域文明史"临界处境"的最边缘，因此也缠伴了一个民族走向海洋的艰难步履。

人类文明史还有一个事实，就是古老的东方文明与新兴的西方文明总是以铁血撞击，中国上海首先成了两种文明交叠重合的地域。

上海是一个迅速生长的怪胎。在诞生时期，它经历了两个教父，一个是大清王朝，一个是操着英语的上帝。而它悠久辽阔的母土和根系，却是那莽莽荡荡的母亲河长江水系。

在巨大的时空里，长江水系深入了四川盆地乃至青藏高原的大地与 5000 年的文明史中，被赋予了一种无比顽强的生命力。因此，造就的这座都市所承受的生命重量、硬度、亮度与辐射是南端珠江水系与北隅黑龙江水系所无法比拟的。正是如此，上海难以先越雷池，承载起中国改革开放，走向海洋桥头堡的重任。

1817 年 6 月 28 日，圣赫勒拿岛上，一位看上去目光冷酷而敏锐的囚徒，上身绿衣服，下面是白裤子、丝绸袜子和带结的鞋子，胳膊下夹着一顶三角帽，而胸前佩戴着荣誉军团的勋章。

他就是法兰西皇帝拿破仑。

这一天，拿破仑会见了英国出使大清帝国的使者阿美士德勋爵。这位终生的囚徒，对东方文明古国一直都感到十分新鲜好奇，当他听了来访者的叙述之后，说了一句关于东方睡狮的著名预言："当中国觉醒时，世界也将为之震撼。"

在中国面临巨大人口压力的同时，资源的枯竭同样是另一个巨大的压力。

任何国家的资源都是有限的，整个人类所拥有的资源也是有限的。资料显示：在世界能源的储量中，煤炭的供应将保持相当长时间的平稳，石油的前景却十分严峻。

据联合国环境能源署提供的资料，1950 年世界人均占有 0.24 公顷牧场，而35 年后这一面积缩小了一半。1975 年地球上尚有 12 亿公顷耕地，但到了 2000 年，有 3 亿公顷遭侵蚀，另外还有 3 亿公顷被新的城镇及公路所取代。

既然人类的资源和世界各国的资源都是有限的，那么，如何在节约、合理开发和有效利用陆地资源的同时，寻找新的资源呢？经略海洋，发展海洋经济，将是世界各国长期面临的一项重大的战略课题。

然而，中国历史上对于经略海洋走了一个大大的弯路。

丝绸作为一种媒介，为中国经略海洋，开辟海上航路发挥了重要的作用。

世界文明是在各民族文化的相互交流中向前发展的。据记载，最迟在公元前4世纪，中国的蚕丝便已传入印度和西方各国。传播的道路也是以丝绸为名，因此对西方的贸易之路被称为"丝绸之路"。

中国的丝绸是如此的精美，以至一传到西方，便使西方各国的人士为之倾倒。罗马一位著名作家，称赞中国的丝绸比鲜花还要美丽，比蛛网还要纤细。罗马的恺撒大帝穿了用中国丝绸制作的袍子去看戏，竟引起了全场轰动，被认为是空前豪华的服装。一时罗马的贵族妇女，只要一穿上中国丝绸的透明薄裳，便可到处炫耀，立时身价百倍。于是，丝绸成了罗马帝国最重要的消费品之一。丝价飞涨，达到与黄金等价，致使罗马帝国的黄金储备枯竭。有的学者认为，这是导致罗马帝国崩溃的重要原因之一。

商人们"因利有十倍"，为追逐财富，成群结队地把中国的丝绸运往西方，也把西方的珍品运来中国。于是，"丝绸之路"日益繁荣。

人们通常都以为，"丝绸之路"只是东西方陆上的通道。其实，几乎与陆上的"丝绸之路"同时，还存在着一条"海上丝绸之路"，并且随着陆上"丝绸之路"的衰落，"海上丝绸之路"越来越显示出它的重要作用。

陆上"丝绸之路"的衰落，是因为它有着难以克服的致命弱点。

陆路运输，只能先运至毗连的邻国。再向远运，便要穿过一连串的国家与民族。如果其中有一个国家或民族发生了变乱，或有任何一个国家为垄断丝绸贸易而操纵了这条道路，就会影响到全线的畅通。而这样的变故，在那个时代是屡见不鲜的。陆上"丝绸之路"位于我国西北，地处内陆，只能向西外传。而我国主要外销产品，如丝绸、瓷器、茶叶等的产区，都远在东南沿海。陆路外运，既不经济，又不方便。何况，对于环太平洋地区各国，陆上"丝绸之路"是无法到达的，而且时间久，运费高。

陆路的缺点，正是海路的优点。我国东南部漫长的海岸线，有许多终年不冻的良港。陆路能够到达的国家，海路大多可以到达。陆路不能到达的许多海岛国家，海路也能到达。海路不像陆路那样易受别国牵制，可以自由通航，可以越过那些发生变乱或别有企图的国家。罗马帝国为了摆脱安息对陆上"丝绸之路"的操纵，曾于公元166年打通了到中国的航路，但仍于事无补。海运靠近外销商品的生产地，运载量也比骆驼之类的运输工具不知要大多少倍，运费低廉，安全可靠，显示出了"海上丝绸之路"的巨大优越性。因此，"海上丝绸之路"日益兴盛起来，汉唐宋元，日趋进步，迄于明代达到高峰。

"海上丝绸之路"，是我国人民同世界各族人民友好往来的历史见证。"海上丝绸之路"把我国同世界上许多文明古国连接在一起，使各国的古代文明通过这条海上大动脉，互相传播与交流，从而放出了异彩，促进了社会经济、文化的发展。同时，也通过它传递了各国人民间的友谊。

"海上丝绸之路"，是转运商品之路，是交流文化之路，也是各国人民传递情谊、友好往来之路。它是我们的祖先同世界各国人民共同对于历史作出的伟大贡献，对人类社会的进步和世界文明的发展都产生了深远的影响。

当我们回顾欧洲的三桅大船和美洲的"中国皇后号"从不同的方向开通了通往中国的航路时，不得不重提当初中国从寻找世界，到被世界寻找这个古老而又年轻的话题。

中国是世界上最早发明锚的国家。从远古的石块演化到石碇，又从石碇演化到铁碇，直至今天的锚。锚的作用有诗为证，唐李商隐赠刘司户诗云："江风扬浪动云根，重碇危樯白日昏。"

哥伦布最先"发现"美洲大陆，这似乎成了众人皆知的定论。然而，长期以来世界有许多学者和专家并未唯此是从，他们通过考察和研究，提出了各种与此相悖的看法和观点。可谓众说纷纭，莫衷一是。那么，究竟是谁先到达美洲大陆？由于证据和实物不足，尚有待进一步考证，所以谁是到达美洲大陆的第一人这个问题至今仍是扑朔迷离。

学界有非洲黑人说，北欧海盗说，但也有中国殷人说。

20世纪末期，在美国加利福尼亚州的沿海，先后发现两起古代海船使用的"石锚"。一些学者认定这些美国出土的"石锚"，乃是古代中国海船曾经航行到美洲留下的遗物和佐证。因为这些古"石锚"表层有2.5毫米至3毫米的锰矿积聚层，按锰矿集聚率每千年1毫米推算，这些"石锚"约为3000年前沉于海底的，而这个年代正好是中国历史上周武王伐纣的年代。

周武王灭纣后，纣王自焚。一些学者推测：纣王之子复国叛乱未遂而被迫远渡重洋，殷人从山东半岛下海，南下台湾，又沿琉球群岛北上直达北美洲。

这些学者分析了当时中国造船业和航海情况，认为殷人东渡完全具备条件。

历史考证，我国东南沿海及岭南地区越族各系先民，最早是借用两条自然海流向东漂航越过太平洋的。第一条是北太平洋暖流，经夏威夷群岛北端，而后直达拉丁美洲墨西哥北部的瓜达卢佩岛附近。第二条是赤道逆流，从赤道南下经澳大利亚转向东，至新西兰再向东至南美秘鲁。

这些都不是臆想，更有趣的是，一些欧美学者竟从中国的《山海经》中找到了殷人东渡的蛛丝马迹。《山海经》的《东山经》中的描述仿佛同北美洲、中美洲和墨西哥湾地区有关。后来考古发现，在密西西比河下游发现的上古时代的圆形土墩和石斧，竟和我国张家口附近的土墩和石斧相似。中国的殷商人崇拜虎神，秘鲁的查文文化也崇拜虎神；与查文文化有渊源关系的奥尔梅克文化也崇拜虎神，这难道只是偶然的巧合吗？

墨西哥许多出土文物也与中国古代文物有着惊人的一致性，如三脚陶瓷、玉石等。尤其是乐器颇具亚洲特色，其中 50% 似我国夏、商、周朝的古乐器。

以《山海经》为凭有些牵强附会，随着科学的发展和考古证据的增多，谁先到达美洲大陆必将得出一个公允的答案。但有一点可以肯定，那就是从远古开始，无论出于什么原因，我们的先人就已开始航海，从未停止过探索开辟通向世界的航路。

殷人东渡拉美是美丽的神话，还是迷人的传说？

历史是一位历尽沧桑的老人。今天，他能告诉我们的只是西方《圣经》上的出走，蒙古人的远征。如果殷人真的东渡，面对的是朝鲜半岛与日本诸岛之间一衣带水，所谓神风飙起，忽必烈的威武雄狮两度覆灭，而太平洋如许之阔，如许之深，在亘古年代，兵荒之时，竟而为殷人穿越如斯。

在苍茫的大海上，狂风卷集着乌云，在乌云与大海之间，片片孤舟，向无尽的远方航行。多么原始的抗争，多么壮丽的画卷。人类对海洋的征服，一至如斯。

谁也不能断言否认，在漫长的历史岁月中美洲与亚洲曾存在过大规模的交流。殷人远渡拉美绝非捕风捉影，但也绝非石破天惊。历史老人常叹服于大海的茫茫无际，更叹服强者航海远征的乐此不疲。

海洋作为中华文明的外层和边缘，她对华夏文明的传播作用和对世界的影响作用一直为人所忽视。

中国人从 5000 年前就开始涉水求生，跨海求福，历朝历代，从未间断。今天我们回顾这些并不是要收拾一些历史故事来充塞夜郎自大的头脑，只要理性地审视历史，我们会在惊叹与崇敬的心境里再次为中国航海事业和中华文明的勃然奋起而充满信心。

历史这样告诉后人，在世界航海的殿堂里，中国领先了 15 个世纪。到了近代，中国却被海洋抛弃了。这是为什么？

世上的事情大多如此，衰败必有其因，辉煌的背后也有隐情。

我国航海业衰败与辉煌的历程有着深刻的历史原因。历史研究犹如拼合一面破碎的镜子，只要找到纹理，就能复原出镜子的原本样子。犹如在时光的倒流中解疑，回到历史的场景中去，一定会明白想知道的所以然，决不会"泪眼问花花不语"。

历史留给我们的是这样的结论：秦汉两代海事活动频繁，但这些活动并未带来海上贸易的繁荣景象，海上文明也就不具有商业色彩。

无冥冥之志者，无赫赫之功。

唐代鉴真和尚 11 年 6 次东渡日本，是何等的刚毅和伟岸。然而，鉴真东渡不是探险，不是旅行，更不是从商，目的只是普度众生式地为了别人而为的壮举。

世界上的每一种动物都有一个"专属生存圈"，这是因为雄性为了生存与繁衍要寻猎存在的空间与物质，同时雄性还有一个争夺配偶的大问题。

明代封建王朝的"惧外"倾向和对"专属生存圈"的经略达于极致，朝廷立制："片板不许下海。"所以罢市舶，申海禁，"朕以海道可通外邦，故尝禁其往来"。对于明代，从大国的角度来说，它已失去了分泌"雄性荷尔蒙"的功能，其虚弱的机能把"海禁"毫无遮掩地写进了历史。

大清朝自恃雄居天下，却患上了"海洋恐惧症"。由于身体机能的先天不足，后天诱活了潜在的病灶因子。从 1656 年至 1679 年的 23 年间，清朝强制两次海禁三次迁海，造成北起山东半岛，南至珠江三角洲的广大沿海地区"数千里沃壤捐作蓬蒿""滨海数千里，无复人烟"的历史大悲剧。

郑和航海只向世界证明了中国这样的一句话："非不能也，吾不为也。"

历史没有假设，只有反思。达·迦马之后，有了无数的达·迦马走进了海洋；哥伦布之后，有了无数的哥伦布踏上了远洋的航线。可为什么唯独在郑和之后，中国没有第二个郑和？

答案是显而易明的，中国人可以征服海洋而没有去征服，可以向海洋索取而没有去索取，可以走向海洋而没有迈开巨人的步伐。因为根源在于中国人始终站在黄天之下，厚土之上，发达的大陆文明挤掉了海洋文明的发展空间。正是这内在的原因，把历史上所有与海洋有关的"奇思妙想"都扼杀在了萌芽阶段。加之历朝历代的"王法"压制，使它难以萌芽，继而成长参天。

今天，我们翻阅世界文明史卷，可以得出这样的真理：任何人都不能阻止人类社会向前迈进的脚步。

按照已知的历史来推算，人类在地球上的出现已有300万年了，而人类真正利用海洋形成航运产业只不过200多年。海洋上的航路是征服海洋者探索出来的。据史料记载，在古罗马时期就有上万艘船只沉没于海底，就是在史后近300年的航海史上，平均每30个小时就会有一艘航船被大海所吞没。为了征服海洋，人类付出了巨大的代价，但海洋上仍然燃烧着一盏不灭的"神灯"，照耀着人类走向更辉煌的未来。

第二节　海洋资源开发

在当今全球粮食、资源、能源供应紧张与人口迅速增长矛盾日益突出的情况下，开发利用海洋中丰富的资源，已是历史发展的必然趋势。目前，人类开发利用的海洋资源，主要有海洋化学资源、海洋生物资源、海底矿产资源和海洋能源4类。海水可以直接作为工业冷却水源，也是取之不尽的淡化水源。发展海水淡化技术，向海洋要淡水，是解决世界淡水不足问题的重要途径之一。

海水中已发现的化学元素有80多种。目前，海洋化学资源开发达到工业规模的有食盐、镁、溴、淡水等。随着科学技术的发展，丰富的海洋化学资源，将广泛地造福于人类。

海洋中有近25万种生物，其中动物约20万种，包括约两万多种鱼类。海洋中由鱼、虾、贝、藻等组成的海洋生物资源，除了直接捕捞供食用和药用外，通过养殖、增殖等途径还可实现可持续利用。

在大陆架海底，埋藏着丰富的石油、天然气及煤、硫、磷等矿产资源。在近岸带的滨海砂矿中，富集着砂、贝壳等建筑材料和金属矿产。在多数海盆中，广泛分布着深海锰结核，它们是未来可利用的潜力最大的金属矿产资源之一。

海水运动中蕴藏着巨大的能量，它们属于可再生能源，而且没有污染。

海洋渔业资源主要集中在沿海大陆架海域，也就是从海岸延伸到水下大约200米深的大陆海底部分。这里阳光集中，生物光合作用强，入海河流带来丰富的营养盐类，因而浮游生物繁盛。尽管大陆架水域只占海洋总面积的7.5%，渔获量却占世界海洋总渔获量的90%以上。

我国是一个陆海兼具的国家，海岸线长达3.2万千米，居世界第4。按照国际法和《联合国海洋法公约》的有关规定，我国主张的管辖海域面积可达300万平方千米，接近陆地领土面积的三分之一。其中与领土有同等法律地位的领海面积为38万平方千米。大陆架面积居世界第5位。我国拥有丰富的海洋资源，油气资源沉积盆地约70万平方千米，石油资源量估计为240亿吨左右，天然气资源量估计为14万亿立方米。

我国管辖海域内有海洋渔场280万平方千米，20米以内浅海面积2.4亿亩，海水可养殖面积260万公顷，浅海滩涂可养殖面积242万公顷。

养殖区监测

　　这是少有人关心的数据，我国人均海洋国土面积 0.0027 平方千米，相当于世界人均海洋国土面积的十分之一，海陆面积比值为 0.32：1，在世界沿海国家中列第 108 位。就是在这有限的海域中，我国海洋生物资源丰富，品种繁多，共有海洋生物 20278 种，占世界海洋生物物种总数的十分之一。其中具有捕捞价值的海洋动物有 2500 余种，包括头足类 84 种、对虾类 90 种、蟹类 685 种，共有渔场 70 余个；可入药的海洋生物 700 种。迄今为止，在我国海域共发现具有商业开采价值的海上油气田 38 个，获得石油储量约 9 亿吨，天然气储量 2500 多亿立方米。海滨砂矿 13 种，累计探明储量 15.27 亿吨。我国沿岸潮汐能可开发资源约为 2179.31 万千瓦，年发电量约为 624.36 亿千瓦时；温差能总装机容量 13.28 亿万千瓦；波浪能资源理论平均功率为 6285.22 万千瓦；潮流能 1394.85 万千瓦；盐差能 1.25 亿千瓦。我国海盐产量约占世界海盐产量的 30%，居世界首位，这些都是发展我国海洋经济最为重要的基础。

　　现代海洋经济包括为开发海洋资源和依赖海洋空间而进行的生产活动，以及直接或间接为开发海洋资源及空间的相关服务性产业活动，这样一些产业活动而形成的经济集合均被视为现代海洋经济范畴。

　　20 世纪 90 年代以来，我国海洋经济以两位数的年增长率快速发展。主要表现为：活动范围多方向扩展，经济总量迅速增加，增长速度快于全国国民经济增长及一直处于领跑地位的沿海发达地区经济的增长，海洋产业发展速度快于行业整体产业的发展。这样的趋势和特点是带有普遍性的，同期，世界海洋经济发展步入了世界经济发展的快车道：在众多沿海国家和地区，海洋经济成为区域经济发展的新增长点。

我国海洋开发历史悠久，2006 年主要海洋产业总产值为 18408 亿元，海洋经济在国民经济中的地位日渐提高。海洋产业增加值占全国 GDP 的比重上升很快，2006 年海洋产业增加值为 8286 亿元，相当于全国 GDP 的 4%，海洋产业对国民经济的贡献越来越大。

第三节　海洋渔业

渔盐之利自古便是海洋给予人类的恩赐，海洋动物为人类的生存繁衍提供了充足的蛋白质。我国的海洋渔业有着十分悠久的历史。随着社会的进步，我国的海洋渔业生产有了长足的发展，1992 年以来，我国海洋渔获量一直居世界首位，当年海洋渔获量 934 万吨，其中海水养殖产量 242 万吨；2005 年海洋渔获量已达 2838 万吨，其中海水养殖产量 1385 万吨，海洋渔获量提高了 3 倍，海水养殖产量提高了 5.7 倍；海水养殖产量占全国海洋渔获量的比重已从 26% 上升到 49%。2005 年海洋渔业总产值达 3258 亿元，是 1992 年海洋渔业总产值的 7 倍。

当我们向大海索取渔业利益时，是否想过海洋渔业资源并不是取之不尽，用之不竭的，其实过度捕捞将是一种罪恶。如下，是真实地发生在 20 世纪 80 年代末沿海的一种普遍现象，被称为绝户网的罪恶。

"舟楫之便，渔盐之利"，是先民们留给我们的传统生产方式。而后人真的要把这一原始的传统光大得淋漓尽致吗？

渔网，自古便是是渔民赖以谋生的主要生产工具。从人类发明它的那天起，渔网便承担起永无休止的繁重劳动，并随着人类的进步而改变着。据了解，我国不同海域有不同的网具，因而也就有不同的名称。在渤海，人们可以见识诸多北方海域捕捞的渔网。这些网具大多因其作业方式或功能的不同而得名。如拖网、流网、架子网、坛网、墙桩网、挂子网、针良网、对虾网、小鱼网、扒拉网等。

通过仔细观察可以发现，这诸多的渔网无论编织方法怎样千变万化，有一点却是相同的，即核心都是由许许多多的网线结成的扣，这种扣称为网眼。正是这一发现，使得一名记者有了如下的采访记录。

他姓鲍，是一位生在辽东湾，长在辽东湾，在辽东湾捕了 20 多年鱼虾的渔民。

他介绍说：“我从 19 岁就出海打鱼，记得 20 世纪 60 年代初织渔网用的线是蚕丝和棉线混纺再用桐油浸泡织成的。架子网、墙桩网、坛子网的网眼最小，一般为两指宽。到了 20 世纪 70 年代，织渔网的线改成了聚氯乙烯材料，同样的渔网，最小的网眼变小了，不再是两指宽，而是如小拇指宽。进入 20 世纪 80 年代，渔网变成了尼龙线的，网眼又小了半小拇指。20 世纪 90 年代，这渔网更没法说。至于对虾网的网眼从前一般是接近两指宽，现今儿，只有不到一指宽。这样小的网眼在捕虾时连小鱼，小蟹也兜进来了。”

　　一位姓王的个体船长说：“这些年打鱼，网眼越来越小。最小的要算养虾池水闸门口的网了，小得你都想不到。每当春季给虾池放水时，养虾人为防止鱼卵、鱼仔进入虾池长大吃虾苗，就在进水闸门设置了袋形网，网眼小到啥程度？用当地人的话说 60 目。看实物才懂得，60 目的网眼比纱布的布眼还要小许多。养虾者就用这样的网把顺水进入虾池的鱼卵、鱼仔和小鱼、小蟹统统拦住，然后提出来一股脑倒在虾池堤坎上。可怜这些鱼子鱼孙们，刚刚出世不久就被暴尸于火辣辣的阳光之下，呜呼哀哉。”

　　乘船沿辽东半岛西岸北上辽河三角洲，所经之处随时可见一张张大网、小网密密匝匝地布满浅海沿岸。

　　网，这些飘忽在海面上的渔网，如今在渔民的眼里，网中是一沓沓“大团结”；在市民的眼里，网中是家庭餐桌上的美味佳肴。在海洋生物学家的眼里，网中是什么呢？

　　在盘锦市二界沟渔港，因大风而停泊在港内和沟汊里的渔船有几百艘。每艘船的甲板上都放着一堆墨绿色尼龙线织成的渔网。经询问，这些渔船大多是个体经营者的。一位渔政干部说：“水产品价格的放开，确实给渔民带来了实惠。钱，诱使更多的人弃田下海，现今打鱼的船多了，捕鱼的人多了，渔民手中的钱也多了。渔网的网眼却变小了，海里的鱼变少了。”这“三多一小一少”就是目前近海渔业生产现状的真实写照，又像是一个闭合的圆圈，在沿海地区进行着永无休止的循环。因而，海洋水产专家们担心，并不断发出警告：我国海域渔业资源在急剧减少！有的种类已濒临灭绝！

　　人＋船＋网＝鱼，这是一个最简单不过的等式。今天的现实却使这个等式受到了挑战。

　　人＋船＋网≠鱼，这是大海在人类贪婪的掠夺下形成的奇特的不等式。

　　在一艘 80 马力的渔船旁，这位记者同一位年轻的渔民聊起了天。

　　记者问：“今年啥岁数？”“23 岁。”“打了几年鱼了？”“6 年。”记者接着问：“现在海上的鱼虾比从前多还是少？”“当然少啦。”“为什么少了？”“咱说不大清楚。"记者又问道："你们船用的是啥样的网？""小鱼网。""这种网6年前网眼有多大？""一拇指宽。""现在呢？""现今是半个小拇指宽吧。"对话是机械的。"这样小的网眼不是把什么样的鱼虾都捞上来了吗？""没办法，为了挣钱。咱不管它鱼爷爷、鱼儿子、鱼孙子，只要是鱼，只要能卖出钱来就行。"停了一会儿他又说："我们把这小鱼网叫孙子网。"

回答令人吃惊。6年，只有6年的时间，同样的网具，网眼竟然小得只有原来的五分之一！

他指着落在甲板上的小虾说："这种红虾本可以长到5~6厘米大小，但为了抢市场，只有2~3厘米就开捕了。像这些不大值钱的小虾早捕晚捕根本没人管。"说着，他从小鱼网的下面抽出一挂白色尼龙网说："你瞧，这网更绝，咱叫它'绝户网'，网眼比你们城里人的蚊帐还要密实呢。"

这哪里是网，在它面前每一只鱼虾都难逃厄运。望着这"绝户网"，不由得令人心里酸酸的。

渔网的证词告诉了我们什么？这是10多年前的对话。10多年过去了，尽管政府采取了休渔期，但渔业生产的过度捕捞仍然为患。

这不是故事，而是一位记者20世纪90年代亲身经历的一幕。此类事情在渤海、黄海、东海和南海几乎随处可见。时至今日，面对渤海的过度捕捞，我们该说什么呢？捕捞兮、捕捞兮……

第四节　海洋交通运输

舟楫之便不仅自古为人类提供了远行的条件，更在于启迪了智慧，开创了世界的新纪元。船舶和港口是海洋交通运输的重要标志，我国沿海港口吞吐量已连续3年居世界首位。据交通运输部公布，2016年我国规模以上港口货物吞吐量为118.30亿吨，是对外贸易运输最为重要和无可替代的通道。舟船与人类走过了同样的发展之路，从独木舟到风帆船，从大桡船到机动船，又从机动船到远洋轮一路走来，而成为海洋的骄子。

说到海上航运，就不能不说港口，因为港口是航船从此地到彼地的目的地和岸基保障地。早在公元前2000多年，腓尼基人就在地中海东岸兴建了西顿港和提尔港。中国在汉代建立了广州港，唐代建有宁波港和扬州港。随着经济的发展，水运发达的各国均建有大量港口。世界上年吞吐量超过1亿吨以上的大型港口有 10 余座，而从事国际贸易的港口有 2000 多座。

最原始的港口是天然港口，有天然掩护的海湾、水湾、河口等场所供船舶停泊。随着商业和航运业的发展，天然港口已不能满足经济发展的需要，需兴建具有码头、防波堤和装卸机具设备的人工港口，这是港口工程建设的开端。19世纪初出现了以蒸汽机为动力的船舶，于是船舶的吨位、尺度和吃水日益增大。为建造人工深水港池和进港航道需要采用挖泥机具以后，现代港口工程建设才发展起来。陆上交通尤其是铁路运输将大量货物运抵和运离港口，大大促进了港口建设的发展。

港口是供船舶进出、靠泊作业和旅客与货物集散的水域和陆域设施。港口营运最主要的指标是港口年吞吐量。根据港口的具体条件所测定的最大吞吐量是一个港口的通过能力。

人们以港口所在的位置将其分为河港、海港和河口港。河港建在内陆水域中，包括江、河、湖和水库等岸线处，主要为内河运输服务；而海港建在海岸线上，是为海上运输服务；河口港则建在江、河入海口的江河岸线上，主要为内河和海上运输服务。

港口按用途可分为商港、军港、渔港和工业港等。商港是为客货运输服务的港口，军港用于舰艇等军用船舶停靠，渔港用于捕捞作业与生产用的船舶停靠，工业港是厂矿企业的专用港口。按货物进口是否需要报关分为报关港与自由港。报关港要求进口的外国货和外国人需向海关办理报关手续；在自由港来港卸货物和货物在港内储存与加工则无需经过海关，也不交税。汉堡港、香港港和新加坡港均属于自由港。

港口水域包括船舶进出港航道、港池和港口锚地。进港航道是自海、河主航道通向港口码头的航道。要求进港航道的尺度适应进港船舶的尺度，以保证航行安全，航道中线应与水流的方向尽量一致或接近，以便船舶进出港口和减少泥沙淤积。港池水域要满足船舶安全停靠和装卸或水上过驳作业以及船舶掉头的需要。港池的面积和水深要满足泊位布置的要求。港口锚地分为港内锚地和港外锚地，锚地要满足船舶安全停泊、利于边防及海关检查与检疫、等候码头泊位、进行过驳作业和船舶编解队作业用。

我国海岸线漫长，有很好的港口建设条件。我国的海岸线上分布着众多海港，包括上海港、京唐港、秦皇岛港、连云港、黄骅港、广州港、北仑港、青岛港和珠海港等。

在陆地、海洋、空中三大交通体系中，海上交通向来是国际贸易的主要通道。"海权论"的创始人马汉曾提出："战略线中最重要的是涉及交通运输的那些线，交通支配战争。"因此，海上通道交通线作为海上交通的咽喉，历来是世界强国争夺海上权益的重要内容，受到世界各国的高度重视。

据统计，世界上共有海上大小通道1000多个（主要指海峡），其中，适于航行的重要通道有130多个，它们是海上交通线上的咽喉，具有非常重要的经济和军事价值。

冷战结束后，世界各国的海军日益壮大，美国实施"全面制海"战略已经十分困难。于是，自20世纪80年代开始，美军寻求"海上控制"，以图确保战时能封锁他国海上航运和海军力量，维护美军的航道，进而挤压、威胁敌国。美国海军从1992年开始到目前仍在实施的"由海向陆"战略，把全球海上重要航道划分为相互连接、相互支援的8个区域性由北至南海峡群。在这8大海峡群中，又有16个最为重要的航道咽喉点。美军的意图是，战时通过这16条海上要道，赢得对各大洋的控制权。

在全球16条海上咽喉要道中，大西洋有7条，地中海有两条，印度洋有两条，太平洋有5条。太平洋中3条在东南亚，1条在东北亚，1条在太平洋东北海域，分别是马六甲海峡、巽他海峡、望加锡海峡、朝鲜海峡和太平洋上通过阿拉斯加湾的北航线。

马六甲海峡是沟通太平洋与印度洋的重要航道。通航历史有2000多年，是环球航线的重要环节，每天平均通过的船有200多艘，每年通过8万多艘，成为仅次于多佛尔海峡和英吉利海峡的世界最繁忙海峡之一。

马六甲海峡是连接中国南海和印度洋的一条狭长水道，为太平洋和印度洋之间的重要通道，它西宽东窄，多岛礁、浅滩，战时极易被封锁。海峡的东南出口处就是新加坡，可直接控制该海峡。

巽他海峡位于印度尼西亚苏门答腊岛和爪哇岛之间，平均水深远超过马六甲海峡，适于大型舰船、潜艇通过。目前，美军对巽他海峡的使用日益增多，第七舰队将它作为往来太平洋和印度洋的重要航道。

望加锡海峡位于印度尼西亚加里曼丹岛和苏拉威西岛之间，是西太平洋和印度洋之间的重要战略要道，平均水深达900多米，是美国核潜艇往来的常用航路。

北大西洋航线、亚欧航线、好望角航线和北太平洋航线是世界上比较繁忙的航线，其中北大西洋航线是世界上最繁忙的航线，被称为西方国家的"海上生命线"。

在中国沿海有日本、朝鲜半岛、对马海峡、琉球群岛、台湾岛、台湾海峡、巴士海峡、巴林塘海峡、北部湾等与中国安全紧密相关的战略要冲。

　　台湾海峡是纵贯我国东南沿海的海上交通要道，素有中国"海上走廊"之称，是保卫我国东南沿海安全的战略要冲。

　　琉球群岛是日本西南部岛屿，位于日本九州与中国台湾省之间，呈西南走向。蜿蜒 1000 千米，将东海与太平洋隔开，构成中国东海南部的重要屏障。

　　对马海峡位于日本对马岛和壹岐岛之间，长 222 千米，可控制朝鲜海峡和通向中国东海。

　　巴士海峡位于台湾与菲律宾吕宋岛之间，自北向南为：巴士海峡、巴林塘海峡和巴布延海峡。其中，巴士海峡最为重要，故 3 个海峡统称为巴士海峡。巴士海峡是沟通中国南海与太平洋的重要通道。

　　此外，我国大量战略物资多依赖海上运输，台湾海峡、中国南海、马六甲海峡、印度洋、阿拉伯海是我国的海上生命线。目前我国经过马六甲海峡运送的石油数量约占我国石油进口总量的 70% 以上，每天通过马六甲海峡的船只近 60% 为中国船籍。

　　无疑，中国的远洋货轮要航行世界，但为此曾付出了沉重的代价。

　　20 世纪 60 年代以来，由于世界人口的增加和无节制的发展，能源出现危机，许多国家开始将目光转向海洋，并逐步扩大对海洋资源的开发利用。1960 年，法国总统戴高乐首先提出向海洋进军的口号。1961 年，美国总统肯尼迪向国会提出"美国必须开发海洋"，要"开辟一个支持海洋学的新纪元"。而苏联、日本、英国等国家也纷纷加大了海洋开发的力度。

　　20 世纪 60 年代初是新中国经济最困难的时期。而就在此时，一件意外发生的事件使得中国海洋形势发生了逆转。

　　1963 年 5 月 1 日清晨，中央人民广播电台播报了新中国第一艘万吨远洋货轮"跃进号"，于 4 月 30 日下午从青岛起程，首航日本的门司和名古屋，开辟中日航线的新闻。

　　"跃进号"货轮全长 169.9 米，载重量 15930 吨，能在封冻区破冰航行，并能在中途不补充燃料的情况下，直达世界上任何一个主要港口。当时的中国还没有正式建立远洋运输公司，中日之间也尚未建立外交关系，商业往来主要为民间贸易，"跃进号"担负着开辟中日航线的重任。此时此刻，"跃进号"的首次远航，对正处于重重封锁中艰苦奋斗的中国人民，无疑是一个巨大的激励！

　　鉴于当时中美、中苏、中日、中韩之间复杂而微妙的国际关系和台湾国民党军事力量在海上频繁活动的形势，有关部门对该轮的首航十分重视，专门请了海军有关机构事先秘密地制定了航线，而船员的选择慎之又慎，船长与大副更是经过了层层政审。

5月1日下午1点55分，"跃进号"到达韩国济州岛以南80海里左右的苏岩礁海域，突然"跃进号"发出"我轮受击，损伤严重"的电文，随即联系中断，"跃进号"在海面上彻底消失了。

第二天，这条新闻成了世界各主要报纸的头版头条。

击沉，还是自沉？被日本渔民搭救的船员们陆续回国，这些亲历者认定"跃进号"是被鱼雷击沉的，大副甚至还看到有3个美国兵在潜艇上哈哈大笑。但接下来，美国发表了声明，说美国潜艇没有对中国货轮发动过攻击；蒋介石集团在台湾也发表了声明；韩国、苏联都声称与"跃进号"沉没无关。这背后究竟有什么隐情呢？

1963年5月18日9时，在东海舰队司令员陶勇、政委刘浩天的率领下，由30艘舰艇组成的海上编队驶离上海吴淞口码头，这是人民海军首次大规模远赴公海执行任务。为保证万无一失，海军参谋长张学思和副参谋长傅继泽也亲临指挥舰"成都号"一起出海。大海似乎在有意隐藏秘密。5月19日8时，编队在浓雾中到达预定海域。

在调查作业编队进入作业海区后，美国第七舰队、苏联太平洋舰队几乎也同时到达。美国军用飞机几乎天天飞临人民海军编队上空，有时一天几次，我们的战士连敌飞行员面貌和肤色都看得很清楚，水兵们十分气愤。

5月29日，潜水员潜到海底终于找到了"跃进号"，共摸到破洞3处，凹陷5处，破口都呈长条状。船体3段合拢处的3条大焊缝完好无损，证明该船没有建造方面的质量问题。随后，对沉船海域的苏岩礁进行了4天10人次探摸。终于在西南角处发现一块长约3.5米，宽不到1米的平而坚硬的岩礁有遭受激烈碰撞的痕迹，潜水员还找到了粘有红色漆皮的礁石。现场调查结果表明，"跃进号"驶入公海后，风平浪静。然而，在看似平静的航道中，蛰伏着预想不到的凶险。

在预定的海图上明确标注着：距苏岩礁15海里转向。但是在风和海流的影响下，"跃进号"已经慢慢地偏离了预定航线，而船长和大副都未能准确判断出自己的船位。当大家以为仍在苏岩礁15海里之外时，这块水下礁岩实际上已经在船底之下。在被苏岩礁致命一击后，船慢慢倾斜、下沉，"跃进号"拖了长长的两千米，用了两个多小时的时间才最终沉入海底。

6月2日，海军编队撤离作业区，新华社同时发出了电稿：经过周密调查，已经证实"跃进号"是因触礁而沉没。一触即发的危机消解于无形。

征服海洋是近代志士仁人的一个心结，但英雄主义的浪漫并不能取代科学的理性。当时，中国甚至没有一张准确的国际海图。在"跃进号"携带的航海图上，苏岩礁只是一个概位虚线，没有明确的水深。

50多年前的这一事件，今天看来也许是一个笑话，然而在当时是不可否认的事实。"跃进号"沉没后，引起许多人的深刻思考：中国作为一个临海大国，对自己国家近海的潮汐、波浪、海流、水温和水深等基本水文资料的占有量还不如外国人掌握的多，那么对远海大洋水文资料的缺乏就更不足为奇了。

第五节 海洋盐业与化工

海洋占地球表面的71％，其硕大的水体和广阔的空间对地球的生命和环境起着巨大的支撑与调节作用。海水中溶存的化学矿物资源总量十分巨大。其中，海水中钾的总储量达550万亿吨，是世界陆地总资源量（1480亿吨）的5000倍；锂的储量2400亿吨，为陆地总储量（1700万吨）的1.5万倍；铀的储量4.5万亿吨，为陆地总储量（40亿吨）的1000倍；而全球的溴资源几乎全部储存在海水中。由此可见，海水为人类社会的可持续发展提供了巨大而丰富的潜在矿物资源，并且属于可再生、持续开发的资源。

目前，已经实现了直接从海水中提取氯化钠、溴素和氧化镁，并实现了工业化，而直接从海水中提取钾、铀、锂等正在向产业化阶段积极迈进。而我国目前的海水利用缺乏联合，产业规模也太小。海水利用及技术装备生产缺乏相对集中和联合，因而技术攻关能力弱，低水平重复引进、研制多，科研与生产脱节现象严重。这是影响海水利用技术产业发展，特别是影响海水综合利用发展的一个突出问题。

我国的盐业生产历史悠久，盐业生产也是传统海洋产业之一。盐不仅是人体所必需的一种元素，同时也是化工业不可或缺的生产原料。2005年，我国海盐产量为2829万吨，连续多年居世界首位；海盐和海洋化工业总产值433亿元。

海水中溶有的化学资源中，氯化钠的含量最高，约占70％。海盐除可制备食用盐外，更主要的是作为氯碱工业的基本原料，生产盐酸、烧碱、纯碱、金属钠、氯气、漂白粉、氯酸盐、过氯酸盐及氯代烃等基本化工原料。海盐是利用海水或地下卤水蒸发结晶制取的，其过程包括纳潮、制卤、结晶、采盐和储运等。我国海盐分南方和北方两个产区，北方海盐产区位于长江以北的辽宁、河北、天津、山东、江苏等省的淤泥质平原海岸，在春季和秋季晒盐；南方海盐产区包括浙江、福建、广东、广西、海南和台湾等省区，一般利用连晴日晒盐，全年生产。多年来，我国的海盐年产量一直居世界第一位。

我国海盐生产采用的是盐田日晒法制盐。盐田法历史悠久，而且也是最简便和经济有效的方法。即利用涨潮或者风车和泵抽取海水到池内，随着风吹日晒，水分不断蒸发，海水中的盐浓度越来越高，最后让浓海水进入结晶池，继续蒸发，直至析出晶体。这种制盐方法有着其自身的优点，但也有比较大的缺陷。由于很多盐田是新中国成立之前留下来的老滩田，盐田开发时间已经比较长，设备老化，单产下降，技术更新未能跟得上时代的步伐，抗灾能力低，总产量不稳定。更严重的是此方法占据了大片的沿海土地，所以现在逐步改进方法。

电渗析法是随着海水淡化工业发展而产生的一种新的制盐方法，它通过选择性离子交换膜电渗析浓缩制卤。与盐田法相比，电渗析法节省了大量的土地，而且不受季节影响，投资少，节省人力。日本是目前世界上唯一用电渗析法完全取代盐田法制盐的国家，而我国目前西南地区也有部分采用此方法制盐。

海洋面积占地球总表面积的 70.8%，海洋的平均深度约 3800 米。海水中已发现含有 80 多种化学元素，形成多种溶解盐，总含盐量 3.5% 左右。其中氯化钠的含量为 2.7% 左右，是重要的制盐原料。

溴是医药、化工、农业和国防工业等方面的重要原料，近年来合成阻燃剂、高效灭火剂、石油井上作业添加剂等的生产对溴的需求量日益增大。溴是一种典型的海洋元素，地球上 99% 的溴存在于海水中，其在海水中的浓度是 65mg/kg，属于丰度较大的微量元素，所以海水提溴有广阔的前景。

钾是植物生长发育必需的元素，对于农作物而言，增施钾肥能增强其抗旱、抗寒、抗倒伏等能力。钾在工业方面可用于制造硬度高、不易受化学药品腐蚀的钾玻璃，药用洗涤剂和消毒剂，汽车和飞机的清洁剂，明矾等。钾在海水中的平均含量约 399mg/kg，总储量约 550 万亿吨。多年来世界上钾盐主要来源于古海洋遗留下的可溶性钾矿，即钾石盐、光卤石、无水钾镁钡、三水钾镁钡、软钾镁钡等，这些可溶性钾矿主要分布于加拿大、俄罗斯、德国和美国，其他国家主要依赖于进口。我国钾资源不足，多年来主要依靠盐田卤水生产少量钾盐和部分进口钾肥。

镁在工业方面具有重要的应用价值，镁铝合金质轻性坚，是航空、汽车制造业的重要原料，镁粉可用于生产镁光灯、照明弹，氧化镁是可耐 2000℃ 以上高温的碱性耐火材料，镁在农业方面可用于制造镁肥。镁在海水中的平均浓度为 1.29g/kg，总含量约 1800 万亿吨。美国、英国、日本等缺少白云石、菱镁矿等陆地镁矿的国家几乎全部依靠海水提镁。在所有的海水制镁或镁化合物的工业规模生产方法中，大多是向海水中加碱，使其形成沉淀。其化学反应式为：$CaO+MgO+H_2O+Mg^{2+} \rightarrow Mg(OH)_2+MgO+Ca^{2+}$。反应所需的氧化钙是煅烧石灰石或白云石获取的。

铀是重要的核燃料。铀裂变时放出巨大的能量，1千克铀所含的能量约为2500吨优质煤燃烧时所释放的能量。随着原子能工业的迅速发展，对铀的需求量与日俱增。然而，陆地上铀的储量总共不过100万吨，而海水中虽然铀的浓度不高，每千克海水中只有3.3微克，但整个海水中含45亿吨铀，所以世界上若干"贫铀国"如日本、德国等都开展了海水提铀的研究工作。

碘是食物中缺少的但人体必需的微量元素，也是工业、农业和医药保健业重要的原料物资，同时还是火箭燃料和高效农药制造、放射性探测和人工降水领域不可缺少的元素。在所有天然存在的卤族元素中，碘最稀缺，属恒量元素。

碘在海水中的含量达900亿吨，但海水中碘的平均含量仅为0.05μg/kg，海水提碘不易，因此发展海水提碘技术成为世界各国科技人员的攻关课题。目前，我国利用海带和马尾藻做原料制碘，这属于间接利用海水碘资源。

▌第六节　海洋油气开发

石油被称为工业的血液，我国的海洋油气生产起步于20世纪70年代中期。至2005年海洋原油产量已达3175万吨，是1994年的4.4倍；海洋天然气产量62.7亿立方米，是1994年的16.7倍；海洋油气业总产值866.9亿元，是1994年的12倍。

石油是社会与经济发展的"血脉"，沿着西方技术的方向发展必然会缺少石油，我国也不例外。李四光等中国地质科学的奠基人，没有听信西方的结论，有了老一辈革命家的胆识，有了几代石油人的奉献，让中国把贫油的帽子甩进了太平洋。

随着现代工业对石油和天然气资源的高度依赖，人们不仅在陆地上，也开始在近海寻找油气资源。世界上最早的海洋石油勘探要追溯到1887年。而在1911年，就有人在美国路易斯安那的喀多湖进行了石油勘探，1937年超级石油公司和纯石油公司联合在路易斯安那的卡梅伦海滩附近找到了原油。但是，对于这种完全看不到目标的海底石油勘探，所有人都毫无经验，只能凭推测，有时地质学家需要依靠直觉为打井工人指点正确的钻探方向，实属在海里碰运气。

1965年，美国埃克森石油公司在南加利福尼亚近岸海域打下了一口193米的深水井，开辟了海上钻探新领域。20世纪70年代，英国北海油气开发成为海上石油工业的一项重大成就。1974年以前，英国仅有几个陆地上的小油田，全国石油年产远远无法满足自己国内的需求。随着北海石油的开发，石油自给程度大幅度提高，到1981年已经自给有余。石油自给使英国经济卸掉了沉重的能源负担，北海海上石油勘探的成功就像当年发现了新大陆一样，以前没有任何公司在海上石油勘探中盈利，现在开采海上石油就像是在海底捞金子。

我国海洋石油勘探开发的艰苦历程起始于1957年，在海军和渔民的协助下，石油工作者潜水调查了莺歌海海滨村浅海油气田，取得了储油岩样和气样。1959年，我国第一支海上地震队在青岛组建，开始在渤海进行地震和重力、电磁测量。1960年，用驳船安装冲击钻，在海南莺歌海盐场水道口浅海钻了两口井，井深26米，首次获得重质原油150千克。1964年，在浮筒沉垫式简易平台上安装陆用钻机，在莺歌海岸边水深15米处钻了3口井，井深388米，获原油10千克。1966年，我国在渤海建成我国第一座钢质导管架桩基平台，并于1967年6月成功地钻探了第一口具有海上工业油流的油井，井深2441米，试油结果为日产原油35.2吨、天然气1941立方米。尽管它的成功预示着中国海洋石油即将进入工业发展的新阶段，可是当年没有想要大踏步向海洋石油进军的战略设想，面对我国相对落后的工业技术水平的现实情况，我们采取了实事求是的态度，既没有急于求成，也没有放弃努力。

1971年，我国在渤海发现"海四油田"，先后建立了两座平台，年高峰产油量8.69万吨，累积采油60.3万吨，这就是我国第一个海上油田。从1957年到1979年，我国走过了22年早期海上石油勘探开发的历程，共钻井127口，发现含油构造14个，探获石油储量1.3亿吨，建成原油年产能力17万吨，共累计采油96万吨。

我国海洋石油的对外合作开始于1979年，同年，就与13个国家的48家石油公司签订了8个地球物理勘探协议，从此全面铺开了我国海洋石油的勘探工作，世界先进技术的引入大大加快了海上的找油速度。1980年，就发现了一大批有利的局部构造，在珠江口盆地、莺-琼盆地、南黄海盆地及渤海发现了多个油气田。1987年，我国第一个对外合作油田——渤海埕北油田建成投产，年产原油40万吨。1999年，是我国海洋石油对外合作高速、高效发展的阶段，与前20年相比，已探明石油（天然气）的地质储量提高了16倍，原油年产能力提高了100倍，成绩斐然。

走向海洋，走向世界是要付出代价的，这是中国石油业走向海洋交出的一笔学费。

那是中国海洋石油的一场悲剧，《激荡中国海》一书的作者在书中记述了"渤海 2 号"沉没,在中国海洋石油进程中付出的代价。这要先从"渤海 1 号"的历险说起。

1976 年 12 月 24 日,"渤海 1 号"钻井平台经历的是一次死里逃生的航行。这一天,"渤海 1 号"结束打井,准备拖航回基地。在下降钻井平台过程中,支撑整个平台的 4 条桩腿刚拔离海底,海上突然刮起八九级大风,平台开始猛烈地摇晃起来。随后只听一声巨响,15 吨重的 4 号锚链绷断,沉重地砸落海底,平台顿时失去平衡。平台上的人赶忙割断 1 号锚链,以找回平台的平衡。接着又是一声巨响,3 号锚链也断了,只剩下 2 号锚链继续向东南方向"溜锚"。整个平台已经失去应有的控制,在狂风巨浪中猛烈摇晃,海水在甲板上横流,人都泡在冰凉的水中,厚厚的棉工服都冻成了坚硬的冰甲。到了夜里 10 点多钟,风浪越来越大,平台顺着狂风快速漂流,4 根高大的桩腿尚未来得及提升起来,随时都有触底(礁)的危险。钻井队长李纪扎指挥大家采取应急措施,并抢修好天线将险情报告基地。

不久,柴油机被海水浸湿,发电机停机使平台所有设备都停止了运转。随即又是一声震天动地的巨响,重达 250 吨的 1 号桩腿折了,平台发生严重倾斜,摩擦产生的电火花高达数米,像闪电一般射向四面八方,人们都下意识地抱头蹲下。此时,4 号桩腿在猛烈摇晃中 4 个插销脱落 3 个,剩下 1 个也卡住不到半英寸,此时平台"命悬一线"。在死亡威胁和黑暗恐怖中,大家手挽着手筑起一道人墙,高喊着"下定决心,不怕牺牲,排除万难,去争取胜利",企图阻挡海水涌入底舱。但海水还是将 1 吨多重的泵舱盖掀开,大量海水进入机舱和油舱,好不容易奋力盖上,立刻又被掀开。

紧跟着"渤海 1 号"的"滨海 208"拖轮,极力想要靠近平台这匹脱缰的野马,挂上缆进行拖带,但在落差高达近 10 多米的急剧起伏中,两船交错时很难挂得上拖缆,同时还担心两船相撞,造成更严重的后果。"滨海 208"船出身海军的船长决定冒险带缆,他亲自操舵小心翼翼靠近桀骜不驯的平台,折腾了很长时间,好不容易挂上一次,4 根缆绳一下子绷断了 3 根,事实证明人与海是无法拼体力的。随后,紧急赶到的两条远洋轮经过几个昼夜九死一生的拼搏,踉踉跄跄地连人带平台拖回到塘沽基地。人保全了,平台报废了。由此大家认识到,那时的国产钻井平台技术还非常粗糙,许多关键技术并未过关,仅抗风能力弱这一条,就险些给这支海上钻井队伍招来杀身之祸。因此,无论当时社会上怎样批"崇洋媚外",海洋石油人都积极赞成进口国外先进装备。在大海面前,任何高调都唱不成,没有高新技术和装备,不行就是不行。

然而,进口的钻井平台也会出事,而且出了惊天动地的大事。

那是 1979 年 11 月 25 日，也是渤海湾的冬天。由日本进口并由"富士号"更名为"渤海 2 号"的钻井平台，也是在完成钻井作业以后要拖航去新的井位，也是在降船时刮起 7 级至 8 级大风，而置于厄运。

"渤海 2 号"是花外汇从日本进口的，其抗风能力理应比国产的"渤海 1 号"强。在渤海湾，阵风乍起乍落是常有的事。所以，在现场的拖航领导小组决定让 8000 马力的"滨海 282"拖轮带上拖缆，继续实施拖航作业。

不料，风越刮越猛，到了晚间阵风达到 11 级。海浪随风起舞，有如排山倒海一般，整个大海都在沸腾。"渤海 2 号"在风浪中摇晃颠簸得厉害，一会儿向这边倾斜，一会儿向那边倾斜，凶猛的浪头一个接一个冲上甲板，扫荡着甲板上的一切。当时钻井平台上有 74 名工作人员，钻井队长在甲板上指挥抢险，人们都忙着加固甲板上的物件，并严防海水进入舱室内。但人之力无论如何也无法抵御海之力，几个巨浪扑上甲板，猛地将两只通风筒盖掀开，海水咆哮着从通风筒口涌入舱内。大家立刻抱来棉被堵漏，一床床棉被竟像一片片树叶被狂风巨浪吞没。霎时之间，底舱被灌进了大量海水，应急发电机被淹没，整个平台顿时漆黑一团。拖航指挥显然意识到了眼前的危险，见甲板迎着风浪，舱内进水太猛，做出拖轮调转航向的决定，企图让钻井平台高大的生活楼替甲板挡浪。不想事与愿违，就在扭身拐弯的过程中，"渤海 2 号"被狂风巨浪掀翻，沉入了海底。

"滨海 282"接到了"渤海 2 号"上发来的最后一道指令："解缆救人！"拖轮上响起急促的警铃声，所有船员都来到后甲板，原本巍然高耸的钻井平台倏地消失了，他们只能瞪大眼睛在黢黑的海面上搜救落水人员。船员好不容易见到漂过来一只救生筏，立刻甩出一个绳索，有位落水者将这根救命绳紧紧缠在胳膊上，将其拉上来以后，救生筏又被海浪冲走，眨眼之间再也找不到了。接着，发现船舷边有个落水者牢牢抱住了一个防碰垫，迅速将其救起。此后，直到天光大亮，在"渤海 2 号"翻沉的附近海域，再也没有找到一个生还者，包括出动海军舰船前来搜救，所捞起来的都是死难者的遗体。

该钻井平台上的 74 名海洋石油的早期勘探者，唯有两人幸存下来，一名姓王，一名姓阎。后来，《中国青年报》记者专门采访过两位幸存者，发表了一篇文章，标题将两人的姓氏串联起来——"阎王不找阎王"。这是一个比当时的海水还要冰冷的"黑色幽默"，即使现在提起，也会让老一辈的海洋石油人忍不住潸然泪下。

这次事故曾经轰动海内外。国家财产蒙受的重大损失，72 名朝夕相伴的弟兄突然被大海吞没，死难者家属在海边呼天抢地的哀哭，让每一个海洋石油人心里都在淌血。社会舆论的谴责一时铺天盖地，国务院主管石油工业的副总理和石油部长都被问责，海洋石油勘探局长等 4 名责任人被判承担刑事责任。

今天，当人们回过头来仔细判断，当时很多直接造成这次事故的重要情节都被忽略了，"渤海 2 号"翻沉的深层次原因没真正找准。最关键的，当时的批判也好，审判也罢，是以陆上的常规思维来推断海上发生的事情，并且是在沉船尚未打捞的情况下就匆匆下了结论。几位当事人，一想到 72 位死难弟兄就难过得不行了，不管法庭怎么判都没意见，也没深思发生这场灾难的真实原因究竟是什么。后来，"渤海 2 号"打捞上来，组织有关专家进行分析，并委托权威部门进行模拟试验，事实表明除了海况不良和拖轮转向等因素外，导致这次事故的一个重要原因是这座进口钻井平台自身存在致命的设计和建造缺陷。

据说，该平台在日本使用期间就曾出过事故，交易时被卖主刻意隐瞒了。有关权威部门通过模拟试验得出的结论，一语惊人："在渤海湾翻沉的是一个不合格的钻井平台。"其中直观就能发现的重大破绽，是整个底舱连一堵隔水墙都没有，以至两个通风筒盖被掀掉，整个底舱立刻变成了一个大水舱，致使浮力尽失。另据两位生还者介绍，当时整个平台上的人都抱着"人在船在"的决心，采取了一切能够采取的抢救措施，最终都葬送在日本制造厂家这个不可饶恕的"疏忽"里。

按理说，当时也应该理直气壮把日本人拽上被告席，依法索赔中国蒙受的惨重损失。可是在那个封闭的年代，我们既不懂得用国际标准衡量这件二手货是不是合格产品，也不懂得捍卫购买者应该享有的权益，索赔的意识还没建立起来，我们更不知道什么是商业间谍。这是我们为了急三火四地求发展，求富裕所要支付的学费。

据参与调查分析的一位技术人员说，还有一个被忽视的鲜为人知的细节。该平台在翻沉之前，曾经进行过一次大修，紧固甲板上通风筒盖的螺丝公与母的型号不匹配，以陆上的眼光和经验，重以吨计的通风筒盖紧不紧固不会有啥问题，而凶悍无比的海浪，恰恰就把没有紧固好的通风筒盖彻底掀开，这应了"蝼蚁之穴溃千里之堤"的古训。

还有一个让国务院副总理都感到后悔莫及的细节，他在国家酝酿对外开放海洋石油的时候，曾赴美国墨西哥湾考察钻井平台，看到美国钻井工人穿的密封防寒救生服，想到"渤海 2 号"死难的弟兄，一个个打捞上来时都蜷曲着裹在冰甲一般的棉工服里。他痛心地说："要是给每个出海人员都配上一件密封防寒救生服，落海的钻井工人也许有很多都能活下来。"

"渤海 2 号"早已沉没了，可依然会留下这样的疑问：我们是器不如人，还是制不如人？我们该学什么？我们不该学什么？

第七节 海洋工程

海洋工程是指以开发、利用、保护、恢复海洋资源为目的，并且工程主体位于海岸线向海一侧的新建、改建、扩建工程。

一般认为海洋工程的主要内容可分为资源开发技术与装备设施技术两大部分，具体包括：围填海、海上堤坝工程，人工岛、海上和海底物资储藏设施、跨海桥梁、海底隧道工程，海底管道、海底电（光）缆工程，海洋矿产资源勘探开发及其附属工程，海上潮汐电站、波浪电站、温差电站等海洋能源开发利用工程，大型海水养殖场、人工鱼礁工程，盐田、海水淡化等海水综合利用工程，海上娱乐及运动、景观开发工程，以及国家海洋主管部门会同国务院环境保护主管部门规定的其他海洋工程。

海洋工程可分为3类，即海岸工程、近海工程和深海工程。

在河北省唐海县南的渤海中有一沙洲岛——曹妃甸。

进入21世纪，随着国家重点工程，河北省零号工程曹妃甸港的崛起，大自然的杰作，渤海之中偌大的沙洲岛走上了新生。

如今，作为跨海桥梁工程，说起来令人赞叹，国内先后建有杭州湾跨海大桥、青岛胶州湾跨海大桥、港珠澳跨海大桥。但作为跨海公路，却少有提及。

在陆地连接曹妃甸之间的通海公路是我国目前最长的跨海公路。该路北起陆域的河北省唐山市林雀堡海挡，南至曹妃甸，全长18.5千米，一期设计顶宽19米，二期设计顶宽64米。

该路为通港路，采用袋装砂双棱体工艺，堤心吹填砂，护面斜坡堤结构形成。路基采用软体排护底，两侧为抛石护底、灌石块填脚；护坡为无防土工布和袋装碎石反滤层，干砌块石、栅栏板护面；顶部结构为筋砼防波墙；顶面为建筑细砂和泥结碎石简易路面，满足两车道公路及管线带布置的要求。

如果不亲身涉足沿海海岸深处，不置身于经济开发的热潮中，人们很难体会到在我国沿海地区继20世纪五六十年代和八九十年代之后，悄然兴起的新一轮圈海潮。围海养殖、填海造地、建厂房、建码头、搞旅游、搞房地产开发，中国海的沿岸，各种经济开发活动如火如荼。在各种经济开发活动中，海岸带地区已成为众人关注的热点、焦点，同时也成了难点。

自20世纪80年代开始，尽管在我国沿海有些岸段已经开始了相应的开发活动，但大多是以近岸养殖为主。许多岸段还能基本上保持较为完好的自然遗留，自然风景依稀可见。进入 21 世纪后，这些海岸段所发生的变化却是另一番景象。从"中国海监"飞机沿黄海北岸和渤海东岸巡视后的航拍照片看，沿岸时常会出现新的围填海场景，从局部上看很让人倍感振奋，一道道围海大提突起在滩涂或浅海，使自然岸线与海水连接处在短时间内被割断。见此情此景，让人联想起"为有牺牲多壮志，敢教日月换新天"的气魄。然而，瞬间的振奋过后，令人不免感到有另一种沉重的担忧。

当把一幅幅工程画面重新回放到原本曲折美丽的海岸线上鸟瞰，人们便会惊讶地看到，原始的海岸被或方、或长、或直、或斜的人为干预永远地扭曲了，原始的美景不复存在，蜿蜒绵长的自然海岸线被一个个生硬凹凸的海岸工程所改变，曲折的海岸上，地被挖了，山被炸了，岛被劈了，给人一种千疮百孔的凄凉感。对此，不免让人产生疑惑，如果新一轮围海潮照此继续下去，将会产生什么样的后果？如果重新测量中国的海岸线，其总长度还会是 32000 千米吗？

回首过去，在我国，曾经发生的圈海潮始于 20 世纪中期，那是一个战天斗地的年代，那时的围海造地大多为的是造地种粮食，解决口粮问题，解决生存问题。20 世纪 80 年代中、后期，随着我国海水养殖产业第二次浪潮的兴起，对虾养殖业在广大的沿海地区迅速发展热火朝天，随之围海造虾池风起云涌，导致许多自然海岸、滩涂、浅海的原始状态被人为地改变。而后来，因虾病暴发海虾养殖走向困境，大面积虾池废弃，而自然海岸、滩涂、浅海的原始状态并未能得以修复，这已成为一个严重的教训。

此后，我国沿海各地纷纷兴建港口，房地产不断升温，富裕了的人们在地产业虚拟不实的宣传诱导下，渴望临海而居。由于填海造地比陆上征地拆迁价格低廉，海洋沿岸又掀起了更大规模的拦海、填海、围海热潮。

早年的围海造地是为了吃饱，这是一个基本的生存基础，食为天。后来是为了吃好，这不是必要充分条件，有点奢侈的苗头。而今天，新的一轮围海潮又能告诉我们什么呢？

在新一轮围填海热潮中，沿海岸的各种新经济开发区成为主体，它远比前几轮围填海来势凶猛。相比之下，前者大多是以养殖用海为主，基本上没有更多地改变海岸的自然属性，尚有可能恢复原状。而今日围填海多是排他性的工程建设，就是说一旦围填海完成，此海域和岸线将永久地改变原有状态，这段海岸将永远地消失了，留下的只有历史记录。建设这些新经济开发区围填海面积之大，工程规模之大，是前所未有的。

目前，我国的围填海呈现出工业化初期的特征，是世界发达国家在长达百年的工业化进程中已经出现过的问题，而在我国现阶段也开始集中体现出来。到1990年，全国实际围填海面积为8241平方千米；而到了2008年，全国实际围填海面积则达到13380平方千米，平均每年新增围填海面积约285平方千米，显然，继续照这样的速度下去是不行的，我们不能重复发达国家走过的老路，那是一条行不通的死路。

盖州光辉村海岸侵蚀

与 20 世纪 80 年代相比，我国海洋生态环境问题在类型、规模、结构、性质等方面都发生了深刻的变化，环境、生态、灾害和资源四大生态环境问题并存，并且相互叠加、相互影响，呈现出发达国家传统的海洋生态环境问题特征。

围填海使曲折的岸线变直，海湾变成了陆地。海岸线变化导致海岸水动力系统变化剧烈，大大减弱了海洋的环境承载力。由于海洋自身能力降低，风暴潮、海侵、海冰等灾害加剧。海滩和沙坝消失，海浪对沿海地区的冲击进一步增大，使海水倒灌现象增加。与 20 世纪 50 年代相比，至 21 世纪初，我国累计丧失 57％的滨海湿地，有三分之二以上海岸遭受侵蚀，沙质海岸侵蚀岸线已逾 2500 千米，这些损失的海岸让海洋失去了波浪消能空间，加大了潮灾的隐患，河床淤积也会影响大河泄洪安全。

为此我们不禁要问：围填海的生态代价究竟有多大？

围填海工程往往采取取土、吹填、掩埋等方式，造成海域环境变化，底栖生物数量减少，群落结构改变，生物多样性降低。鱼类的产卵场和索饵场遭到破坏，渔业资源难以延续。

历史上，已经开展多年围填海工程的有荷兰、日本等国家，荷兰曾经是世界上围填海造地最成功的国家，有四分之一的国土面积都是填出来的。但是，在改变海岸线，扩张了国土面积，改善了局部环境的同时，因围填海带来的直接负面影响逐步显现，海水污染、物种减少等生态问题也随之而来。

日本的围填海造地也贯穿了其工业化发展的始终。20 世纪六七十年代，整个日本近海海域曾经历了严重的工业污染，重金属污染更是情况严重。20 世纪 90 年代以来，日本政府开始深刻地认识到了围填海造地所带来的一系列问题，即便是土地极度紧张，需求极为旺盛，政府平均每年也仅批准 5 平方千米的填海面积，这些措施尽管使围填海总规模逐年下降，但要恢复以前的自然状况已经非常困难了。

对于围填海给生态带来的危害，有科学的论证，有发达国家的先例，为什么被我们视为楷模的国外已经开始反思，甚至退耕还海，试图恢复自然原貌，我国围填海却愈演愈烈？

归根到底是因为局部商业利益在作怪，围填海成本低、见效快，迎合了开发商追求高额利润的欲望，也符合地方政府追求政绩的心理。为了比拼政绩，你围填海引进韩国造船公司，我就要造地招来日本造船企业。政绩是上去了，却导致临近区域重复上马相同产业，而产能过剩带来的损失最后都由国家去埋单，儿子作恶，长辈收摊。

围填海对生态环境的破坏具有滞后属性，这些已经被科学实践所证实了。

有时需要几年，有时需要十年，甚至数十年才会渐渐显现出来。而且，危害越大的，其潜伏期有越长的趋势，似乎上天在有意地惩罚这些行为，让你不能及早发现，可是一旦看到问题就无法补救了。尽管我们现有的评价机制看似科学严谨，可过于急功近利，我们做不到像扩建鹿特丹港那样，用十数年的时间去评价一个仅涉及 20 平方千米的围填海项目，有长达 6000 余页的生态环境影响评估报告，用五六年的时间，在邻近海域划出 250 平方千米的生态保护区，在邻近海岸带修整 750 公顷的休闲自然保护区，然后再开始港口扩建工程。

我们不能把这些都归罪于对利益的追求，尽管这是一个很主要的方面。应该看到，更应该感知出来，在追求发展的同时我们缺少了方略，在好大喜功、相互攀比、崇尚技术中我们失去了中华民族对大自然的敬畏之心，在索取之中失去了"有度"的传统理念，从而让我们走上了无序、无度、无章的恶性循环。

第八节　滨海旅游

海洋以它的神奇莫测使滨海旅游业具有极大的发展潜力，同时旅游业也是经济社会发展的必然产业。中国的旅游对游客来说有着这样的说法：上车睡觉，下车尿尿，急忙拍照，回家一问啥也不知道。而滨海旅游将会以其特有的新奇性、探索性、休闲性、知识性和舌尖美食性为传统性的陆域旅游注入新鲜的活力。我国滨海旅游业的发展已初见规模，2005 年收入已达 3942 亿元，同期国际旅游收入 1147 亿元，而 1994 年国际旅游收入只有 321 亿元。

今天，旅游业的发展方兴未艾，而滨海旅游也日益受到青睐。那么，滨海旅游除了风光、海水、海趣之外，人们是否更应该去寻觅那海潮折磨出来的故事呢？

这是闽南沿海的一个海岛——东山岛。

鱼生于水，水却煮了鱼，有谁会去思考这个中道理？

今天的很多人，神速提高的物质生活仍然无法满足其个人享乐的欲望，这欲望似海底火山喷发，即便是浩瀚沧海也扼制不住它随时可能的欲火中烧。

海底火山爆发将会导致海啸，这海啸并不是海潮，虽说也是海水潮涌，但并不是海洋奇观，带给世界的是灾难。海啸与海潮，是海洋对待世界的两种态度，同时也是对待人类的两种不同的态度。是否可以这样认为，海啸的惨烈和海潮的盈亏实质上是在倒逼人类反省自身对自然的任性，思考自身对海洋的虐待，忧虑地球未来的命运。如此，今天话说对待海洋的态度，这态度便是一种追求，一种选择。然而就是在这大是大非的选择中，在物欲满足或精神享受两者之间需要作出抉择时，人们陷入了茫然和困惑。

面对茫然和困惑，寻找沧海桑田故事的人想说，今天的走向海洋是多元化和多面性的，在多元与多面交织中的追求取决于人类对待海洋的态度，这便是广义的海洋精神。

有这样一则关于古城的故事。东山岛铜山古城，逝去的历史定格了这样的画面：明洪武二十年（公元 1387 年），铜山古城临海砌石，环山筑城，逶迤环绕，东西北三面临海自然天成。

古城修成后置守御千户所，600 多年来东山岛因古城而兴，岁月如雕刀游走，篆刻了古城的轮廓，条石青砖装饰了古街老巷的容颜，推开那大门即是翻阅一部乡情的历史，岛上民风民俗尽落在一座座院落的深处。

古城的故事无不让人感慨，铜山海岸飘耸的风动石和坐落在山上的关帝庙似乎在相互述说，古城的古朴虽然已镶嵌进了现代，但时光仍然牵着传统的手，沐浴海风的洗礼，历练海潮的折磨一路从原始走向了未来。

有这样一则关于一个中学的故事。在铜山古城大伯公山下，偎依着福建省二级达标中学——东山二中。东山二中已有 70 多年的历史，学校秉承"砺志、笃行、厚德、博才"的校训，如今已是桃李芬芳，誉满天下。

走进东山二中，一股强烈的海洋气息扑面而来。校内的"福建省青少年海洋生物标本馆"是原二中"海洋生物标本陈列室"，始于 1980 年，是东山二中师生根据东山岛海产资源丰富的特点，利用生物课、劳动课和课外活动进行海洋生物资源调查，生物标本采集和制作建立起来的。现存海洋生物标本达 1200 余种，基本反映了台湾海峡海洋生物资源的概况。

标本馆陈列海藻类植物有绿藻、褐藻、红藻三大类 62 种，无脊椎动物七大类 700 多种，软体动物有国家一级保护动物鹦鹉螺、国家二级保护动物唐冠螺、虎斑宝贝和遗体学上有研究价值的白化瓜螺。海洋脊椎动物有鱼类标本 400 种，有世界至今已知海龟中的棱皮龟、绿海龟、玳瑁龟、丽龟等 5 种，海蛇 3 种，小型鲸鱼 2 种和拟大须鲸骨骼标本，伪虎鲸骨骼及皮肤制作标本各 1 个。

一个中学的海洋生物标本馆种类如此之多，为全国中学之冠。这不由让人想起了一句老话：一方水土养一方人。

还有这样一则关于海岛工艺大师的故事。东山谢定水贝雕技能大师工作室，是以福建省工艺美术大师、省贝雕技能大师谢定水个人名字命名的艺坊。大师创作的艺术品工艺特异，妙用多种贝壳切片，以其自身所具有的大小镂空旋孔的结构、纹理、肌理和色泽，首创成立体造型的贝壳通花瓶、宝鼎等十几种工艺艺术品。这些作品镂空通透，通灵祥光，使审美感观极具神秘性和观赏性，开创一种新的贝雕工艺门类，实现了贝壳通花艺术质的飞跃与发展而成为我国贝雕史上一朵奇葩。

最后，是一位民间收藏老人的故事。东山岛滨海沙生植物园的创始人名叫林财平，他是一位没有多少文化的农者，却做了这件惊世骇俗之举。他几乎集一生之心血，倾囊中之所有，农者如今已成为万里海疆的一个收藏大亨。

这收藏足以惊憾所有有缘一见其收藏之物的人。自然毁灭导致沉睡海底千万甚至是亿万年的多种海洋动物枯骨，多又变成化石；史上前人讨海抛弃之器皿陪伴海底世界生物换代更迭，体表早已附满斑驳与沧桑；物种起源，生命进化，海洋生物蜕变与演进的久远中幸存物种的千姿百态演绎了生命的壮美……

他的收藏，一己之力可包罗神秘与神奇的海洋世界，种类之多，数量之大均无法让人放纵想象的空间。他的收藏不是陈列而是堆积，不是馆藏而是仓储，不是历史而是时空的浓缩，不是水球独尊而是沧海桑田的天下。这是与不是的变换交替，演绎的是海洋潮涨潮落折磨出来的许许多多的关于海的故事。

面对早已逝去了生命价值和被岁月抛弃海底石化了的动物枯骨，不由会让人想到物竞天择定律给出的另一种价值观，个体生命的毁灭并不是伤痛，而是物种另一个生命的新生。其实世间万物之生命都不过如此，对于时光来说个体生命的容颜只是岁月赏给自身青春的一顿午餐，当所有的光环与色彩统统褪去，也许新的价值才能开始计算。时间就是如此的无比奇妙，当一个生命生的价值失去了意义，而另一种价值才方始奠基，这也许就是文化的意义。

东山岛海底曾遍生各种珊瑚，这多姿多彩的珊瑚犹如沧海写给桑田的情书；一件件千年海底遗存，恰似海岛与古城交换的信物。这情书和信物佐证了东山岛历史演变与传承、传统与文化、民风民俗与人文精神延续，诠释了海岛社会文明发展与进步的注脚和符号的文化内涵与意义。

不被思考的历史，是不具有现实意义的。东山岛是美丽的，而更不可否认的是，不可或缺的本土文化对海岛文化和人文精神的传承产生了深远的影响。

东山岛黑珊瑚可谓集海岛文化之大成，本岛文史学者指出，历史上东山岛海域盛产海柳，宋代古墓出土的海柳艺术品证明东山岛利用海柳作为原料制作工艺艺术品的历史悠久，是我国名副其实的海柳之乡。海柳学名黑珊瑚，因其生成树枝状而枝条纤美，质地坚韧，形似柳树而得名海柳。海柳为海洋动物，属于腔肠动物类，为珊瑚科的一种。海柳浑身是宝，用途广泛，不仅具有药用价值，其奇特的形态，漂亮的色泽，细腻的木质感等特点，经本土艺人和工匠精雕细刻，同本土的珊瑚、贝壳加工一样可制作出精美玲珑的工艺和艺术珍品。可以这样说，海柳集东山岛秀丽纤美、朴实坚韧、丰富多彩、南国天香、似水流年而成为骄傲。

东山岛，不只是一个故事，更是一坛老酒，只要品尝到它浓度的醇厚，就足以穿越时空交下几世的朋友。

第九节　海洋经济发展规划

国家海权是旗帜，是灵魂。国家海洋经济与发展是保障，是基石。

2003年5月，国务院批准实施《全国海洋经济发展规划纲要》（以下简称《规划纲要》）。《规划纲要》是我国政府为促进海洋经济综合发展而制定的第一个具有宏观指导性的文件，对于我国加快海洋资源的开发利用，促进沿海地区经济合理布局和产业结构调整，努力促使海洋经济各产业形成国民经济新的增长点，进而保持国民经济持续健康快速发展、实现全面建设小康社会目标有着重要意义。

《规划纲要》作为我国第一个涉及海洋区域经济发展的宏观指导性文件，明确地提出了我国海洋经济发展的指导原则与发展目标、主要海洋产业发展方向及布局、发展各具特色的海洋经济区域、加强海洋资源与环境保护及需采取的措施等。《规划纲要》中涉及的海洋产业包括海洋渔业、海洋交通运输、海洋石油天然气、滨海旅游、船舶工业、海盐及海洋化工、海水利用和海洋生物医药等；《规划纲要》涉及区域为我国内水、领海、毗连区、专属经济区、大陆架及中国管辖其他海域，包括我国在国际海底区域矿区。《规划纲要》的规划期限至2010年。

《规划纲要》确定了我国海洋经济发展指导原则，提出了海洋经济发展的总体目标。确定了到2010年全国海洋经济增长目标。此外，《规划纲要》对于沿海地区海洋经济发展目标及海洋生态环境与资源保护目标作出了规划。提出要在理顺海洋管理体制、实施科技兴海、拓宽投融资渠道、保障可持续发展、扶持促进海岛建设等方面采取积极有效措施来加快海洋经济的发展。

海洋作为人类不断开发利用的新领域，在生物、能源、水、金属等资源供给和促进全球环境改善等方面发挥越来越重要的作用。目前，海洋资源开发与可持续利用已成为沿海国家特别是海洋大国的国家发展战略。

海洋经济的主要产业为海洋渔业、海洋交通运输业、海洋石油天然气业、滨海旅游业、沿海修造船业、海洋盐业、海洋滨海砂矿开采业、海洋医药业、海水利用业等。近20年来，海洋经济持续快速发展，对世界经济的贡献率达到4%以上，已成为具有重大战略意义的新兴经济领域。目前，许多国家都在积极发展海洋高技术，深化海洋资源利用，催化新兴海洋产业，推动海洋经济发展。一些发达国家的海洋产业已经超过 20 个，成为独具魅力的新的经济领域。

我国是世界上人口最多的沿海大国，要使经济社会长期繁荣发展，必然越来越多地依赖海洋。改革开放以来，我国海洋经济一直持续快速发展，已成为国民经济新的增长点。特别是"九五"以后，主要海洋产业增加值年均增长速度达到 16%，远高于同期全国国内生产总值的增长速度。海洋产业门类不断增多，产业规模迅速扩大，海洋产业成为包括 13 个门类的新兴海洋产业群。21 世纪，我国的海洋经济继续保持高于国内生产总值的增长速度。海洋经济结构和产业布局进一步优化，海洋支柱产业得到了显著发展。海洋科学技术的贡献率有较大幅度的提高。海洋生态环境质量也得到了明显改善，2011 年全国海洋生产总值 45570 亿元，比上年增长 10.4%。海洋生产总值占国内生产总值的 9.7%。其中，海洋产业增加值 26508 亿元，海洋相关产业增加值 19062 亿元。海洋第一产业增加值 2327 亿元，第二产业增加值 21835 亿元，第三产业增加值 21408 亿元，海洋第一、第二、第三产业增加值占海洋生产总值的比重分别为 5.1%、47.9% 和 47.0%。据测算，2011 年全国涉海就业人员 3420 万人，比上年增加 70 万人。

海洋科技突飞猛进，新的可开发利用的海洋资源不断被发现，海洋已成为巨量财富源泉，为解决困扰人类生存和可持续发展的资源与环境两大问题展现了新的曙光。一是以海底天然气水合物资源、海底多金属结核资源为代表的海洋资源储量巨大。二是海洋新药物资源家族庞大。三是提取和开发利用深海基因资源前景广阔。据估计，深海基因资源的市场潜力可达 30 亿美元 / 年。四是海水资源综合利用前景乐观。随着海水淡化成本的大幅下降，世界海水淡化市场一直以每年 10% 的速度扩大。20 世纪最后 10 年，多学科联动的海洋科学发展，使新的海洋资源不断被发现。由此，引发了世界范围的以全面开发利用海洋、保护海洋为基本特征的"海洋世纪"的到来。

我国的海洋经济发展还处于成长阶段。在世界范围内，我国算得上是海洋大国，但还远不是海洋经济强国。我国海岸线总长位居世界第四；海域面积与陆域面积之比小于 0.3，低于世界沿海国家的平均水平 0.96；海岸系数（单位陆地面积平均拥有的海岸线）0.00188，居世界第 94 位。我国海洋参数绝对值位居世界前 10 位的有：海岸线长度、大陆架面积、200 海里水域面积、海港分布密度。海洋资源绝对量在世界范围内排位较前，是优势资源，但是，海洋资源的人均量很低。此外，我国的海洋产业正处于成长期，产业结构正从以传统海洋产业为主向海洋高新技术产业逐步崛起与传统海洋产业改造相结合的状态发展。

21 世纪是人类挑战海洋的新世纪。2001 年，联合国正式文件中首次提出了

"21世纪是海洋世纪"。今后10年甚至50年内，国际海洋形势将发生较大的变化。海洋将成为国际竞争的主要领域，包括高新技术引导下的经济竞争。发达国家的目光将从外太空转向海洋，人口向海移动趋势将加速，海洋经济正在并将继续成为全球经济新的增长点。

海洋是人类存在与发展的资源宝库和最后空间。人类社会正在以全新的姿态向海洋进军，国际海洋竞争日趋激烈。美国指出，海洋是地球上"最后的开辟疆域"，未来50年要从外层空间转向海洋；加拿大提出，发展海洋产业，提高贡献，扩大就业，占领国际市场；日本利用科技加速海洋开发和提高国际竞争能力；英国把发展海洋科学作为迎接跨世纪的一次革命；澳大利亚在今后10~15年要强化海洋基础知识普及，加强海洋资源可持续利用与开发。国际海洋竞争将主要表现在以下方面：发现、开发利用海洋新能源；勘探开发新的海洋矿产资源；获取更多、更广的海洋食品；加速海洋新药物资源的开发利用；实现更安全、更便捷的海上航线与运输方式。

海洋是高新技术发展前沿领域。自20世纪80年代以来，美、日、英、法、德等国家分别制定了海洋科技发展规划，提出优先发展海洋高技术的战略决策，希望在21世纪世界海洋政治、经济和军事等各方面的竞争中占据有利地位，同时也期望在海洋领域找到国民经济的新的增长点。目前，国际上海洋高技术发展有以下5个重点领域：海洋生物技术，海洋生态系统模拟技术，海洋油气资源高效勘探开发技术，海洋环境观测和监测技术，海底勘测和深潜技术。海洋科学研究、海洋高技术开发已上升到各国最高层次的决策范畴，并得到了战略性规划安排。

大力发展海洋经济，我们有必要对我国的经济区域进行必要的理性分析。我国版图陆海相接。海上从北往南由朝鲜半岛、日本列岛、台湾岛、菲律宾群岛到加里曼丹岛等一串岛链和南亚大陆、中国大陆一起，把由四大海区组成的"中国海"围成一个半封闭的"内海"，形成了一个近似月牙形的经济区域。

这个近似月牙形的经济区域及其相邻地区在经济、政治、科技、军事和文化领域正发生着令世界瞩目的深刻变化，同时海洋权益斗争也是刀光剑影，波诡云谲。

从地缘战略环境的层面上说，中国海洋区域周边的亚太地区各国大多临海，各国之间的沟通与交往长期以来通过海路进行。亚太地区的经济约占世界经济总量的55%，会聚了5个人口过亿的国家，5个有核国家和3个联合国常任理事国。中国、美国、俄罗斯、日本四大国在这个区域形成结构性战略互动关系，构成特定的区域性政治格局，世界各大国之间的战略博弈在此区域内特别是海洋上充分反映，并在各国的海洋政策中得到体现。

从区域经济发展的层面上说，这个近似月牙形的经济区域，不是一个普通的经济区域，而是一个富有增长潜力的经济区域。它扼住中国大陆外向型经济之咽喉要道，也是中国沿海发展战略、海洋战略、能源战略、科技战略和可持续发展战略的重要实施区间。

从海洋经济发展的层面上说，海洋经济是一种成长中的优势经济。发展海洋经济是顺应 21 世纪全球海洋大开发潮流，是推动我国经济社会发展的一项重大战略任务，是全面建设小康社会的必然要求。

中国必须选择一个成熟的区划方案来实施海洋开发。近年来，国家海洋局提出的"新东部"经济区划是顺应国家海洋事业发展大趋势而提出的一个重要课题。

中国为什么要经略海洋？为的是从中国的"历史大辞典"中抹去望洋兴叹的无奈！为的是在世界海洋大国的桅杆群里高高地飘扬起的中国旗帜！为的是中国在地球这个人类赖以生存的空间中生存得更加从容！

第六章 海洋权

海权：经由海军优势获得的制海权（command of the sea），生产、航运、殖民地和市场，总称为海权。

——[美]马汉（Alfred Thayer Mahan）

制海权：制海权本来就是一种相对概念，即令对海洋享有绝对的主权，也还是不能阻止敌人在此水域中出现。所以，制海权的真正含义为控制海上交通，以求达到我方的战略目的。

——[法]卡斯特上将（Admiral Raoul Castex）

沿海海洋权：沿海国家对距离海岸线一定宽度的海域及其资源的所有权。

——《现代汉语词典》

第一节　刘公岛：中国海权的生死碑

在渤海口外，黄海北部、山东半岛的东端，有一个面积只有 3.16 平方千米的小岛——刘公岛。

庄严而神圣的刘公岛，这里没有一座坟茔，却游荡中华民族一代海军将士不屈的忠魂。这里只有一座迟立了一个世纪的丰碑，却沉负中国一代铁甲舰队彪炳青史的功绩。

甲午，当历史的巨轮滚动了 100 多圈，刘公岛上依然耸立的是中国海权的生死碑！

刘公岛是忠诚守卫渤海的一个哨兵。

1894 年，在太平洋西岸爆发了一场闻名世界的中日甲午战争。这是一场侵略与反侵略的战争。战争主要在朝鲜境内、中国辽东半岛、山东威海卫 3 个地区进行。海上有"丰岛之战"和在黄海北部大东沟海域进行的"黄海大海战"。在整个战争中，北洋海军英勇地还击了来犯的日军，给侵略者以沉重的打击，虽然最后失败了，但广大北洋海军将士可歌可泣的悲壮事迹，永远铭刻在历史的丰碑之上，刘公岛就是这段历史的见证。

刘公岛，北洋海军的司令部。

当青年作家杨子林祭奠刘公岛后写下这样的诗篇："刘公岛是一幅古老的油画，镶嵌在海天一色的蔚蓝色天幕上，每天看画的人很多，谁能真正看透？

刘公岛是一本无字的大书，横亘在明净如镜的海面上，每天去翻书的人很多，谁能真正读懂？"

他面对北洋海军提督丁汝昌悲愤陈述、惆怅浩叹的蜡像感慨道："我恍然想到鲁迅先生在《坟，娜拉走后怎样》中的话：'中国太难改变了……不是很大的鞭子打在背上，中国自己是不肯动弹的。'不知丁提督和北洋海军是算作鞭子，还是被打的。"

甲午海战过去了一个多世纪。100 多年哟，漫长也是瞬间。

瞬间说于历史，漫长说给今天。

两代人的两个故事。

1950 年某月的一天，中国人民解放军海军首任司令员肖劲光大将亲临山东半岛视察防务，当他前往刘公岛视察时，却没有一艘海军舰只送共和国海军司令登岛。只好租借一艘渔船。渔民问将军："你是海军司令，还要租我们的船？"将军听后，心里不是滋味。此时，他想到年轻的共和国，也想起了中华民族过去有海无防的历史。于是对随行人员说："记下这件事，海军司令员肖劲光乘渔船视察刘公岛。"

登上刘公岛，呈现在将军面前的北洋水师提督署，全无当年"龙袍乌纱帽如花石斑斓辉光照耀玉泉阁，吹响管弦声似在波涛汹涌音韵传望海楼"的豪迈慷慨。满岛唯有孤寂的鸥鸟在海空凄婉地鸣叫，萋萋的野草在风中瑟瑟发抖。此情此景，令将军百感交集……

在《清末海军史料》一书的序中，将军写道："海洋，曾给中华民族带来了自豪和骄傲、繁荣和富强。遗憾的是，近百年来，腐朽没落的封建统治阶级实行闭关锁国政策，看不到建立海军和巩固海防的重要性；没有能力保卫自己的海权以御外侮。结果，当新崛起的侵略者和殖民者以海洋为踏板，侵略和瓜分我国的时候，我国却处于有海无防的境况，致使中华民族蒙受了亘古未有的灾难……

中国人民从本身的惨痛历史教训中深深懂得：为了不让历史悲剧重演，为了保卫我们民族的生存，为了保卫社会主义建设，我们必须在建立强大的陆、空军的同时，建立一支强大的海军，在建立巩固的陆防、空防的同时，建立巩固的海防，让万里海疆成为祖国的屏障、侵略者的坟场。"

1991年10月的一天，一位电影导演向记者讲述了这样一个故事。

整整一个甲子轮回之后的又一个甲午马年，一个男孩与千万个婴孩一同呱呱落地……

当他满10岁的那天，在大学教书的父亲第一次带他走进书店，让他自己学着挑一本"字书"。他走到如壁的书架前，抬起头辨认着还读不全的生字，似乎是命运让他伸手从书海中随便抽出了一本，交到父亲面前："就这本。"父亲看了眼书名，那是一本薄薄的册子，叫《北洋水师》。

于是，命运就将北洋水师这场惊天泣地的大悲剧永远塞进了他的心里，与后来的文化大革命、8年的翻砂炼钢工一起融入了他的血液。

这个小男孩就是我国实力派导演冯小宁。于是，电视连续剧《北洋水师》在20世纪90年代诞生。

这里耸立着两座迟立的纪念碑。

刘公岛，旧中国有海无防，有防不强的血证。她浓缩了几代华夏儿女的期望、希望、失望……1894年9月16日，中日海军爆发了史无前例的铁甲大战——黄海大海战。尽管北洋海军将士英勇善战，同仇敌忾，但由于清政府的妥协、软弱，以及主管海军的李鸿章消极避战，电令丁汝昌"如违令出战，虽胜亦罪"的人为干扰等原因，北洋海军最终全军覆没。

中国劳苦大众望眼欲穿盼来的北洋海军，耗费数千万两白银建立的北洋海军，实力已居当时亚洲第一、世界第四位的北洋海军，如同过眼烟云，在自己的家门口消逝了。然而，悲剧并没有到此演完，日本政府为了炫耀其战绩，污辱中国海军，竟将甲午海战中俘获的中国"镇远""靖远"两舰的铁锚陈列于东京上野公园，锚周围竖上"镇远"舰主炮弹90枚，并围以锚链数匝。每当中国旅日华侨、留学生，特别是海军人员经过此地，莫不掩面痛哭……

甲午战争结束后，宁死不降、以身殉国的丁汝昌不仅没有得到朝廷的褒奖，棺木反而被绳捆钉封押到天津受审。丁公在甲午海战的血与火中为自己的戎马生涯画上了一个句号，其高风亮节永载史册。他结束自己生命不是关天培式的血溅青锋的自刎，不是邓世昌式蹈身清波的自溺，而是于月黑风高之夜吞服了使千万人麻醉的鸦片，在地狱之门撞击了整整一夜，于次日凌晨殉国。在别无选择的最后关头，他与先仁一样发出"今惟一死以尽臣职"的誓言。时间是1895年2月11日。丁公人虽去，气凝犹护魂，一颗壮志未酬的灵魂在痛苦中浓缩，但未消亡。在他死后的63年，在动乱浩劫的年代里，安葬在安徽省无为县严桥乡小鸡山顶的丁汝昌提督墓竟被人当作"历史的罪孽"挖掘以见天日。观者看到，棺木启盖时，提督的尸体尚未腐烂，着黑色服完好无损，嘴里含着一颗珠子，没有贵重随葬品。棺木抬出墓穴后尸体被焚烧，珠子被人取走，棺木用来做了8个长条凳子，放于大队公用。鲁迅先生曾说："人生最苦痛的是梦醒了无路可以走。丁公可是那梦醒之人？"

呜呼！倘若以"余决不弃报国大义，今惟一死以尽臣职"的誓言而声震寰宇的丁提督在天有灵，目睹凡尘的喧嚣，将作何等感叹？也许会坦然曰："余命尚不足惜，况无魂的尸体！是捆、是钉、是候审、是焚烧，听便。"因为在他悲愤自杀的一瞬，也许认为自己是民族的罪人，绝不会奢望后人为其树碑立传、歌功颂德。

北洋忠烈也有幸运者，"致远"舰管带邓世昌英勇忠烈，认定"阖船俱尽，义不独生"，手按犬首，自己随之没入波涛之中。以身殉国之日，正是他的生辰之日，被称为"邓壮节公"。

在今天的山东北部沿海还流传着这样的故事：黄海大海战结束，沿海一带的渔民纷纷划船出海，寻觅邓世昌的遗体，他们视邓世昌生为中华而战，死应安卧神州。无奈大海滔滔，人们的努力没有成功。今天山东荣成的成山角，"邓壮节公"庙遗址仍在，当地人称"邓公祠"。祠内一尊石碑幸存，这便是乡人在邓世昌殉难后的第10年而迟立的三尺石碑。

碑文载："朕惟卫社稷以执干戈，马革慰沙场之志。听鼓鼙而思将帅……"

历史是公正的。1988年，值北洋海军成军100周年之际，国务院公布北洋海军提都署为全国重点保护单位。同年春天，威海市政府拨出专款在刘公岛建立"北洋海军忠魂碑"，以慰藉在甲午海战中以身殉国的英魂。

100年前的耻辱，100年后的丰碑！这绝非一个跨世纪的玩笑。为民族英雄树起三尺丰碑，不仅在于为其彪垂青史，更在于辉煌的历史给后人以荣耀，欢愉而生一种民族自豪感；黯淡的历史给后人以沉思，启迪而生"知耻近乎勇"的觉醒。

迟立的三尺碑，你是我中华民族固我疆土，雪我国耻的丰碑！正是为此，这里上演出了千万人大祭奠的壮剧。

那是1985年4月1日，经过90年的长久沉默，刘公岛终于揭下了神秘的面纱，作为一个无须命名的国防教育，海洋观教育和爱国主义教育基地，第一次正式对外开放。刘公岛沉负着民族耻辱的一页历史，向她的同胞和子孙露出了羞赧的面容，拉开了中华民族千万人大祭奠的帷幕。截至1994年4月1日，短短8年时间，来此祭奠的达一千多万人次。在祭奠的人流中，除了来自31个省市自治区外，还有港澳台同胞、海外华侨，以及来自美国、英国、日本、朝鲜、越南、新加坡等国的国际友人。

在北洋水师提督署管理办公室，翻开《提督署大事记》，里面详尽记载着党、国家、军队领导人的签名。以时间为序择其部分：

1984年2月4日，中华人民共和国国务院副总理万里；
1986年7月6日，中共中央军委副主席杨尚昆；
1986年7月24日，中国人民解放军总参谋长杨得志；
1986年7月30日，中国人民解放军海军司令员刘华清；
1988年7月23日，中华人民共和国国防部部长秦基伟；
1991年10月7日，中华人民共和国国务院总理李鹏；
……

在《大事记》上，我们还看到这样的记载：
1985年9月10日，英中了解协会主席吉姆、潘宁德一行5人；
1986年7月17日，美国英特劳根美中学生夏令营70余人；
1991年9月14日，朝鲜女盟代表团；
……

此外，北洋水师将领们的后裔也曾先后上岛祭奠先祖：邓世昌的曾孙女邓立英，刘步蟾曾孙刘鑫，以及叶祖贵、方伯谦等的后代均上岛祭奠。

刘公岛牵动多少中华民族仁人志士的心。著名学者周培元、严济慈、雷洁琼等一大批著名人士多次关注刘公岛，一致要求保护好刘公岛北洋水师遗址。

1992年，国务院副总理朱镕基指示：一定要把刘公岛甲午战争遗址保护好，管理好，使她成为爱国主义教育的基地。

走出北洋海军提督署的大门，跟随祭奠的人流依次瞻仰水师学堂、古炮台……走遍整个刘公岛，能知道许多动人的故事。

香港某汽车公司董事长孙先生，回荣成老家探亲，他不去都市观光，不去名胜赏景，专程来到刘公岛祭奠。在丁汝昌提督殉难处，孙先生连鞠三躬，然后双手敬上纸币。离岛之时，他说："我每次回来，不进刘公岛祭奠就有一种负罪感。"

苏北老区淮阴县韩桥乡一位农民来威海办事，住最廉价的旅馆，吃最便宜的饭菜，却大方地掏钱买了一张进岛的船票、一张进提督署的门票、一张观看锈迹斑斑古炮的门票。他说了一句话："我是代表我和我那上中学的儿子来祭奠的。"

1993年冬天的一天，山东莒南县板泉镇有位小学教师代表34名学生为了却心愿，专程从沂蒙山区赶到威海，唯一的目的就是看一看刘公岛，谁知天公不作美，接连刮了3天大风，这位老师在旅馆苦苦等了3天，最后囊中空空，只好在市内邓世昌铜像前留下一张纪念照，然后带着无限的遗憾踏上了归途。

曾有人看到，在提督署二进院，丁汝昌提督殉难的东厢房前，伫立着一对耄耋老人，佝偻着腰的老翁用那颤巍巍的手，从衣兜中掏出10盒皱皱巴巴的廉价纸烟，哆哆嗦嗦地取出一支，恭恭敬敬地敬献给丁将军"品尝"。满头银发的老妪，从贴身的内衣褴中，掏出一张透着油光带有体温的纸币毛票，喋蹀着小脚，把钱放到祭坛上。文物管理所负责人介绍说："放到祭坛上的钞票，每年有很多。每到北洋水师的'祭日'，我们用这些钱买来鞭炮、香火，连同祭奠的人们敬献的千万支香烟一起点燃、焚烧，以祭奠那些为国捐躯的民族英灵。"振聋发聩的爆竹声响彻云霄，缭绕的烟雾升腾海空，那情景甚为悲壮感人。

中国的"迷信"可谓古已有之，源远流长。所发生在刘公岛上的千万人大祭奠，绝非迷信所为，是人民发自内心对民族英灵的景仰和崇敬；是人民国防观念逐步提高的表现；是人民居安思危渴求和平的象征。

此时此地我们要说："登岛的人啊，你是否知道北洋水师一代忠烈早已在黄海海底化为枯骨，但他们自身没有失败！从历尽沧桑的刘公岛归来，能带回几分沉重？带回几多深思？"

1988年初，四川省一位小学生曾自发组织捐款2000元，寄到人民海军，并附信呼吁中国一定要拥有航空母舰。我们无从知道这位小学生是否来过刘公岛，可他一定知道甲午海战的历史。他心系国防的拳拳之心，远非一艘航空母舰的价值所能比。

这位小学生算来也该是北洋水师的第 4 代子孙，可有谁不说他是中国海军的希望，中华民族的希望？

人们登上耸立于 365 级台阶之上的"北洋海军忠魂碑"所在之处，鸟瞰茫茫沧海，仿佛又看到那终于成了一代军人悲壮的印记！

1895 年 2 月 12 日，悲波咽浪拍击着刘公岛铁码头，血与火染红了黄海海面，刘公岛在炮火中陷落了。凌晨，随着丁汝昌提督那高大的身躯轰然倒地，忠勇精锐的北洋水师结束了短暂悲壮的历程，渤海，祖国内海大门忠诚的哨兵倒下了。历史不会忘记——无论如何也忘不掉倾斜下沉的舰船在痛苦地痉挛，忘不掉炸成碎片的黄龙旗落叶般飘零，忘不掉水手兵勇的遗体横卧炮台，怒目苍天，忘不掉李鸿章不许出战的电文手令。为此，一代名将把自己献上了祭坛……

20 天后，香港中环士丹顿街 13 号，孙中山挥笔疾书写下"驱除鞑虏，恢复中国，创立合众政府"的誓词。一群热血青年面对中华民族即将被蚕食鲸吞的危局，发出了"亟拯斯民于水火，故扶大厦之将倾"的吼声……

100 多年后，刘公岛依然屹立在黄海之上，依然守卫着渤海，守卫着北京，五星红旗高高飘扬在海岛之巅。

刘公岛上，川流不息的芸芸众生，每一个人都在寻找，每一个人又寻找到了什么？

一位老人说："和平的绿荫下，如果我们仅仅把历史留下的耻辱当成故事来侃，把历史留下的'伤疤'当景观来看，那么，这块'伤疤'一旦发炎，就有危及我们每一个人生命的可能，这绝不是危言耸听。"

一位军事家说过："假如在一个国家里，那些牺牲生命、财富去保卫祖国的勇士们，还不如那些大腹便便的商贾、戏子受到尊重，那么，这个国家的灭亡就一点也不冤枉。"

一位瑞士外交家说："瑞士公民迈出右脚的时候，是一个平民，迈出左脚的时候就是一个战士。如果要问我们为什么 600 多年来没有打过仗，因为我们随时在准备打仗。"

一位农民兄弟说："国家兴亡、匹夫有责。我们要富国强兵。"

一名小学生说："我要到无名碑下敬献一朵小花。"

一名战士说："位卑未敢忘忧国。"

……

第二节　中华人民共和国水准原点

我国的水准原点位于青岛观象山上的一幢小石屋内，屋内全部由花岗岩砌成，顶部中央及四角各竖一石柱，雕琢精细，玲珑别致，室内墙壁上镶一块刻有"中华人民共和国水准原点"的黑色大理石石碑。小石屋建筑面积 7.8 平方米，俄式建筑风格，1954 年建成。一个国家和地区，必须确定一个统一高程基准面，以便确定某山或某物的高度。我国的高程以黄海海平面为基准面，取自位于青岛大港一号码头西端的验潮站，地理位置为东经 120° 18′ 40″，北纬 36° 05′ 15″。室内有一直径 1 米，深 10 米的验潮井，有 3 个直径分别为 60 厘米的进水管与大海相通。所用仪器初为德国制造的浮筒式潮汐自记仪，观测记录始于 1900 年。抗日战争期间遭到破坏。1947 年更新验潮仪恢复验潮工作。

中华人民共和国成立后重新整修建筑并更新设备，每天观测 3 次，时间分别为 07：45~08：00，13：45~14：00，19：45~20：00，长年获取的潮位资料，经严格的测量计算，得到青岛验潮站海平面为 2.429 米，从此把它作为国家高程基准。

地理坐标为东经 120° 18′ 08″，北纬 36° 04′ 10″，国家测绘局将它确定为"中华人民共和国水准原点"。全国的海拔高度都是以这一原点为坐标测量计算出来的。国家水准原点对于我国的生产建设、国防建设和科学具有重要的价值。

第三节　领海基点与基线

领海基点：计算领海、毗邻区和专属经济区的起始点。

领海基线：沿海国家测算领海宽度的起算线。中华人民共和国领海的外部界线为一条其每一点与领海基线的最近点距离等于 12 海里的线。基线内向陆地一侧的水域称为内水，向海的一侧依次是领海、毗邻区、专属经济区等管辖海域。

根据《联合国海洋法公约》，领海基线是测量沿海国家领海的起点，通常是沿海国大潮低潮线。但是在一些海岸线曲折的地方，或者在海岸附近有一系列岛屿时，可以使用直线基线划分的方式，即各海岸或岛屿确定各自的适当点，以直线连接这些点，划定基点，这些点就被称为领海基点，这些直线就是这一海域的领海基线。

1958 年 9 月 4 日，我国政府发表了"中国政府关于领海的声明"，宣布：中华人民共和国的领海宽度为 12 海里。中国大陆及其沿海岛屿的领海以连接大陆岸上和沿海外缘岛屿上各基点之间的各直线为基线，从基线向外延伸 12 海里的水域是中国的领海。这是一个原则性声明，确立了我国领海的范围和基本制度，但随后未公布领海基点基线。

1992 年 2 月 25 日，第七届全国人民代表大会常务委员会第二十四次会议通过的《中华人民共和国领海及毗邻区法》第 3 条明确规定：中华人民共和国领海的宽度从领海基线量起为 12 海里。中华人民共和国领海基线采用直线基线法划定，由各相邻基点之间的直线连组成。中华人民共和国领海之外部界限为一条其每一点与领海基线的最近点距离等于 12 海里的线。

1996 年 5 月 15 日，我国政府宣布了大陆领海的部分基线和西沙群岛的领海基线。

领海基点处均设有石碑，是维护我国海洋权益和宣誓主权的重要标志。

领海基点标志的设立、维护和保养，对于维护我国海洋权益、巩固国防建设、保护海洋环境、加强海洋管理等均具有长远的战略意义和重大的现实意义。

2012 年 9 月 11 日，国家海洋局印发了《领海基点保护范围选划与保护办法》。重申领海是国家领土在海中的延续，属于国家领土的一部分，一个国家对领海拥有和领土同样的主权，此项主权及于领海的上空及其海床和底土。依据《联合国海洋法公约》和《中华人民共和国领海及毗连区法》的规定，我国领海的宽度从领海基线量起为 12 海里，领海基线由各相邻领海基点之间的直线连线组成。

中国海岸线曲折，确定领海基线有一定难度。

目前，我国大部分领海基线尚未划定。2012 年 9 月 10 且，中国政府发表声明，公布了中国钓鱼岛及其附属岛屿的领海基点基线。

▍第四节　中华人民共和国领海线

中华人民共和国领海线划定为，以领海基点向外至海域延伸 12 海里。

关于我国的领海线，有一段传奇的经历将永远载入史册。

1958 年，根据当时国民党盘踞台湾的局势和国际形势，我国人民解放军奉命炮击金门。

自 1958 年 8 月 23 日开始的炮击封锁金门持续了 10 天后，金门出现了严重的供应困难，台湾当局和美国远东驻军也进入了临战状态。就在这种情况下，当天从北戴河回到北京的毛泽东于 9 月 3 日晚突然提出，福建前线自 9 月 4 日起停止炮击 3 天，以观各方动态。

9 月 4 日，人民解放军福建前线的炮兵沉寂下来，同日清晨，中央人民广播电台播发了中华人民共和国政府宣布领海线的声明：

（一）中华人民共和国的领海宽度为 12 海里。这项规定适用于中华人民共和国的一切领土，包括中国大陆及其沿海岛屿，和同大陆及其沿海岛屿隔有公海的台湾及其周围各岛、澎湖列岛、东沙群岛、西沙群岛、中沙群岛、南沙群岛以及其他属于中国的岛屿。

（二）中国大陆及其沿海岛屿的领海以连接大陆岸上和沿海岸外缘岛屿上各基点之间的各直线为基线，从基线向外延伸 12 海里的水域是中国的领海。在基线以内的水域，包括渤海湾、琼州海峡在内，都是中国的内海。在基线以内的岛屿，包括东引岛、高登岛、马祖列岛、白犬列岛、大小金门岛、大担、二担岛、东碇岛在内，都是中国的内海岛屿。

（三）一切外国飞机和军用船舶，未经中华人民共和国政府的许可，不得进入中国的领海和领海上空。

任何外国船舶在中国领海航行，必须遵守中华人民共和国政府的有关法令。

（四）以上（二）（三）两项规定的原则同样适用于台湾及其周围各岛、澎湖列岛、东沙群岛、西沙群岛、中沙群岛、南沙群岛以及其他属于中国的岛屿。

这个声明的中心点，是宣布中国领海宽度为 12 海里，一切外国飞机和军用船舶，未经中国政府许可，不得进入中国领海及其上空。

在这个时候停止炮击并提出领海界线，是毛泽东经长期深思熟虑后作出的又一项重大战略决策。

一个国家提出自己的领海界线，这是自己主权范围内的正当行动。过去，清政府、北洋军阀政府和国民党政府由于缺乏近代海权观念和腐败无能，使得有着 3 万多千米海岸线的中国竟一直没有提出过自己的领海界线。结果，不仅外国舰船可以在中国近海横行，我国沿海的资源尤其是渔业资源完全无法得到保护。特别是日本渔民，依仗着船只大和机器动力，长年到中国近海的主要渔场大肆捕捞，中国渔民无法与之竞争，在经济上我国也蒙受了很大的损失。日本的侵渔问题，是近代以来一直困扰我国沿海地区的一个大问题。

新中国成立之初，中央人民政府就开始研究国家的领海线问题，可是因国民党军在沿海进行封锁，随后又爆发了朝鲜战争，美国海军进入中国近海，这个问题暂时被搁置。1955年以后，随着国家经济建设的发展和沿海紧张局势的缓和，领海线问题又被提到议事日程上。1958年夏天毛泽东考虑炮击金门，也将提出领海线问题作为其中的一项因素。

从我国的经济、国防利益出发，当然以领海线宽一些为好，可是在当时严峻的形势下，如自己的军事力量不能有效地保障宣布的界线，领海线反而会被他人任意破坏，到头来只等于空谈。另外，中国的海上邻国不少，提出过宽的领海线势必引起严重的国际争端，也会被美国利用进行反华。

原总参作战部副部长雷英夫到北戴河参加过毛泽东召集的讨论领海问题的会议，他曾回忆过当时大家的想法：

国际上有个"海牙协议"，以3海里为领海线，由来是18世纪末大炮的射程约为3海里，西方国家就采用以海岸炮台的有效射程距离为领海的宽度。西方要求各国遵守，这对他有利，明摆着，他的地盘别人没有能力去，别人的地盘他的舰队却可以随便去。许多国家认为这不公正，苏联就宣布为12海里领海线，印度、印度尼西亚和许多非洲、拉美国家也持此态度。最宽的是智利为150海里，因为那里有智利的大渔场，利益所在舍不得丢掉。我们论证了好久，准备按12海里领海线宣布。估计不会引起太大的国际麻烦，也在我国防力量的有效保护之下。有了这个东西，我们打炮就更加名正言顺，理直气壮嘛！

不过在当时提出国家的领海基线，不是一项简单的问题，特别是在中美之间存在着军事对峙、美国又大力扶植日本和"东南亚条约组织"各国的情况下，更要慎重行事。当时所要研究的主要有两项问题，一是要确定一个既能确保我国权益，在国际上又不会引起重大争端的适当领海界线；二是要根据我国的海军和海防力量考虑，使这一领海线能切实得到保障。

在8月23日大举炮击金门后，毛泽东在北戴河亲自召集各方面的人士研究我国的领海问题，并征求了一些熟悉国际法的专家学者的意见。这一决策的主要着眼点，是要维护我国的海洋权益，特别是保护我国的渔业资源。

雷英夫后来回忆那次讨论的情景时说道："8月30日，我接到通知，要我立即到北戴河去，向主席、总理当面汇报。奉召同行的有外交部部长助理乔冠华、顾问刘泽荣，还有一个姓周的民主人士。刘泽荣和周老先生都是国际法方面的老前辈，中国第一部《中俄字典》就是刘老先生主持撰写的。9月1日、2日连续两天，我们在毛主席北戴河别墅的小会议室开会，主席、少奇、总理、彭总和新任总长黄克诚都来了。

"毛主席召集这个会议，主要想在作出重大决策之前，再听听各方面的意见，尤其在国际法方面，不要有大的纰漏。他说：'我是军事大学战争系毕业的，不大懂法律，今天请来了专家，希望畅所欲言。'我汇报领了领海线论证过程和结论，乔冠华对待发的新闻稿进行了说明。两位老先生是大学问家，对各种国际法特别是《海牙协议》了如指掌、滚瓜烂熟。他们引经据典，坚决主张领海线为3海里，其实理由就是一条，不能搞得太宽，如果宣布12海里，搞得不好要打仗。毛主席专注地听着，不时提一些问题。

"有一个情节我记得很清楚，毛主席装作很吃惊的样子逗两位老先生，'这么说，《海牙协议》是万万违背不得的呀？'两位老先生以为主席同意了他们的意见，连说，'是的是的，违背不得，违背不得！'毛主席便愉快地俯仰大笑。

"最后，毛主席作总结，他说：'老先生们的意见很好，很可贵，使我们可以从另外的角度多想一想。但是，研究来研究去，《海牙协议》不是圣旨，还是不能按《海牙协议》办，我们的领海线还是扩大一点有利。从各方面判断，仗一时半会儿打不起来，我们不愿打，帝国主义就那么想打？我看未必。一定要打，我们也不怕，在朝鲜已经较量过了，不过如此，要有这个准备。'

"主席一讲话，两位老先生也就想通了。他们很激动，刘泽荣兴奋得一个晚上没睡成觉。他说：'我这一辈子有两件最大的荣誉，第一件是十月革命后，我作为中国外交使团代表到过苏联，见过列宁，和列宁握过一次手。这一次毛主席邀请我参加领海线的决策，这是国家民族的一件大事，我这辈子算没白活，心满意足了。'

"12海里领海线就这么最后确定下来。我们请示主席，要不要让总参搞一份有领海线具体坐标的中国地图，是否把地图一并发表。主席果断地说：'不要，那个东西先放在你们自己的口袋里。'主席想得很周密，东南沿海的斗争太复杂，公布地图，反而会束缚自己的手脚。不公布地图，我们在具体问题上的处理上便可进可退，战术上、策略上会灵活方便得多，避免了一些误解。"

正是在这次讨论结束后，毛泽东从北戴河回到北京，于9月4日连连"出牌"。一是宣布领海线，二是停止炮击3天。

这两张"牌"同时打出，而且在炮战最紧要的时刻突然停射，此牌打得出人预料，也意味深长。确定12海里领海线，是一项事关国家民族根本利益的大政策，毛泽东选择炮战的时机予以公布是经过深思熟虑的，就是要向世界表明，目前发生于中国领海线以内的战事完全是中国的内政，外国无权干涉。

毛泽东也预计到，美国和西方国家不会同意中国公布的领海线，因此暂时3天不打炮，把热度冷下来，冷静观察一下。这好比在政治上强有力的出拳之后，军事上则握紧了拳头，引而不发，观察外国特别是美国的反应。

　　以后的事实证明，提出这一领海线是适合于我国具体情况的。这一宽度既没有影响他国沿海的经济利益，也保护了我国近海的部分资源。而且这一宽度又是在我国军事力量有效控制之内的。当时我国海军力量较弱，但是海岸火炮的有效射程也在 12 海里（21 千米）以上，岸炮火力能够确保给侵入这一水域内的外国舰船以有力打击。提出领海线声明的日期选择在炮击金门的高潮，正是为了清楚地显示出，如果有谁敢于藐视中国的领海线，那么就要准备尝一尝炮击金门同样的味道。

　　面对外国势力在海上构建的一、二岛链，对我国政治、经济、军事、外交等全面的封锁，毛泽东采取了与西方敌对势力的对抗。然而，对抗是为了对话，毛泽东深知：合久必分，分久必合是东方的思维，也是东方智慧的结晶。正如毛泽东所预料的，中华人民共和国第一次宣布中国领海线的对抗之举，在国际上一时引起不小的反响。中国政府的声明发表后仅几个小时，美国政府发言人就宣称："美国认为依照国际法领海界线为 3 海里，遵守 3 海里界线的国家依照国际法没有义务承认一个更大区域的主张。"

　　9 月 5 日，英国外交部发言人声称："如众所周知，英国政府不承认超过 3 海里的领海。"同日，日本外务省也发表声明称："日本政府认为现行之 3 海里限度为国际所承认之唯一领海限度。"在领海线声明发表后的几天里，中共中央领导人密切关注着西方主要国家的动向（当时日本还由美国军事控制，在对外态度上要服从美国）。福建前线也停止了往日那种激烈的炮战，准备看一看美国军舰、飞机对我国领海线的态度如何。

　　当时，西方国家（包括日本）口头上表示反对态度，这本在预想之中，然而在实际行动上它们并没有什么激烈反应。英国在香港等地的舰船在事实上都基本遵守了这一领海线的规定，日本船只也不敢再随意进入中国的领海线。美国也在行动中注意不越过这条领海线。

　　在中国宣布领海线之后，由于美国海空军的飞机舰只经常在东南沿海活动，经常有意或无意出现"擦边"现象，据叶飞回忆说，当时在台湾海峡的美军地面指挥严禁其飞机飞越分界线（即进入中国领海线）。在福建前线的监听站时常可以听到，每当发生敌方飞机擦过分界线时，其地面管制站总会破口大骂驾驶员，指责他们精力不集中。而每逢美军舰机越过我国的领海线，中国政府都要发出一次严重警告，并在华沙中美大使级会谈中提出交涉。美方在大使级会谈中也一直答应调查（这种调查当然是不了了之），同时也都再次重申："你们宣布的 12 海里的领海，我们是不会承认的，但我们的军舰也不会主动进入 12 海里以内，避免出现不必要的误会。"

我国在炮击金门过程中提出了 12 海里领海线，事实上得到了世界各国的认可，是中国在政治上、军事上、外交上的一大成就，其强势主动出击的结果，映射出了国际舞台上对新中国国防力量的尊重。

▌ 第五节　海洋国土

海洋，无论在历史上还是在现世纪，无论在军事还是在经济的竞争中，对国家生存和发展无不显现出极其重要的地位。可以断言，21 世纪，特别是在 2050 年之前，中国必须作出抉择，国家强大与否，中国在海洋上的作为将决定其未来的成就及对世界的贡献。

今天，世界的发展与社会的进步已迫使国人必须接受这样一个概念——海洋国土。

我国是海陆兼具的沿海大国，疆域由陆地国土和海洋国土共同构成。

国土是国家的领土，即国家主权管辖下的区域。"海洋国土"，是蕴藏着由国家主权权利管辖之下资源的海洋区域，随着人类对自然认识的不断深入，开发、利用行为必然由国际海洋法律制度和国内海洋基本法律制度的建立而得到确立。

我国"海洋国土"的面积是如何确定的？

我国的"海洋国土"，根据全国人大批准加入《联合国海洋法公约》的决定、《中华人民共和国领海和毗连区法》和《中华人民共和国专属经济区和大陆架法》的规定，可作以下认定：

领海区域：我国陆地领土和内水以外邻接的一带海域，即从领海基线向外延伸 12 海里的范围，其包括内水在内的面积约 37 万 ~38 万平方千米。（我国尚未公布台湾及钓鱼岛、南沙群岛、东沙群岛的领海基线）。

专属经济区区域：从测算领海宽度的基线量起 200 海里（实际宽度在 200 海里中减去领海宽度后，为 188 海里），在领海之外并邻接领海的区域，及其海床和底土。

大陆架区域：我国领海以外依陆地领土的全部自然延伸，扩展到大陆边外缘的海底区域的海床和底土。如渤海、黄海全部位于大陆架之上；东海超过三分之二海域的海底属于大陆架，冲绳海槽是中国大陆自然延伸的陆架和日本琉球群岛的岛架之间的天然分界线；南海的大陆架也相当宽广。

据此，我国专属经济区和大陆架二者面积合约 300 万平方千米。

我国"海洋国土"的国土属性是什么？

"海洋国土"具有国土的基本属性：一是拥有排他性的主权、主权权利和管辖权；二是资源属于国家，对自然资源及对其勘探开发拥有排他的主权权利；三是统一执行国内基本法《中华人民共和国领海及毗连区法》和《中华人民共和国专属经济区和大陆架法》；四是专属经济区外部界线为国防的战略边界，整个海域是国家警备和防卫的范围。

"海洋国土"的法律地位如何？

"海洋国土"与陆地国土在法律地位上有所区别，主要表现在不同海域中具有主权、主权权利和管辖权等多层次的法律地位：

1. 领海：构成国家领土的组成部分，我国对领海行使主权，其主权及于领海的上空及其海床和底土；外国非军用船舶享有无害通过权；外国潜水艇和潜水器无害通过时，须海面航行并展示其旗帜；外国一切飞机和军用船舶，未经我国政府批准（或许可），不得进入领空和领海；对外国船舶非无害通过时，有权采取一切必要措施并依法处理违法行为；对外国军舰和政府公务船违法通过时，有权责令其驶离领海；任何国际组织、外国组织或个人进行科学研究、海洋作业等活动，须经我国政府批准，我国对其违法行为有权依法处理；对违法的外国船舶，有权实施紧追权；在毗连区内，对防止和惩处违反有关安全、海关、财政、卫生或者出入境管理的法律法规的行为行使管制权。

2. 专属经济区：为勘察、开发、养护和管理海床上覆水域、海床及其底土的自然资源（包括生物资源和非生物资源），以及进行其他经济性开发和勘界，如利用海水、海流和风力生产能源等活动，行使主权权利；享有建造并授权和管理建造、操作和使用人工岛屿、设施和结构的专属权利和专属管辖权，以及有关海关、财政、卫生、安全和出入境的法律法规方面的管辖权；享有对海洋科学研究的管辖权，任何国际组织和外国的组织或个人进行海洋科学研究、对自然资源进行勘察和开发活动，必须得到我国政府的批准；享有对海洋环境的保护和安全的管辖权，包括享有对海洋废弃物倾倒的管辖权；外国船舶、飞机享有依法航行、飞越的自由及其有关的使用海洋的便利；外国享有依法铺设海底电缆和管道的自由及与其有关的使用海洋的便利，但铺设海底电缆和管道的路由必须经我国政府同意；在行使勘察、开发、养护和管理专属经济区的生物资源的主权权利时，可采取登临、检查、逮捕、扣留和进行司法程序等措施；对违法行为，有权采取措施、依法处置，并行使紧追权。

3. 大陆架：为勘察大陆架、开发大陆架的自然资源（包括海床和底土的矿物和其他非生物资源，以及属于定居种的生物，即在可捕捞阶段在海床上或者海床上不能移动或者其躯体须与海床或者底土保存接触才能移动的生物），行使主权权利；享有钻探、建造并授权和管理建造、操作和使用人工岛屿、设施和结构的专属权利和专属管辖权，以及有关海关、财政、卫生、安全和出入境的法律法规方面的管辖权；享有对海洋科学研究的管辖权，任何国际组织和外国组织中个人进行海洋科学研究、对自然资源进行勘察和开发活动或者为任何目的进行钻探，必须得到我国政府的批准；享有对海洋环境的保护和保全的管辖权，包括享有对海洋废弃物倾倒的管辖权；外国享有依法铺设海底电缆和管道的自由及与其有关的使用海洋的便利，但铺设海底电缆和管道的路由必须经我国政府同意；对违法行为，有权采取措施、依法处置，并行使紧追权。

海洋权益是国家在海洋事务中依法可行使的权利和可获得的利益之总称，包括海洋权利和海洋利益。海洋权利就是"海洋国土"所拥有的权利，属于国家主权范畴。国家海洋利益则包括政治利益、经济利益和安全利益等在内的综合利益。只有行使好"海洋国土"的权利，才能获得应有的海洋利益。

第七章　海洋权益

海洋权益：主要根据国家法律和国家参加缔结的国际条约、协定或其他有关国际法，而由国家享有的，不容侵犯的控制、管理、开发利用和保护国家管辖范围内海域的权利和利益，以及根据国际法和国家参加缔结的国际条约、协定，而国家享有的，不容侵犯的开发利用国家管辖范围以外的海域与海底的权益。（杨金森《海洋权益要点分析》）

海洋战略：是国家领导人、政府首脑、国家与地方海洋行政主管部门领导人处理海洋事务的策略、方法和艺术。是在国家海洋政治原则指导下的宏观思维，包括海洋权、海洋权益、海洋开发与保护、海洋防务、海洋科技等问题的国家目标、行动方案，实现上述目标的方案和手段等。

海权、海洋权、海洋权益、海洋战略等几个概念虽有所差异，但彼此是密不可分的。因而对于一个海洋国家来说同样是十分重要的。

海权是一种思想。

海洋权是一种原则。

海洋权益是各种法律、条约、协定法界定的国家对海洋所享有的权利与利益。

海洋战略是思想性行动计划。

战略的起点是思想，对所面对的未来环境思考如何适应之道，即为战略。战略的终点为行动，能把思想化为行动，战略始不至于沦为空谈。

思想与行动之间要有一座桥梁，否则就会彼此隔绝，战略遂不能形成整体。此一桥梁即为计划。有计划思想始能落实，始能有体系，始能逐步付诸行动。计划乃行动的基础，行动必须接受计划的指导。无计划的行动不但不会有效，而且还可能铸成大错。所以，思想、行动、计划必须三位一体，如此，思想始不至于空洞，行动始不至于盲目。

第一节　我在钓鱼岛

2012 年，是中国十二生肖纪年中的龙年。

龙是中华民族的图腾，或许是龙翻江倒海的天性，注定这一年的中国海不会平静。

国人也许并未在意，20 世纪末，在 960 万平方千米的黄土地上诞生了一支名称为"中国海监"的专司维护国家海洋权益的海上维权执法队伍，并从这里走进中国海，亲近中国海，承担起了国家赋予的另一种使命。

东海维权

中国版图陆海相连。海上从北往南由朝鲜半岛、日本列岛、台湾岛、菲律宾群岛到加里曼丹等一串岛链，把我国的渤海、黄海、东海和南海扼守成一个半封闭的"中国海"。

渤海是我国的内海。黄海周边局势风云莫测，暗藏杀机。多年来，多个国家的军事测量船、电子侦察船、舰艇和飞机编队从未停止过在黄海我国主张管辖海域内进行各种活动，并呈现出日益频繁的态势。

中国的全球战略核心是海洋。面对我国日趋严峻的海洋权益形势，在党中央、国务院的亲切关怀和方针政策的指引下，在国家海洋局的领导下，中国海监自 2007 年起，开始实施对我国管辖海域进行定期维权巡航执法和监视监管。当大任降于斯，他们坚定地树立"护海巡疆、为民取利、为国守义"的忠诚理念，弘扬"国家、海洋、忠诚、使命"的中国海监精神。

国家：祖国利益高于一切。

海洋：海洋权益不容侵犯。

忠诚：忠于祖国，忠于人民。

使命：履行职责，铁甲船队驰骋万里海疆。

在我国 3.2 万千米的海岸线上，分布着一座座海滨城市。夏天，这一座座城市里的市民们都会纷纷走出家门来到公园里，来到风景区，来到海滨，善良的人们在尽情地欣赏着鲜花，沐浴着明媚的阳光，享受着金色沙滩的惬意和美好的生活。

然而，这些善良的人们并不知道，就在这一座座海滨城市的海岸，沙滩之外的中国海上，国家海洋权益无时不在遭到挑衅，甚至是侵犯！

国家利益高于一切！维护国家海洋权益，中国海监责无旁贷，闯海的人勇于担当。

就是在这一个个风和日丽、美景怡人的夏日，中国海监船一次次拉响汽笛从它分布在沿海各城市的母港紧急起航，分赴中国四海巡航。

近 10 年来，随着国际海洋形势的急剧变化，世界各沿海国家，特别是世界海洋大国日益加强了对海洋的争夺。海洋、海权，从来没有像今天这样受到世界的高度关注。

中华民族逝去的历史向我们展示了这样一幅长卷，"大陆中国"，一个由拥挤在可耕地，农民组成的国家，其"上层建筑是中华大帝国庞大官僚机构形成的管理系统"；而"海上中国"，则是"明朝永乐年间郑和远航西洋所显示的海上力量"，及其开创的"辉煌而短暂的海上新局面"。之后因明清两朝严厉禁海，中断了"海上中国"的发展，也导致了"大陆中国"的衰落。

教训是极为沉痛而深刻的。正是这历史的长卷压抑了中华民族走向海洋的冲动与激情，也泯灭了走向海洋的信心和决心。因此，在很长的历史时期里，海洋对中国历史进程直接而又深刻的影响，却很少有人提及，即使偶尔出现只言片语也仅是浮光掠影，无法撼动国人重陆轻海的传统观念。

20世纪末，中国和平崛起，海洋进入了中华民族的大视野。中国海监伴随着历史的机遇应运而生，义不容辞地担当起维护国家海洋权益侦察兵的角色。然而，他们的行为与付出国人都能理解和接受吗？

海上形势严峻，中国海监船出海巡航次数频繁增加。

这些出航并不是以人们的意志为转移，而是根据海上形势变化和侵犯我国海洋权益事件的发生而行动的。所以，中国海监船的出航与返航，无论是白天还是夜晚都有着极大的变数。

中国海监第一支队青岛团岛码头，坐落在青岛标志性景点栈桥西侧约1000米处。栈桥，常年游人如织，令人流连忘返。西侧海滨的岸上，除了耸立的公共建筑外，便是大片的海景住宅。在这些住宅里居住的人们尽情享受着大自然的恩赐，也为这座城市而荣耀。

中国海监船不分时间地频繁出海、归港，总要拉响汽笛，这是船舶在不同条件下的操作规程，如同火车进出车站鸣笛，汽车在路上遇有情况按喇叭一样。但船舶的汽笛声低沉浑厚，这汽笛声白天会吸引游人的目光，夜晚会惊扰岸上居民的睡梦。

对此，居民们不解，举报信发给了有关部门：扰民。

几次举报过后，有关部门找上门来咨询如何解决汽笛声扰民的问题。支队领导十分客气地接待了他们，提供了相关的文件和航海规则，并耐心地解释了中国海监船的工作性质，因此得到了理解。对方表示："以前确实不了解这方面的情况，我们一定会向群众解释清楚。"

说来这事并不是什么大事。然而留给我们的思考是沉重的。

当我们真正走近中国海监这群闯海的男人时会发现，他们就像航船船舱里的压载铁，险恶的海上环境一定会加重它的锈斑，但无法使其变形和弯曲。他们的人生是那样的简单，作为海上的男人，注定要失去许多，他们也只能在风浪险恶的生存环境里，依旧木然而又不失高傲地保持着闯海男人的生活方式我行我素。因为，他们承担着新世纪里共和国新的使命。

2012年4月8日，菲律宾海军在黄岩岛附近发现12艘中国渔船，随后出动该国最大的军舰"德尔毕拉尔号"，试图抓扣在黄岩岛附近作业的中国渔民。4月10日，中国国家公务船"中国海监75"船和"中国海监84"船编队奉命维护国家海洋权益赶赴黄岩岛海域，对我渔船和渔民实施现场保护。4月13日，中国渔船在海监船护送下离开黄岩岛海域。之后，中国海监海上巡航编队一直在黄岩岛进行正常的定期巡航，维护国家领土主权，捍卫祖国海洋权益。

国家海洋权益不容侵犯！中国政府一步步实施着自己的战略决策。

2012 年 3 月 3 日，经国务院批准，钓鱼岛及其部分附属岛屿的标准名称公布。海岛的调查和标准化命名是我国海岛管理的职责和正常工作，9 月 10 日，我国公布钓鱼岛及其附属岛屿领海基点基线。9 月 11 日，钓鱼岛附近海域环境预报正式发布，并印发了《领海基点保护范围选划与保护办法》。9 月 15 日，《钓鱼岛及其部分附属岛屿地理坐标》公布。9 月 20 日，《钓鱼岛——中国的固有领土》宣传册正式出版发行。9 月 21 日，国家海洋局、民政部受权公布我国钓鱼岛海域部分地理实体的标准名称及位置示意图。9 月 25 日，《钓鱼岛是中国的固有领土》白皮书发表。12 月 4 日，《中国钓鱼岛地名册》发行。一位在国家海洋局工作了 20 多年的老同志用一句时髦的话概括道："这一年，钓鱼岛很忙！"

9 月 10 日，日本政府决定对钓鱼岛进行所谓"国有化"。9 月 11 日，日本政府宣布与所谓的"所有者"签订"购岛"合同。9 月 14 日，国家海洋局指挥由"中国海监 50、15、26、27"船和"中国海监 51、66"船组成的两个维权巡航编队，对钓鱼岛及其附属岛屿附近海域进行维权巡航执法。这是中国政府于 9 月 10 日宣布关于钓鱼岛及其附属岛屿领海基线的声明后，中国海监首次在钓鱼岛海域开展的维权巡航执法行动。自 9 月 14 日以来，中国海监开始对钓鱼岛开展常态化巡航执法。12 月 13 日，"中国海监 B-3837"飞机抵达我钓鱼岛领空，与正在巡航的"中国海监 50、46、66、137"船编队会合，对我钓鱼岛海域开展海、空立体巡航。

中国海监编队巡航黄岩岛、钓鱼岛之举，代表着正在和平崛起的中国警醒了，也让她的人民看到了陆地国土之外的海洋国土上正在发生和即将发生的一切。面对日益严峻的世界海洋形势，面对国家利益、民族意志，中国海监不辱使命喊出了属于他们的时代最强音："我在钓鱼岛！"

在"百度搜索引擎"里搜索"钓鱼岛"3 个字，有超过 1 亿个结果。在我国上万个海岛当中，钓鱼岛不是最大的一个，却是 2012 年最受关注的一个海岛。2012 年，钓鱼岛很忙！从春暖花开到冬雪飘飞，2012 年全年，国人都在用自己的方式向全世界宣告着一个观点：钓鱼岛是中国的固有领土，中国对此拥有无可争辩的主权。这种宣告，一方面显示了我国坚定不移地捍卫领土主权的决心和意志，另一方面表明国家海域、海岛管理力度在不断加强。

2012 年，因为日本的购岛闹剧，钓鱼岛火了。无论是官方还是民间，中国发出了一致而强烈的呼声："钓鱼岛是中国的。"日本这把火，点燃了中国人民的爱国热情，点燃了中国的海洋强国之梦。立体巡航打开了我国宣示钓鱼岛主权、展示捍卫主权决心的新局面。在主权和领土问题上，中国政府和人民绝不会退让半步，中国有足够的手段和意志让挑衅者难以得逞。中国海监编队对钓鱼岛例行巡航振奋了国人，在巡航中尽管要与大风大浪搏斗，还要时刻与日干扰和拦截我巡航的船只和空中的飞机进行坚决果敢的斗争，接受随时都有可能发生的意想不到的险情的考验。

9月15日，国内几乎所有的媒体均在显著的位置登载了一幅中国海监编队巡航钓鱼岛的现场图片。图片上的钓鱼岛背景近在眼前，仔细辨认，中国海监船清晰可见舷号为"中国海监15"。

就在"中国海监15"船最近距离驶抵钓鱼岛时，我海监船编队的其他船上人员拍下了这一具有历史意义的瞬间。此时，"中国海监15"船船长李玉波测距显示距钓鱼岛的距离是1.55海里。这是有史以来中国国家公务船第一次如此近距离地接近钓鱼岛。李玉波船长举头向岛上望去，钓鱼岛上的一草一木就在他的眼前。

9月18日，海上风大了起来，七八级的西北风掀起海浪搅得钓鱼岛海域浊浪滚滚。而我海监编队并没有退缩，所有船只不惧艰险，不畏风浪，依然坚守在钓鱼岛海域巡航。

这天早晨6点多，"中国海监15"船主机齿轮箱油管突然震裂漏油，为了确保正常巡航和航行安全，船长李玉波毅然决定临时停车抢修。在紧张的时刻，在海上的大风浪中，临时停车是一个大胆而又果断的决定，也是一种万全而无奈之举。接到船长的指令，轮机长张黎辉和大管轮立即带领轮机部门的同志们全力抢修。

张黎辉50多岁，一米八多结实的大块头，是个典型的山东汉子。这个青岛汉子知道在与日方干扰和拦截我编队的船只进行驱离与对峙时停车意味着什么，更知道此时的抢修意味着什么。

李玉波船长相信轮机部的同志们会不辱使命，就在张黎辉和同志们在机舱里奋战时，李玉波船长一边焦急地等待主机再次轰鸣，一边想起了不久前同张黎辉一起与朋友聚餐时的场面。

张黎辉的父亲是一位铁路机车车辆制造工程师，在20世纪60年代，正是中国国民经济发展最为困难的时期。为了赶造机车车辆，他父亲那时每天早上早早就走了，晚上很晚才能回家，有时甚至加班加点几天都不能回家，而是与工人师傅们一起奋战在车间里。正是在困难与饥饿相伴的岁月刚刚结束时，张黎辉出生了，小时候他因父亲没能过多地照顾他而抱怨过父亲，等他长大以后，积劳成疾的父亲过早地离世前对他说的一番话，让他理解了父亲，深深地懂得了父亲年轻时为什么拼命地工作而把他和妹妹丢给了母亲。父亲说："我养你和你妹妹为的是我们这个小家，可如果不把国家这个大家建设好，我们这个小家就不会好起来。我们现在的生活虽然还不富裕，但比我小的时候要好了……"

正是由于父亲的教育，当他成为一名轮机长时选择了留在中国海监船上工作，而放弃了选择到远洋货轮工作去赚钱的机会。就是那次聚餐，本来不胜酒力的张黎辉有点喝高了，他嘴里不停地重复着两句令朋友大笑不止的话："毛主席走到沙洲坝，挖了一口井……毛主席走到沙洲坝，挖了一口井……"张黎辉真的喝高了，让人意想不到的是本不善言谈的他会以这样的方式宣泄自己的情感，一直不停地重复着这两句话谁也拦不住。有朋友知道他表达的意思是吃水不忘挖井人，一个人要知道感恩。因为他以前曾对朋友说过："父亲教育我最多的就是一个人要学会感恩，特别是一个男人，要有一颗感恩的心，要感恩国家，感恩社会，感恩父母，感恩朋友，感恩所有帮助过自己的人。"

"中国海监15"船在风浪中漂泊着，海上主机停车80分钟后主机终于再次轰鸣起来了。

事后接受采访时，李玉波船长对记者说："以前我在远洋货轮上实习时，也曾多次从钓鱼岛旁边经过，可那时只是用一种欣赏的目光眺望祖国的钓鱼岛，眺望钓鱼岛美丽的风光。当我今天作为中国海监船的船长，为维护国家海洋权益巡航钓鱼岛时，内心的感觉是完全不同的。在与日方拦截我船的船只周旋、对峙时，内心涌动的是一种尊严感和神圣感。"

他接着说："距离1.55海里，这不是我最终的目标。我想登岛，但现在不行。今天能做的只是用我的行动告诉世人，中国人理直气壮地来到了钓鱼岛，我们代表着国家的尊严。我还想说，我们是男人，我们的行为也代表了中国男人的尊严。"

第二节 海洋权益的概念

1992年2月25日，第七届全国人民代表大会常委会通过的《中华人民共和国领海及毗连区法》是第一次正式使用"海洋权益"概念的国家法律文件。海洋权益，一般是指在国家管辖海域内的权利与利益的总称，权利是指在国家管辖海域范围内主权、主权权利、管辖权和管制权，利益则是由这些权利派生出来的各种好处、恩惠。

目前国内对"海洋权益"概念的认识存在两种解释。一种认为："海洋权益"

＝"海洋"＋（"权利"＋"利益"）。另一种认为："海洋权益"＝"海洋"＋"权益"。即后者认为"权益"是一个单纯词，而非"权利"和"利益"的缩略。从目前的对外译称以及与这种译称相对的定义或解释来看，国内一般在使用时倾向于前一种概念，即"海洋权益"＝"海洋"＋["权利"＋"（派生于前述'权利'）的利益"]。这是从立法、执法，到相关理论研究一脉相承的固定观念和认识；或者是立法技术本身符合规范，但在以后的法律实践和理论研究中，对"海洋权益"的法律概念、法律定义，在认识中发生了漂移。而且，漂移的可能过程是从"海洋权利"到"海洋权益"，到"海洋权利和利益"，直至"海洋利益"。

"权利"和"权益"在汉语世界里是两个单纯词。其概念是"反映事物的特有属性（固有属性或本质属性）的思维形态"。不管是"权利"还是"权益"，"权利"是主体"依法行使的权力和享受的利益"，以及"权益"是主体"应该享受的不容侵犯的权利"的定义描述都表明，"权利"和"权益"语词反映着一种本质上的法律属性，即"权利""权益"概念是一种法律的存在。而且，"权利"与"利益"存在着逻辑上的同义反复，因此"权利"事实上就等于"权益"。把"权益"主体从"公民""法人"置换为国家，"海洋权益"概念莫不如此，"国家海洋权益"也必然反映其法律属性；而且，"国家海洋权益"在观念和客观上的存在也必须要依赖于法律，即依赖于国际海洋法律秩序。假如没有国际海洋法，一国主张的海洋主权、主权权利、管辖权、管制权在很大程度上只可能是自说自话而得不到国际社会的认可和其他国家的尊重。由此也可以看出，"海洋权益"与"海权"是不同的，后者是"Sea Power"，见[美]马汉所著《海权论》。笔者以为，"Power"主要取决于单方能力，不具有法律所赋予的稳定性和确定性。"Rights"很大程度上基于法律、秩序的认可，而"Power"的目的则是迫使他人服从。"Rights"基于双赢的目的并力求实现之，"Power"讲究单方优势不求双方利益均衡。因此，"维护国家海洋权益"在正常条件下是现实可行的，具有现实的国际法律背景。而追求"海权"的传统战略理念与行为天然要被相对方所反对，而且也会受到人类和平、正义力量的反对。这里需要特别指出的是，我们是在国际法的前提下研究理论问题，而实际上海洋霸权依然存在，我们不能指望海洋霸权能在较短的历史时期内消亡。中国海权与西方海权有着本质的差别，我们强调中国海权，意在坚实国家与民族的意志，这追求崛起与强盛，而不是扩张。美国作为海上霸权国家已在积极准备加入《联合国海洋法公约》，这从某种程度上反映了人类在国际法观念与实践上的进步。这也是美国出于自身利益需要而迫于国际形势的一种无奈。

从国际海洋法（1982 年《联合国海洋法公约》）的实际规定来看，完整意义上的海洋权益，既包括国家管辖海域范围内的海洋权益，也包括国家管辖海域范围之外的，被国际法所认可的海洋权益。因此，将国际海洋法作为海洋权益的存在依据和存在条件来看，国家海洋权益的概念本身在内涵和外延上是能够具有一种确定性的。在此基础上，一般情况下一个国家"海洋权益"的存在具有两大特性。

第一，是存在于法律制度之上的确定性，即海洋权益存在于国际法（被国际法授予）和国内法（通过国内法实现）之中，并因之而具有一定的稳定性。《联合国海洋法公约》规定，沿海国在内水和领海（territorial sea）海域（及于其上空、海床和底土）享有国家主权（sovereignty），对领海内的一切人和物（除享有外交特权和豁免者以外）均可以行使属地管辖权。领海主权，受联合国海洋法公约和其他国际法规则的限制；如受无害通过（innocent passage）的国际习惯限制；沿海国有权依据《公约》制定并执行关于外国船舶无害通过本国领海的法律和规章。《联合国海洋法公约》关于无害通过的规定中没有对军事船舶和非军事船舶进行明确区分，但我国对此严重保留，我国的《领海及毗连区法》规定外国军事船舶通过我国领海必须经过批准。

《公约》规定，沿海国有权在毗连区（contiguous zone）对某些特定事项行使必要的管制权（the right of control），管制表现为：1. 防止在其领土或领海内违反其海关、财政、移民或卫生的法律和规章；2. 惩治在其领土或领海内违反上述法律和规章的行为。

《公约》规定的大陆架（continental shelf）和专属经济区（exclusive economic zone）是与资源有关的国家管辖海域。《公约》对专属经济区和大陆架法律地位的规定在立法目的与宗旨上比较相近，但两者在权利来源、权利与义务的具体范围和内容上有着一定区别。专属经济区的国家权利被认为是法律拟制的权利，即通过《联合国海洋法公约》确定的法律原则和规则而划定产生的；而大陆架的国家权利被视为自然存在的权利。沿海国在专属经济区享有《公约》规定的主权权利（sovereign right）、管辖权（jurisdiction），并承担相关义务（duty）。以上的主权权利有：以勘探和开发、养护和管理海床上覆水域和海床及其底土的自然资源（包括生物与非生物资源）为目的的主权权利；以及关于在该区域内从事经济性勘探、开发，如利用海水、海流和风力生产能源等其他活动的主权权利。对一些特定事项的管辖权包括：人工岛屿、设施和结构的建造和使用，海洋科学研究，海洋环境的保护和保全。沿海国在大陆架享有针对附着于其上的自然资源的专属性主权权利（sovereign right）。

综上所述，《联合国海洋法公约》作为一部重要的国际法法典，确立了各类海域的法律地位与基本法律制度，并对国家与国家之间在海洋活动中发生的各种关系进行着调整。国际海洋法所具备的国际法的一般性原则，如尊重国家主权和领土完整原则，不干涉别国内政原则，不使用武力或武力相威胁原则，和平解决国际争端原则，及其自身在发展过程中形成的"海洋用于和平目的"的重要原则，对缔约国（甚至非缔约国）的国家行为、海洋活动起着一定的规制和约束作用。正是在这种国际法背景下，一个国家不管其弱小还是强大，能够在相当程度上运用人类的正义、公平理念，运用国际法的基本原则和规则来对抗"海权"（sea power）的威胁，或者是不得不自觉克制自己对"海权"的追求。国家之间在国际海洋法框架下相对和平、稳定地认同彼此的海洋权益，致使各国的海洋权益通过该国国内立法与执法的实现才真正有了可能。只要国内法律秩序的效力范围事实上受国际法的限制，只要此时的国际法确实可以作为一个有效力秩序的推定。

第二，是在客观存在状态上的相对稳定性。即按照正常情况，一个国家的海洋权益状态应该是明确、安全而且稳定的。所谓正常情况，是从国家外部和内部两个方面来看：首先是在国家外部，该国没有其他国家在《联合国海洋法公约》的框架下挑战或否定该国的海洋权益；其次是该国将国际海洋法向国内法进行转化的工作已经做得比较充分，即国际公约赋予该国的海洋权益（主权、主权权利、管辖权、管制权）已经通过其足够数量和质量的国内立法和执法事业来充分、正常、有效地实现。

所谓非正常情况是：有其他国家与该国存在管辖海域的划界问题、岛屿归属争议，或者是与该国在特定的国际海洋合作事务上存在分歧或争端，从而导致特定海域的海洋权益或特定事项的海洋权益实际上处于争议状态。另外，就是该国本身的有关国内法的立法和执法实践不能与《联合国海洋法公约》相适应，或者是极端缺失（没有充分行使《公约》赋予的权利，实现自己的利益）或者是明显超越（超越《公约》规定权利的范围），这种对本国应有海洋权益的错误认识（过多与过少）与不适实践（过激或过冷），都是一种误解和损害自身海洋权益确定性的表现。当然，极端不正常的情况是，其他国家在其未加入《联合国海洋法公约》或虽已加入但明显违反的情况下，以战争（军事）、实际侵占和排除对方存在等的大规模、剧烈的国家行为，侵犯一国的海洋权益，以及一国主动放弃自己的海洋权益或者由于内战、国家灭亡等原因自动放弃或漠视自己的海洋权益。

▌▌第三节　国家海洋权益

由于国际海洋法的存在及其相对稳定性，一个特定国家的海洋权益内容和范畴应该是相对确定的。据此，应该认为一个国家"海洋权益"的存在具有两大特性：一是存在于法律制度之上的确定性，二是在客观存在状态上的相对稳定性。

我国有宽度为 12 海里的领海、12 海里的毗连区及 188 海里的专属经济区，面积达 300 万平方千米，相当于陆地领土的三分之一，还分享有公海和国际海底区域的海洋权利。因此行使海洋权利，便享有海洋利益。我国的海洋利益主要有以下几个方面：

首先是海洋政治利益。从未来的发展角度来看，扩大中华民族的生存和发展空间，是最重要的海洋政治利益。在管辖海域内，我国可制定和完善保障各种海洋权利的国内法律，进而实施有效的管理；制定和完善各种涉外的海洋法律，规范我国管辖海域的政治秩序和社会秩序。岛屿主权关系、我国管辖海域的范围，也是政治承认的根据。台湾及其附属岛屿、南海诸岛是中国海洋发展的穴位，保全岛屿主权及其领有的管辖海域，代表中华民族团结兴旺发达的整体利益。中国需要一个和平稳定的国际环境，增强海洋发展，维护海洋权利，处理和最终解决台湾与祖国大陆的统一，以及与我国管辖海域有关的各种争端，与海上邻国和平共处，是保障海洋政治利益的核心。我国分享公海和国际海底区域的权利，同时又分担保护、养护公海和国际海底区域的义务，有参与国际海洋政治的利益。负起维护与建设国际海洋秩序的国家责任，积极参与东亚地区和全球性的各种海洋事务，可以充分体现中国的存在，占有应有的地位，发挥重大的作用。

次之是海洋经济利益。发展海洋科技、海洋经济，是我国经济可持续发展的新增长源。渤海、黄海、东海、南海四大海区，海洋资源丰富，已经鉴定的有海洋生物有 20278 种，海洋鱼类 3000 多种。初级生产力总量 45 亿吨，折合鱼类生物量 1500 万吨。20 米以内浅海域有 157 万平方千米，滩涂面积有 20779 平方千米，发展海洋捕捞和海水养殖，可缓解粮食安全对陆地农业的压力。海洋是我国战略资源的重大后备基地，也是尚未开发的最大未知资源宝库。国内贸易中海洋运输已突破铁路运输为主的局面，对外经济贸易 70% 以上依赖海洋航运，是我国物流的关键部位。据研究，我国各海区每年可提供的生态服务价值约为 15047 亿元人民币。此外积极利用外国海洋资源和世界海洋公共资源，发展远洋捕捞等，也有重大的经济利益。

海洋安全利益是保卫国家政治利益和经济利益的需要。国家安全范畴包括海、陆、空、天，海洋是国家安全的一道屏障。我国兼具海、陆，近代以来受陆、海双重夹击，威胁主要来自西方海洋国家。当代"中国威胁论"者主张遏制中国崛起，重点目标是阻止中国东出海洋。环中国海、西北太平洋区域是外国侵犯和干涉必须利用的战场，也是我国近海防御的重点区域。大洋是霸权国家围堵中国的战略区域，也是我国突破围堵，实施战略核威慑和核反击的活动区域。建设能够控制管辖海域及其毗连海域、拥有走入大洋的基本制海能力，才能有效地维护国家安全。作为我国海洋发展立足点的沿海地区，陆地面积只占全国陆域15%，而社会总产值占全国的60%以上，是中国经济起飞的发动机和黄金地带。防止海上入侵，避免海上冲突，消除海上恐怖势力、走私贩毒等威胁，保障海洋国土安全，本质上也就是保障中国经济重心的安全利益。在经济全球化的形势下，我国每年几千万亿美元的进出口贸易活动需要依赖海洋。充分利用国际市场，实现资源供应配置全球化，是必然的战略选择。稳定黄海、东海、南海各出海口，争取恢复日本海出海口，开辟泰国湾、孟加拉湾的出海口，保证海上通道的畅通无阻，有重大的贸易和资源安全利益。

最后是海洋文化利益。海洋发展是人的一种生存方式，又是一种文明的历史进程。自从自然科学和技术科学各分支学科的涉海研究交叉、渗透、融合，形成海洋科学之后，有关海洋的基础理论研究和应用研究都取得了巨大的成就，并向"海洋大科学"的方向发展。在揭示海洋与人类起源、全球环境变迁，规避和减少海洋灾害，海岸带综合管理等重大科学问题上的理论创新和高新海洋技术的实践，推动了人类社会文明的进步。同时，冲击以牺牲环境为代价的社会发展模式，以引起人类理性和良知的反思。呼唤人文社会科学的参与，论证其社会价值的合理性，提供人文的保障势在必行。在海洋发展的社会需求的刺激下，人文社会科学各分支学科的涉海研究也逐步深入，在某些领域和方向提出了一些新的思想和论断，开始构筑自己的学科体系，并出现整合的趋向。我国发展海洋科学和海洋人文社会科学，摸清管辖海域内的自然资源和人文历史遗产的价值，提高开发利用和保护海洋环境的水平，有重大的科研利益。总结中国海洋发展的物质文明与精神文明成果，把以往分散在不同学科内的涉海理论和重要论述，发展成自己的学科体系，并在科技整合中赋予新的含义和实践要求，创造出相互贯通、紧密联系的新思想、新论断，使传统上处于民间层次、区域层次的海洋文明提升到民族文明的层次，建设中国特色现代海洋文明，丰富中华先进文化的内涵，取得与西方海洋文明对话交流的话语权、主导权，争取海洋发展向符合人类社会进步和广大人民利益的方向前进，为新时代海洋文明的创造作出国际贡献，有着重大的文化利益。

第四节　中国海权争夺简史

20 世纪 20 年代末，曾经长期留学日本的国民党元老戴季陶在他的《日本论》中，把日本侵略中国的思路概括为蝎形战略：蝎子的两螯钳向山东半岛和辽东半岛，而尾部指向台湾。蝎子能否捕获目标，中日在西太平洋海上的实力对比起了决定性作用，而这一海权争夺已经持续了 1400 年。

朝鲜—中国—南洋，这是丰臣秀吉为日本制定的"大陆政策"，而从历史上看，中日之间在海权上的争斗严格地依照了这一路线。日本出兵朝鲜，朝鲜向宗主国中国求援，中日海战的规律从唐至清历来如此。

公元 663 年，中日之间第一次战争也是第一次海战爆发。当时朝鲜半岛新罗、百济等 3 国混战。唐高宗应新罗王的请求，出兵帮助新罗打败了百济。而一直支持百济的日本天智天皇命人护送百济王子回国重建百济。这是日本第一次试图在朝鲜半岛扶持亲日政权。

当时日军有战船 400 余艘，唐军仅百余艘，因此盲目自大的日军便在白江口"率日本乱伍中军之卒，进打大唐坚阵之军"，双方展开了激烈海战，最后以日军溃败而告终。这一败使得天智天皇向唐朝臣服，近千年不敢动兵，开始以中国为师，谋求自强。

600 多年过去，中国被蒙古所统一。志得意满的忽必烈得悉日本幕府拒绝与蒙古国通好后，盛怒之下在 1273 年和 1280 年两次发动对日战争。但元朝海军每次都为台风所阻，无功而返，伤亡惨重，《元史》记载：江南大军"十万之众，得还者仅三人耳"。

忽必烈死后 300 多年，即 1591 年，明朝政府接连得到日本丰臣秀吉正准备对中国开战的消息，但是万历皇帝领导下的明政府除命兵部询问一下朝鲜外，只向沿海哨卡下了道注意海防的命令。

次年，经过认真备战的丰臣秀吉发动了侵朝战争，只用了两个多月的时间，就占领了汉城、开城和平壤，迫使中国参战。1598 年，中朝两国水师同日军在朝鲜半岛露梁以西海域进行了一场大规模海战。朝鲜将领李舜成依靠自己独创的"龟船"打败了日军，保证了此后朝鲜半岛 200 年的和平。值得注意的是，目前一些学者认为，当时中国海军在战术意识、军队素质上已经出现了落后于日本的势头，日军的败退实际上与其后勤运输困难有直接关系。从唐到明，虽然中国的海上力量仍可在东亚称雄，但是两国之间的实力差距越来越小。而此时，东亚地区在军事装备上也已经落后于整个世界。

长期以来，日本和中国都对西方采取闭门不纳的态度。1840年，鸦片战争打开了中国的大门。13年后，美国人佩里率4艘军舰在横须贺登陆，迫使德川幕府同意开放。此后，中日两国分别出现了现代海防意识的萌芽。但是日本作为沿海国家，对海洋的重视远远超过中国。魏源的《海国图志》在中国并没有引起太大的实际反响，翻译到日本却大受欢迎，很多建议被政府采纳。

1874年，日本舰队以琉球船民事件为由，入侵台湾，这是近代中日双方的第一次正面冲突。这使中国政府大为震动，发起了一场沿海沿江各省督抚、亲郡王、大学士、六部九卿参加的"海防大讨论"，决定派李鸿章和沈葆桢分别督办北洋、南洋海防事宜。中日当时互相以对方为假想敌，在东亚展开了一场海军军备竞赛。其间中国北洋海军曾总吨位超过4万吨，号称"远东第一，世界第十"，使日本一直不敢贸然行动。

可惜清政府终被自身的腐朽而葬送，1886年，正当中国挪用海军军费重修圆明园时，日本政府发行海军公债1700万日元，用于建造"三景舰"以对付中国的"镇远""定远"两舰。1887年《征讨清国策》出笼，主张在5年内完成对中国的战争准备，天皇拨皇室经费30万日元用于扩充海军。随着扩军计划的完成，中日海军力量差距逐渐缩小。1894年5月，李鸿章校阅北洋海军后，忧心忡忡地向朝廷提出："即日本蕞尔小邦，犹能节省经费，岁添巨舰。中国自十四年（指光绪十四年，即1888年）北洋海军开办以来，迄今未添一船，仅能就现有大小二十余艘勤加训练，窃虑后难为继。"奏折才上，甲午战争烽火已经点燃。两个月后，李鸿章苦心经营20年的北洋舰队在黄海被击沉5舰，从此全军覆没。

美国外交官何天爵曾经评论说："中国有一天的钱，就可以买一天海陆军所需要的任何东西。整个文明世界都情愿把武器供给它。但是中国不能在任何市场购买有训练的军官和有纪律的士兵。"中国留学生严复在英国海军学校常常得到第一名，当时得第二名的是日本人伊藤博文。1879年，两人各自回到中国与日本。中国政府对严复十分冷淡，只遣来一位小官相迎，让他担任福州船政学堂的一名教员；而伊藤博文回到日本时，日本政府高度重视，天皇亲自前往码头迎接，16年后，他代表日本签订了《马关条约》。

中国海权意识理念的落后直接导致了近代以来中国的屈辱局面，据不完全统计，自 1840 年鸦片战争开始的百余年间，外国从海上入侵中国达 84 次，甲午海战后，中国 50 年中再也没有一支像样的海军，以至抗日战争时，国民党海军舰船只能自沉于长江充当炮台。1912 年 12 月，孙中山先生在为中华民国第一任海军总司令黄钟瑛亲笔写的挽联中叹道："伤心问东亚海权。"

1894 年冬，日本在甲午战争即将取胜的形势下，于 1895 年 1 月 1 日的内阁会议上决定将钓鱼岛划归冲绳县管辖，并改名为"尖阁群岛"。中日甲午战争后，《马关条约》把台湾全岛及其所有附属各岛屿和澎湖列岛割让给日本。1951 年，美、日背着中国签订了《旧金山对日和约》，把日本所窃取的钓鱼岛等岛屿归在美国托管的琉球管辖区内，周恩来总理立刻声明坚决不承认《旧金山对日和约》。

20 世纪 60 年代末，联合国一委员会宣布钓鱼岛附近可能蕴藏着大量的石油和天然气后，日方立即单方面采取行动，先是石油公司前往勘探，接着又派巡防船，擅自将岛上原有标明这些岛屿属于中国的标记毁掉，换上了标明这些岛屿属于日本冲绳县的界碑，并给钓鱼岛列岛的 8 个岛屿规定了日本名字。

1996 年，日本政府宣布开始实施 200 海里专属经济区，把中国领土的钓鱼岛也包括在内。日本首相桥本龙太郎曾向海上保安厅、警察厅等有关当局发出"指示"，让他们对"不测事态做好准备"。

而与此同时，日本对中国科考船在钓鱼岛附近海域的活动非常在意。2000 年的日本《防卫白皮书》中开始这样写道，中国海军舰船近年频繁出没"日本近海，对日本安全造成威胁"。白皮书中所谓的"日本近海"，包括中国固有领土钓鱼岛附近水域及津轻海峡等国际航道。而白皮书中所谓的"中国海军舰船"，是指"向阳红号"等中国破冰船、中国海洋调查船。日本几乎每次都会从外交渠道对此提出抗议，认为这是中国海洋战略的一个部分。

实际上，这几年"新海权论"的主张在日本甚嚣尘上。许多日本学者认为"制海者制世界"，近代的胜利曾使日本民众的海洋民族意识觉醒，但太平洋战争的失败又使日本人的海洋民族意识再度丧失。今后日本民族必将再度把目光投向海洋。目前日本海上自卫队在装备实力上已经可以称霸东亚，2003 年 8 月，日本防卫厅计划耗资 600 亿美元，对海上自卫队的全部 4 艘"宙斯盾"驱逐舰进行改装。改装后的"宙斯盾"将配备新型雷达系统和弹道导弹防御系统。一些日本媒体称，这一计划的实施意味着"日本舰队将能击败任何周围邻国"。

距离中日第一次海上交战已经过去了 1400 年，但中国在海权意识上仍然落后于日本。在甲午战争 120 年后，望着东边的那个岛国，现代中国在蓝色大海面前仍需强化自己的海权意识。

第五节　专属经济区国家主权权利

21 世纪初，东海不明国籍沉船事件是我国专属经济区权益维护的典型事例。

2001 年 12 月 22 日，日本使用武力在东海中国管辖海域击沉一艘不明国籍船舶，该船沉没于北纬 29° 12′，东经 125° 25′，位于我国专属经济区内。此一事件的发生立即在周边国家引起了极大的反响。

12 月 22 日起，日本方面未经我国政府同意，派出日本海上保安厅船舶及飞机对沉船位置半径 5 海里进行了连续的监视、警戒并实施了控制。日方的这一行为不仅违反了《联合国海洋法公约》，同时也违反了《中华人民共和国专属经济区和大陆架法》，严重侵害了我国的海洋主权和海洋权益。我国政府对此表示了高度关注。外交部发言人多次提醒日方，要求尊重我国的主权和海洋权益。

事件发生后，国家海洋局作为担负维护海洋权益的职能部门密切注视着事态的发展，在外交部、总参谋部、海军等有关部门的指导和支持下，部署中国海监总队，针对日本的沉船调查和物品打捞活动，组织实施了巡航监视。分别于 2002 年 1 月 10~12 日、2 月 26~28 日、3 月 8 日、4 月 5~7 日派出"中国海监49"和"中国海监52"船抵达沉船海域，显示了我方的立场。1 月 12 日利用多波束勘测设备，在事发海域确定了沉船的准确位置。随后迅速抽调中国海监东海、北海、南海总队的海监 11、18、22、40、47、49、52、74 船及海监 08 飞机等组成维权执法编队，初步形成对事发海域的立体监视。通过海上和外交两个方面的共同努力，维权监管工作取得了较好的效果，日方从对峙转为服从和配合我方的执法工作。

专属经济区制度是第 3 次海洋法会议顺应历史潮流将国际习惯法确立为成文国际法的一个成功范例，它的具体内容体现在 1982 年《联合国海洋法公约》的第 5 部分。《公约》所确立各国在专属经济区内的权利、义务和责任为国际社会（包括沿海国家）管理这片海域提供了一个全新的标准。应该说，它是一个创举，但由于局限于历史和公约自身，它并没有解决专属经济区的所有问题。特别是这个制度确立后带来的划界之争，使得公约所确立的沿海国家主权权利制度、管辖权制度及区内自然资源的保护和协调问题的处理原则等均处于不定状态，严重地侵损了公约的严肃性。

《公约》订立后，沿海各国纷纷依据公约建立专属经济区制度，并宣布其主权权利。遗憾的是，有些国家一方面根据公约宣布自己的专属经济区，主张自己的主权权利，另一方面在国家利益面前又拒不承认和其有利益冲突国家的专属经济区的主权权利，甚至公然地以对抗的方式藐视其他国家专属经济区的主权权利。近两年在我国专属经济区内发生的"鲍迪奇"测量船事件、日本击沉不明国籍船舶事件、"中美撞机事件"、越南组织南沙旅游事件及日本对黄海、东海资源调查事件等均证实了这一点。究竟《公约》所确立的专属经济区的主权权利是什么？要不要和怎样去遵守？是不是在全球化相互依存的今天，国家主权真的被"限制、改变和超越"，其他国家可以不顾国际法和国际公约的规定肆意践踏他国的专属经济区的主权权利？

一、专属经济区制度的建立

专属经济区制度的建立归功于发展中国家。1947 年 6 月 23 日智利"总统声明"首次宣告"其国家主权扩展到邻接其海岸的海域，不论其深度如何"，得到了拉美其他国家的响应。1952 年的《圣地亚哥宣言》进一步赋予这片海域为"二百海里海洋区域"的名称，宣言国"对邻接本国海岸从该海岸延伸不少于 200 海里的海域，享有专属主权和管辖权"。1970 年《蒙得维的亚海洋法宣言》和《利马宣言》重申了这一主张，并在之后使用"承袭海"的名称，作为一部分拉美国家继续主张权利的依据。而专属经济区的名称和概念的正式提出，是 1972 年雅温得非洲国家海洋法问题区域讨论会所采用，会议报告正式建议非洲国家有权在其领海之外"设立一个经济区"为开发和控制生物资源以及防止和管制污染等目的"享有专属管辖权"。在此基础上，参加会议的肯尼亚政府向负责第 3 次海洋法会议筹备工作的联合国海底委员会提交了《关于专属经济区概念的条款草案》，提出专属经济区的宽度从测算领海基线量起不超过 200 海里，并建议区内海洋科学研究归属于沿海国专属管辖。这样一个全新的专属经济区制度基本形成，并在 1972 年为亚非法律咨询委员会所使用，在经过第 3 次海洋法会议的参会国讨价还价之后，终于形成 1982 年公约所确立的内容形式（法律出版社 1987 年版，魏敏主编《海洋法》P119~129）。这一制度的确立使得原本属于公海范畴的近4000 万平方千米的海域处于沿海国家主权的特定范围内的管辖之下，"有效地增加了沿海国家的资源基地"，为区内海洋空间的管理提供了一个框架，它取代了"导致资源枯竭和海洋环境污染的谁都可以参与的放任主义的体系""导致产生了海岸和海洋综合管理的理论""有效地促进了科学技术的发展"（海洋出版社 1996 年 11 月，E.M. 鲍基斯著《海洋管理与联合国》，P16），其作用和意义是巨大的。

二、专属经济区制度中的国家主权权利

1982年，《公约》对沿海国在专属经济区内权利的规定采取了列明的方式。《公约》第56条专门规定：

1.沿海国在专属经济区内有：

（1）以勘探和开发、养护和管理海床上覆水域和海床及其底土的自然资源（不论为生物或非生物资源）为目的的主权权利，以及关于在该区内从事经济性开发和勘探，如利用海水、海流和风力生产能源等其他活动的主权权利；

（2）本公约有关条款规定的对下列事项的管辖权：①人工岛屿、设施和结构的建造和使用；②海洋科学研究；③海洋环境的保护和保全；

（3）本公约规定的其他权利和义务。

2.沿海国在专属经济区内根据本公约行使其权利和履行其义务时，应适当顾及其他国家的权利和义务，并应以符合本公约规定的方式行事。

3.本条所载的关于海床和底土的权利，应按照第六部分（指"大陆架"，笔者注。）的规定行使（海洋出版社1992年4月《联合国海洋法公约》P27）。

这其中的第1款（1）项就是关于沿海国在专属经济区内的"主权权利"的专项规定，从而引发了专属经济区的"主权权利"内容之争。但是，不管如何，对这一"主权权利"的组成部分还应包括第1款（2）、（3）项的规定，共同构成了第56条的"沿海国在专属经济区的权利、管辖权"的详细规定；而第2款规定则是对沿海国在专属经济区内的"义务"的规定；第3款的规定则区分了专属经济区和大陆架这两个不同的海洋法概念。

三、专属经济区制度下国家主权权利的理解

1.专属经济区是一个特殊的海域，既区别于公海，又不同于领海。

1982年《公约》所确立的专属经济区制度引发的"主权权利"概念是耐人寻味的，也是用心良苦的。我们知道，在专属经济区制度建立之前，1958年《大陆架公约》第2条规定："沿海国为勘探大陆架和开发其自然资源的目的，对大陆架行使主权权利。"该公约没有使用"主权"一词，"因为担心这一术语使人联想起领土主权，从而不利于大陆架上覆水域的公海地位"（法律出版社《国际公法原理》P237~238，伊恩·布朗利著，曾令良、余敏友等译。2003年8月版）。同样1982年《公约》在确立专属经济区制度时，仍然使用的是"主权权利"一词，是否国际社会也同样担心，如果采用"主权"一词，专属经济区制度设立后，沿海国会在"主权"的旗帜下行使和"领海主权"同样的权利，从而使得其他国家在专属经济区内的权利得不到保障？答案应该是肯定的。所以，专属经济区是特殊海域，沿海国家在区内只能根据《公约》的规定行使"规定的"主权或者说"特定的"主权。

2. 沿海国专属经济区的"主权权利"是国家经济主权的组成部分。

不难理解，《公约》对专属经济区内的"主权权利"规定是针对区内"自然资源"及围绕着这个中心的"经济性开发和勘探"活动等特定事项的，虽说它和"领土主权"的实质性内涵有一定的区别，但它不是孤立的和突发奇想想出来的。它是 20 世纪 60 年代、70 年代国际法上国家经济主权原则确立过程及之后的产物，是国家经济主权的组成和延伸部分，是时代的必然产物。国际社会早在 1952 年《关于经济发展与通商协定的决议》中就承认各国人民享有经济上的自决权。同年 12 月第 7 届联合国大会通过的《关于自由开发自然财富和自然资源的权利的决议》规定了自由开发自然资源是主权所固有的内容。1962 年 12 月第 17 届联大通过的《关于自然资源永久主权宣言》正式确立了国家对自然资源的永久性主权原则。而 1974 年联大通过的《各国经济权利义务宪章》进一步规定了国家经济主权的内容："每个国家对其全部财富、自然资源和经济活动享有充分的永久主权，包括拥有权、使用权和处置权在内，并得自由行使此项主权。"所有这些规定都强调一点，就是"国家对其自然资源享有永久主权"。结合专属经济区制度的产生过程，我们不难发现这其中的关联性。就是主权国家在发展经济的过程中，自然资源的重要性不言而喻，而自然资源的利用从陆地延伸到海洋既是科学技术发展的结果，也是发展之必需。如果没有主权和权利，何来合法利用之渠道！

3. 沿海国和其他国家"主权""权利"之间的关系。

对区内"主权权利""权利"的规定，《公约》"在妥为顾及所有国家主权的情形下"采用了授权式的文法方式。如专属经济区的划定，《公约》只是规定了区内的宽度，至于主权国家是否设立此区域，主权国家享有充分的主权。但设立后形成的"主权权利"和"权利"，《公约》的规定则有约束力。所以，《公约》对沿海国和其他国家在区内的权利和义务之间关系的处理体现了下列原则：

首先，尊重各国主权，特别是沿海国在区内的"主权权利"。设立专属经济区的目的是为了保障沿海国的自然资源置于主权管辖之下，受《公约》规定的"特定法律制度"限制。所以，《公约》首先规定了沿海国享有的区内主权权利，且规定了沿海国"应适当顾及其他国家的权利和义务，并应以符合本《公约》规定的方式行事"。而其他国家在区内享受权利时应符合"国际合法用途"及《公约》规定的"用途"之外，还"应适当顾及沿海国的权利和义务，并应遵守沿海国按本《公约》的规定和其他国际法规则所指定的与本部分不相抵触的法律和规章"。即使是"利益发生冲突的情形下"，也"应在公平的基础上参照一切有关情况，考虑到所涉利益分别对有关各方和整个国际社会的重要性，加以解决"（《公约》第 59 条）。尽管《公约》的规定不甚明确，但有一点是肯定的，就是尊重区内的主权。

其次，沿海国的主权权利不影响其他国家应享受的权利。根据《公约》的规定，其他国家在区内享有航行和飞越自由，铺设海底电缆和管道的自由，以及与这些自由有关的海洋其他合法用途。很显然，《公约》对其他国家在区内享有的权利采用的也是列明式的立法方式，强调了其他国家在区内权利的范围，几乎是传统的公海自由（捕鱼自由除外）。当然，和公海自由一样，其他国家的这些权利自由均不是绝对的，应符合国际法原则和"国际合法用途"。所以，近两年发生的"鲍迪奇"测量船事件、日本击沉不明国籍船舶事件、"中美撞机事件"、越南组织南沙旅游事件的肇事国均违反《公约》规定，是对我国专属经济区主权的粗暴侵犯。

4.结合主权原则，在《公约》的框架体系下理解专属经济区内国家主权权利。

第一，《公约》是尊重国家主权的，并没有限制国家主权，受限的只是主权国家的行为。

《公约》是将新的海洋法律秩序建立在"妥为顾及所有国家主权的情形下"的，虽然有溢美之词，但我们不必怀疑《公约》的动机和目的。《公约》在强调领海主权、海峡国家和群岛国主权时并没有对主权权利作出更多的规定，在专属经济区和大陆架部分除了强调列明的"主权权利"外，也没有作出过多的规定，是因为国际社会和国际法对"主权"或"主权权利"已有了一个基本的标准和看法。相反，《公约》的每一部分对主权国家的"权利"和"义务"却作出了不厌其烦的规定，其中的义务均是对主权国家的行为进行限制。这是因为，主权是毋庸置疑的，它是国家的内在属性，在任何时候均不应受限制和受到侵犯，是国家主权权利下的国家行为应在国际法的平台上进行规范，这是主权国家的积极行为。一方面有助于国家行为符合国际法规范，另一方面也有利于世界的和平和国家之间的交往，有利于世界和国家自身的发展。

第二，《公约》对沿海国家区内享有的管辖权和权利、义务的规定，构成了对"主权权利"的阐释。

《公约》除了规定了区内特定的"主权权利"之外，还规定了区内具体的"管辖权""权利和义务"内容。如区内"人工岛屿、设施和结构"的规定，区内"生物资源的养护和利用"的规定，区内"内陆国和地理不利国的权利"规定，区内"沿海国法律和规章的执行"的规定。还有《公约》第 6 部分关于"大陆架"的规定，第 12 部分"海洋环境的保护和保全"的规定，第 13 部分"海洋科学研究"

的规定以及第 15 部分"争端解决"的规定等，都是对主权国家的国家行为在专属经济区范围内进行规范，都是对《公约》关于区内"主权权利"原则具体含义的最好阐释。无论是沿海国还是其他国家，均不能将其彼此隔开，片面地理解《公约》的某一规定。

第三，从《公约》发展的眼光看待区内"主权权利"。

应该说，作为 20 世纪最具影响的公约之一，海洋法公约是各缔约国妥协的产物。国家主权和不同利益的存在，注定了它的成功必然铸就它的缺陷。就专属经济区制度而言，它对"主权权利"只是原则性规定，对国家行为的具体规范也没有在更深层次去触及"雷区"。然而，现实毕竟是纷繁复杂的，问题总是要解决的，这就为《海洋法公约》的发展留下了更为广阔的空间。在这个层面上，更需要发挥国家主权的能动性，解决诸如区内"剩余权利"的归属问题、相邻或相向国家的专属经济区划界问题、专属经济区和大陆架的划界原则是否应相一致的问题、利益相关的国家区内生物资源的养护和利用问题、内陆国和地理不利国的权利保护问题、区内海洋科学研究和海洋环境保护等主权国家利益相关的问题。但我们不能忘记它毕竟是一个特殊区域，是"受本部分规定的特定法律制度的限制"的。

由于历史和现实的原因，我国政府在外交上一贯持谨慎态度，对我国与相关国家的纷争，尽量避免提交国际社会解决。但现实也是不断变化的，《公约》的影响随着海洋大国的加入不断地扩大，对于自身利益的冲突肯定有无法协商解决的时候，为避免武力相向，最理想的就是提交国际社会裁决解决。国际社会这方面也有许多成功、典型的案例，如北海大陆架案、突尼斯与利比亚大陆架案等，均是经典案例。当然，应诉前应权衡全局，应诉中应掌握时机，准备充分。

第四，完善自我，发展自我，在国家相互尊重、平等的基础上维护主权。

首先是完善海洋立法、执法体系，有法可依，有法必依。应该说，我国已经建立了初步的海洋法律体系，但是其中的内容还有待于进一步完善，特别是专属经济区的立法，只有粗线条，没有具体的可操作性。我们应针对《公约》规定的"主权权利""管辖权"及其他具体"权利"，制定相关立法，提高立法的层次和法律的效力等级，确保《公约》规定的权利的实现。其次，是自我发展。历史已经证明，落后就要挨打。美国舰队和飞机在世界各地游弋和飞翔，凭的就是它强大的经济和军事实力，我们不鼓吹霸权主义，但至少有一点要明白，在当今世界和平仍是追求目标的时候，自身的实力至少是一个讨价还价的砝码。

第六节　国际海域海洋权益

随着人口的增长，陆地资源的枯竭，人们的眼光开始移向海洋。首先是近海大陆架上的石油天然气、海洋生物资源的开发与综合利用。20世纪60~70年代一些发达国家开始窥视深海底的矿物资源，纷纷展开了以开采深海多金属结核为目的的大规模勘探，瓜分了太平洋、印度洋、大西洋等大洋深海的富矿区。

在这种背景下，中国国家海洋局和地质矿产部的一些官员和学者，从我国的海洋权益和中国战略金属的来源出发，于20世纪80年代初开始了大洋多金属结核的研究勘测。1990年经国务院批准，我国成立了专门从事大洋多金属结核勘测和深海采矿国际事务的中国大洋协会，并向联合国提出经中国大洋协会登记为"深海采矿先驱投资者"的申请。由于我国的海洋地质工作者在20世纪80年代做了太平洋某区域大量的研究工作，并按规定提交了30万平方千米的勘探区，联合国批准了此协会的申请，同时将30万平方千米的勘探区的一半分配给我国作为先驱投资者的"报酬"。于是我国第一次在太平洋国际海域获得了一块15万平方千米准主权海底矿区，专业上称为"开辟区"。

"八五"期间，中国大洋协会对我国这块准主权海域进行了4个航次的地质取样和海底调查，取得了丰富的多金属结核品位、丰度和海底沉积物特征等多种资料。根据《联合国海洋法公约》所确立的国际海的开发制度和我国政府1994年初在联合国海底会议上的承诺，1996年3月以前，我国必须放弃15万平方千米开辟区的30%，使之恢复为国际海底，这样，在1996年3月以后，我国在太平洋的"土地"便只剩下10.5万平方千米了。为了充分确认被保留下来的我国主权区域是富矿区域，为子孙后代留一块"宝地"，中国大洋协会又组织了一次大规模的勘测，很清楚地了解了开辟区的富矿范围。据在广州组织的一次专家验收会回忆："大洋一号"所进行的近5个月的勘测，提供的资料、图件出色可靠，研究成果为区域放开提供了新的科学依据，该成果达到了国际先进水平。

最终在2001年，我国保留下7.5万平方千米开辟区。2011年，我国又在印度洋获得一块1万平方千米的金属硫化物矿区；2013年在太平洋获得3000平方千米的富钴结壳矿区；2015年获得一块约7.27万平方千米的多金属结核勘探矿区。

▌ 第七节　中国海岛权益

海岛，是陆地国土的前出地带。

我国有 7000 多个面积大于 500 平方米形态各异的岛屿，一个个犹如出水芙蓉，奇葩竞放，与大海山环水抱，拥翠叠绿，把中国海点缀得海疆如画。

海岛不仅仅是一道风景，更重要的是这些海岛及其形成的海岛链在战略上和地缘上注定是中国走向世界，拥抱世界的前沿。

海岛是国家海洋主权利益的重要空间。《联合国海洋法公约》第 121 条第 1、第 2 款规定，岛屿可以与大陆一样拥有自己的从测算领海宽度的基线量起的 12 海里的领海、200 海里专属经济区和大陆架。因此，一个个弹丸小岛可以拥有超过其本身数十倍的海域和大陆架，岛屿所属国为此而享有该海域中和大陆架上的生物和非生物资源及其他利益。

在人类历史发展的进程中，由于特殊的地缘特点，海岛曾是远离大陆的飞地，也是平和、安宁和与世隔绝的象征。有的海岛是庶民闯海寻得的世外桃源；有的是海盗、寇贼乱世的巢穴，有的还是历朝官府的流放地。随着人类社会的进步与发展，海岛驻军驻防，商人经商，业者从业等纷至沓来，海岛渐进为一块与大陆相对隔绝的海洋乐土，并逐渐在政治、经济、文化等方面形成了特有的自由、粗犷、无政府的社会特征。

新中国成立后，随着我国社会主义革命的深入与发展，特别是改革开放以后，随着海洋科技的进步，我国海洋经济得到迅猛发展。与世界发达的海洋国家一样，开发、利用海岛已经成为我国沿海省、市的一项日显突出的社会与经济发展的重要任务。面对海岛的战略地位，地缘特征和海岛社会与经济的变化，我国海岛的现状已紧迫地要求调整和规范现实海岛的社会与经济秩序，未来的发展要求利用现代文明替代过去的孤岛文明。因此，法治社会呼唤建立海岛法，并逐渐完善海岛法律体系。

从国家海洋主权意义来说，我国的台湾岛、海南岛、香港、澳门、钓鱼岛、黄岩岛、西沙群岛、南沙群岛极具代表性，这些海岛不仅对我国具有极其重要的战略意义，在世界政治、经济与军事格局中同样具有重要的战略地位。

进入 21 世纪，海岛已经成为我国东部沿海地区国民经济发展新的增长点和新的热点。与此同时，海岛的国家海洋主权权益和海防安全的战略地位也受到挑战。作为一个海洋大国，在建设海洋强国的进程中，为全面维护国家海洋主权权益，科学、合理有序地开发利用海岛。把海岛作为一个单独的特别区域予以战略对待，建立和健全海岛法律制度是依法开发海岛、利用海岛、保护海岛的必由之路，是解决目前海岛面临诸多社会与经济发展矛盾，促进海岛和谐社会持续发展的必然抉择。

目前，我国的海岛保护和管理尚在起步阶段。尤其是尚未出台相应的国家法律，随着海岛开发活动不断增多，利用力度不断增大，海岛开发秩序面临的问题与矛盾也日益加剧。

海岛权属不清：海岛作为国家领土的重要组成部分，迄今没有一部法律明确海岛的权属性质、主管部门和管理制度。长期以来，在一些沿海的省、市、县、乡之间，一直存在着海岛归属争议和纠纷，误认为与本行政区相毗邻的海岛即归本地所有，导致擅自占用、出让、转让和出租海岛，开发秩序混乱的现象长期存在，严重影响了当地的社会稳定。

规范海岛开发无法可依：海岛远离大陆，交通不便，淡水资源缺乏，自然条件恶劣。由于地处海防前沿，国家投入极少。时至今天，海岛仍不能对外开放。由此导致海岛社会、经济与生存、生活条件与大陆沿海差距悬殊，被人们为"东部的西部"。现实是有关海岛开发、利用的政策不明确，规范海岛开发活动无法可依，开发利用者的权利无法律保障，缺少区划、规划指导，投资环境差等严重制约了海岛经济的发展，影响了和谐社会的建立。

对特殊岛的保护力度严重不足：许多海岛上设有国家各种等级的三角点、基线点、导线点、军用控制点、重力点、天文点、水准点的木质觇标、钢质觇标和标石标志，全球卫星定位控制点，以及用于地形测图、工程测量和形变测量的固定标志和海底大地点设施等永久性测量标志；有的海岛具有典型性、代表性的生态系统；有的海岛生存着珍稀、濒危的生物；有的海岛存有经济价值和科学文化价值的历史遗迹和自然景观等。但炸岛、炸礁、炸山取石等严重改变海岛地貌和开矿的活动时有发生，严重影响了我国测绘、测量工作的正常开展，破坏了领海基点的安全，危害了我国主权和领土完整。有些海岛的无序开发涉及军事机密的泄露，干扰和影响了军事活动。

海岛主管部门及其职责不明确：无论是常住居民岛还是无居民岛，对其开发利用、海域使用、环境保护等，都需要有一个部门负责管理和服务，统筹经济社会发展。目前，虽然国务院在"三定职责"中赋予国家海洋局负责"拟定我国海岛的基本法律、法规和政策"的职能，但没有明确由哪一个部门主管全国海岛开发利用的监督管理工作，没有明确海岛主管部门的管理职责和责任，因而形成了海岛无人管的状态。海岛立法与管理问题如不尽快解决，必将造成我国海岛开发失控，环境、生态与资源遭受破坏而无可挽回的损失。

海岛资源和生态环境破坏日趋严重：自 20 世纪 80 年代以来，由于滥捕，严重影响了海岛海域主要经济鱼类的生长。海岛开发利用活动的加剧，对海岛生态环境破坏越来越严重，导致一些海岛珍稀物种逐年减少甚至绝迹。

目前，在我国 400 多个有常住居民的海岛上，人口密度比全国平均密度高出 5 倍以上，造成海岛生产和生活空间异常紧张，加之海岛资源有限，生态脆弱，环境状况日趋下降。海南省万宁市大洲岛原是燕窝的主要产地，由于岛上居民日益增多，林木被砍伐，植被遭破坏，水土大量流失，生态环境不断恶化，金丝燕的数量越来越少。许多珊瑚由于缺乏管理，任意挖掘珊瑚现象屡禁不止，岛礁受到严重破坏，有的挖掘到岛基，直接威胁着岛礁的存在。一些海岛上的珍稀生物，被滥捕滥杀，资源量急剧下降，甚至濒临绝迹。号称"鸟类天堂"的西沙群岛，原有鸟类 40 多个品种，现仅剩下不到 10 种，国家二级保护动物的玳瑁已属罕见。

进入 21 世纪以后，在沿海部分地区一度兴起了"岛主"热潮，一些人通过不同渠道占用岛屿，公然以"岛主"自居随意开发利用，海岛资源环境状况令人担忧。

沿海相邻地区存在海岛归属争议：长期以来，沿海相邻地区存在海岛归属争议问题一直得不到解决。争议双方在海岛开发利用规划与实施或者海域情况报表统计时，都将争议海岛列入其中，并为此据理力争，甚至发生严重的聚众械斗，严重地影响了社会稳定。

我国海岛数量多，分布广，地位特殊，而且海岛种类齐全，资源丰富，开发潜力大。早在 1958 年，《中华人民共和国关于领海的声明》中指出："在基线以内的岛屿，包括东引岛、高登岛、马祖列岛、白犬列岛、乌岛、大小金门岛、大担岛、二担岛、东岛在内，都是中国的内海岛屿。"1992 年，《中华人民共和国邻海及毗连区法》规定："中华人民共和国的陆地领土包括中华人民共和国大陆及其沿海岛屿、湾及其包括钓鱼岛在内的附属各岛、澎湖列岛、东沙群岛、西沙群岛、中沙群岛、南沙群岛以及其他一切属于中华人民共和国的岛屿。"上述法律从确定邻海基线的角度间接地规定了我国海岛的法律性质和地位。这说明海岛是我国领土不可分割的重要组成部分。我国作为世界上的海洋大国，理应制定一部专门的海岛法，全面规定所属海岛的法律问题。

海岛关系国家主权，"管控就是主权""开发显示存在"，海岛是国家领土的组成部分。为维护国家主权，加强海岛管理，保护、合理开发利用和管理海岛资源，制定海岛法是加强海岛管控之措，是国家行使主权之举。

海岛在国家管辖海域划界中具有举足轻重的作用，制定海岛法，有利于与《联合国海洋法公约》相衔接。

根据《联合国海洋法公约》规定，沿海岛屿是划分国家内水、邻海、毗连区、专属经济区和大陆架的重要依据。据推算，一个岛屿或者岩礁的存在，就可以确定 1550 平方千米的邻海海域，一个能维持人类居住或者其本身的经济生活的岛屿还可以拥有 43 万平方千米的专属经济区。

我国位于亚洲大陆东部，太平洋西岸。自北向南为辽宁、河北、天津、山东、江苏、上海、浙江、福建、台湾、广东、广西和海南等 11 个沿海省、自治区、直辖市。我国东部与朝鲜、韩国、日本隔海相望；南部周边为菲律宾、马来西亚、文莱、印度尼西亚和越南等国家。

我国是世界上岛屿最多的国家之一，这些岛屿环绕着我国东南沿岸形成一道天然屏障，由于海岛的存在可以扩大本国的海洋国土面积，海岛及其邻近海域拥有丰富的油气资源，海岛邻近海域是天然的渔场，因而某些国家无端挑起对我国一些岛屿主权归属的争端。

目前，我国与周边国家的海上界线尚未划定，同时也没有相应有效且可操作的法律制度来管理我国的海岛，部分周边国家肆无忌惮地侵犯我国的岛礁，派兵进驻我国岛屿，悍然侵犯我国领土主权。据统计，目前南沙群岛有 45 个岛礁被周边一些国家侵占，他们对这些岛屿及其周围海域进行油气资源勘探开发，疯狂掠夺我国的海洋石油资源。菲律宾对黄岩岛的企图十分明显，一旦黄岩岛被菲律宾实际控制，将直接威胁到我国对南海东北部大片海域的控制和管辖。日本政府为了强化对钓鱼岛实质性占领，近年来把钓鱼岛中的 3 个岛屿，通过租借方式转移海岛权属，企图通过行政管理将其占领合法化。对我国主张拥有主权的中沙群岛，若长期不付诸实际性管理行为，也将对我国的权利主张产生不利影响，制定海岛法有利于维护国家的主权和领土完整。

沿我国大陆岸线由海岛形成的岛弧或岛链，是天然的海防前哨，是国家安全的重要屏障。我国与 8 个海上邻国存在着专属经济区、大陆架划界和岛屿归属等争议，我国海防安全形势十分严峻。在海洋经济迅猛发展的今天，为维护海防安全，必须加强对海岛的管理，规范海岛开发秩序，消除海盗存在的不安定因素，防止各种入侵和渗透，保障国防和军事用岛的安全。

周边国家屡屡侵犯我国的海岛主权，国民保岛呼声强烈，形势逼人。

2004 年，越南旅游地图将我国领土西沙群岛、南沙群岛的部分岛屿划进了越南版图。

美国知名软件 Matlab 中，中国地图无台湾，日本地图包括钓鱼岛；某些国家在南海争议海域单方面进行油气资源招标；马来西亚在南沙设立三星级度假村。

制定海岛法，依法治岛是科学开发利用海岛，促进海岛经济持续发展的需要。

职权法定，依法行政，制定海岛法是加强海岛管理的需要。

确立海岛的权属性质，是维护海岛相邻地区安定团结的保证。

1992年，联合国环境与发展会议通过的《联合国可持续发展二十一世纪议程》在关于"小岛屿的可持续发展"中要求："各国本身致力于解决发展中国家的可持续发展问题……"

在议程原则的引导下，世界沿海各国开展了多种模式的海岛管理活动，包括立法、执法和行政管理等。韩国发布了《国家岛屿发展规划》《岛屿开发促进法》，日本发布了《日本孤岛振兴法》《日本孤岛振兴法实行令》，美国、加拿大、英国、荷兰、法国、瑞典、澳大利亚等国家也相继制定了有关海岛开发与保护的管理法规。

我国海岛保护与管理法规的出台刻不容缓！

▌ 第八节 "海洋权益"维护

"维护"的对立面是"侵犯"。严格意义上说，"维护"海洋权益和"侵犯"海洋权益的行为之主体只能是国家，这是基于"海洋权益"的主体是国家，以及认可"海洋权益"的国际法一般调整国与国之间关系这一逻辑起点而自然得出的结论。对"某个外国个人、组织侵犯了一个国家的海洋权益（准确地说是'海洋利益'）"这个命题实际上只具有国内法意义而未必能产生国际法上的效果和意义。因为一个具体的外国自然人、法人或组织控制和霸占该国被《联合国海洋法公约》认可的特定管辖海域，排除该国在法定海洋权益事务里的存在，从而挑战或否定该国主权、主权权利、管辖权和管制权的可能性并不很大。对于一个国家的国家权利（或权力）进行挑战，是一个外国自然人、法人或组织难以完成的，因为这种非国家主体的行为能力和规模极其有限。

事实上，一个外国自然人、法人或组织及其船舶、飞机实施的一次具体的违反该国国内法律、法规的行为，只是对该国特定国内法的违反，这会损害到该国（包括其国民）具体的存在于海洋之上或与之相关的物质利益或精神利益，以及相关的法律秩序利益。但对于该国的国家主权、主权权利、管辖权、管制权是难以造成基础上的实质伤害的。因为这二者行为之"主体"不在同一层面上。根据国际法基本原理，海洋法的主体主要是国家。自然人和法人以及他们所拥有的并在海上使用的船舶和飞机不是海洋法的主体，他们只有通过国家才能享有海洋法的权利；同时通过遵守本国和其他国家有关海洋管理的国内法的方式接受海洋法的制约。假如国家管辖首先不发生错误（即管辖区域、管辖事项符合国际法的规定），这种个案发生的"行为"和产生的"关系"应该属于该管辖国的国内法范畴，产生的是该国国内的民事、行政或刑事法律关系，其他国家基于国际法主权独立的原则是无权对之干涉的。

"海洋权益"概念与其主体特性是紧密相连的。"国家作为主体"实质上是"海洋权益"概念的隐含属性和必然属性。事实上，"海洋权益"概念应该等同于"国家海洋权益"，"海洋权益维护"概念也应该等同于"国家海洋权益维护"。严格意义上的海洋权益"侵犯"与"维护"实际上是产生国际法律关系的国家行为，"海洋权益维护"实际上是国家宏观层面的国家权益需要，表现出的是一个国家对另一个国际法主体的行为，应该是国家与民族意志的体现。因此从宏观层面、国家层面上来理解"海洋权益""国家海洋权益维护"是必需的，而且是适宜的。从这个意义上说，国家作为海洋权益的主体，是通过自身宏观层面的国家政治、经济、外交、军事、文化、科技等活动、方式，综合性地维护国家的海洋权利和利益。对应着另一个国家"侵犯"本国海洋权益行为的规模和效果，本国的"维护"海洋权益行为也必然要达到或趋向达到一定的规模和效果。这种国家之间的"侵权"和"维权"的斗争规模和效果，描述为一种性质和状态，可分为两种：一是和平的，一是非和平的（抑或战争的、军事的）。

采取和平的方式维护国家海洋权益，主要通过法律的途径，即在国际法实践上进行争取、确立和维护；以及通过国内立法与执法予以实现。前者主要是国家参与国际法立法活动，如参与国际海洋法律问题会商或谈判，签订有关海洋权益的双边或多边国际条约，以及采取国际法规定的方式或被国际社会承认的方式（显然是和平方式）解决与其他国家之间的有关海洋法的争端。后者则是国家进行海洋权益方面的或涉及海洋权益的立法活动，以及组织执行这些涉及海洋权益方面的法律。

"海洋权益维护"是宏观层面、国际法范畴上的概念；"执法"是微观层面、国内法范畴上的概念。这两者的结合——"海洋权益维护执法"，概念本身事实上会存在一种"张力"。对这种概念本身内在的"张力"进行认识和分析，是有一定的实际意义的。我们在使用"海洋权益争取""海洋权益确定""海洋权益实现"和"海洋权益维护"等概念时，这些国家行为之目的、主体、方式等构成要素是相互不同的。海洋权益包括海洋国土、海洋经济、海洋科技、海洋安全、海洋生态等诸多方面的权益，"国土"的概念，是社会发展的产物。在原始社会并没有这一概念，国土是随着原始社会解体以后，同国家、阶级一同产生的。世界发展了，社会发展了，领土以外，沿海国家，还可以划定国家管辖的内水、领海；而领海以外，现在还可以划定毗连区、专属经济区和大陆架。日本本土只有37万平方千米，日本人却说他们的国土是470万平方千米。何故？他们把他们宣称属于他们管辖的海洋面积加进去了。

根据《联合国海洋法公约》规定和我国的主张，可划归我国管辖的海域（内水、领海、毗连区、专属经济区、大陆架）近300万平方千米。这就是人们习惯上所称的"海洋国土"或"蓝色国土"。按《联合国海洋法公约》规定，国际管辖海域（公海及国际海底）是"人类共同继承的财产"，由国际社会及其有关组织统一管理，并有秩序地组织开发利用，对于这些我们不能视而不见。

陆地国土是一国领土，自古无可非议。今天，我们该如何对待领海和管辖海域呢？人类几千年利用海洋和几百年开发海洋的实践已经说明，海洋的利用、海洋的价值、海洋资源的价值，丝毫不逊色于陆地的作用和价值，而且将有可能超过陆地对人类生存发展作出的贡献。

理解"海洋权益维护执法"本身存在的张力，有利于对国家海洋权益的确立、实现、维护工作有一个科学性的、次序性的认识，亦即：

1.国家海洋权益的确立是前提，即国家必须积极参与国际海洋法律制度的设计与制定，争取确定有利于自身的管辖海域、管辖事项的范围。

2.国家海洋权益的维护是保障，即从根本上对所确立的国家海洋权益的维护，是通过和平或非和平（军事）手段维持在国际法框架下的管辖海域和管辖事项之范围，以及解决管辖海域和管辖事项上的争议和争端。

3.国家海洋权益的实现，则是在海洋权益已经确定的管辖海域和管辖事项内，正常、充分、有效地制定国内法和实施这些法律。

因此，在国际法、国际海洋法、《联合国海洋法公约》（包括目前的存在和将来的动态可能）的条件下，充分、适当地制定和实施国内法律，是最基本和最有效地实现国家海洋权益的方式。

▌第九节　海洋法治建设

法治问题，对于人类文明而言，说到底是文化问题，海洋法治问题即是如此。那么，我们该如何理性地从文化角度来思考海洋法治建设的文化问题及其意义呢？

　　我国海洋事业的发展与整个国家的经济发展与社会进步密不可分。今天的现实是，海洋事业的发展呈现出前所未有的蓬勃之势，而海洋法律和法律制度建设滞后又是明显的事实，这实属必然。目前，我国海洋事业的整体发展呈现的是“见龙在田”之势，在社会进步中已崭露头角，初显身手；已施行于民众，产利益于社会。而伴之而生的法律制度建设依然处于“潜龙在渊”之态，待机而生，待机而用，必将厚积薄发。

　　海洋事业的“见龙在田”，海洋法治的“潜龙在渊”的现状要求我们必须理性地思考其法治化建设的文化意义。这是海洋事业与法治化建设良性、健康发展的必由之路。

　　为什么强调文化背景呢？以感性经验和知识范畴为内容的认识性思想活动是人意识活动十分重要的内容，但不是人的全部意识活动和精神活动。显然现代人因此并非都能循着这种思路来对我们社会与时代所面临的现实问题进行思考，特别是文化危机问题。这就为我们海洋法治化思想的确立提出了挑战。

　　这种挑战表现为，以人为主体、为中心的世界观受到了挑战。人不能只把自己周围的自然界作为征服的对象来看待、来对待。实际上，迄今为止，自然界无论从其活动规模还是活动能力来说，都比人的活动伟大得多，人不可能“制造”任何一次自然界的潮汐，也不可能把任何一个夏天变成冬天。人应该冷静地认识自己能力的有限性，应该有相应的法律、法规约束人对自然干扰的行为。

　　同时，人的理智的真理性也受到了挑战。因为“精明的、灵活的”理智，居然造成了现代危机的后果，在较长时间内却并不自知。所以说，理智在一定程度上表现出的是“昏迷性”。因此应该制定相应的法律、法规限制这种“昏迷性”的蔓延，使其清醒自知。

　　海洋法治化思想应该建立在这样一个目的之上，即文化原本是为了优化生命存在，但现代的现实都使得人们不得不承认，如此“文化”下去，人的生命存在实际上将被“劣化”！所以，我们必须重新考虑到人是一个“现世性”的存在，或者说是一个“处于世界之中”的存在。人的生命不是一个孤独的唯一性的存在，相反，它必须有作为其依托的世界基础。

　　人的存在，世界的存在，这是两个同时的存在。人的文化观念必须达到对这种二重存在的合法性的理解；也可以说，以一种“伦理”的态度，不但承认人的生命存在的合理性和合法性，而且承认世界存在的合理性和合法性。当然，这种承认并不意味着一种对立的二元论（即“或者”人文主义，“或者”自然主义），而是以对二者的共同优化作为人类的文化目的。只有对二者共同优化，人的生命存在本身的优化（即文化进步）才是可能的。这便是一个包容人与世界为一体的整体主义的文化观，或者说是一个积极的生态主义的文化观。

这种把人与自然一体化的，追求二者和谐的新文化观，同时也绝不是主张一种消极的静态图景，不是一种维持现状的文化保守主义，它仍然包括人们文化意向于其中，仍然坚持文化进步的动态过程。

强调海洋法治化建设的文化内涵，旨在体现现代海洋法治化建设的双重优化性，最大容量地汲取陆地文明成功的经验，最大限度地避免陆地文明失败的教训，为海洋法律化思想注入蓝色文明最优化的灵光。

第十节　海洋：世界霸权之剑

今天的世界，经过了几百年近、现代历史的演进，人们很清楚地看到了海洋给人类带来了什么，给世界带来了什么。在近现代的世界史中，海洋可以说是一柄利剑，是国家体系中寻求霸权的一柄利剑。

在世界上国与国的交往中，任何国家都存在着试图压制对方、突出自己的意识与主张的趋势。正是如此，世界政治体系便遵循着与自然规律相似的"弱肉强食""优胜劣汰"的演变规则。"强者为王"的世界政治体系，实际上就是几千年来国家体系的特征。所谓"霸权"，就是指"强者"或"王者"所拥有的傲视他国的权力，令本国人自信自豪，令他国人咬牙切齿，又惋悔不已的一种有形和无形的权力。

在世界政治体系的发展过程中，封建主义与资本主义是个比较有意义的分界线。原始社会、封建社会虽然进步程度不同，但对于世界政治体系来讲，有类同，即是一个大陆的政治体系，主要由大陆国家之间的政治交往构成的世界政治体系。其间有强大的古埃及、巴比伦奴隶国家和繁荣的古代中国封建王朝，那时还没有谁是以海为家的海上国家。

然而，当历史的时针指到了16世纪时，由海上强国掀起的波澜显然使上述世界政治状态发生了变化。少数的海上国家依靠强烈的征服海洋的欲望和海上力量控制了海洋，依靠海上贸易与海上殖民掠夺，从而强者越强，富者越富，而弱者越来越弱，海上强国的霸权地位似乎越来越突出，触角伸向了世界各地，甚至把大陆国家也纳入了自己的羽翼之下。众所周知，当时，中国、印度、埃及这些古老的文明国家一个个沦为殖民地、半殖民地，葡萄牙、荷兰、英国、美国却先后成了霸权国家。

在西方世界的史学思想中，"西欧中心论"是欧美的一种传统观念，德国史学家兰克是这一思想的典型代表。他认为，欧洲，确切地说是西欧的民族是历史的主流或主体，是支配世界的中枢，而其他所有民族，包括东欧的斯拉夫人、马扎尔人以及欧洲以外的土耳其人等，不过是世界历史的附属物。他认为，"日耳曼民族和日耳曼—拉丁民族后裔的历史是全部近代历史的中心。"

其实兰克的"西欧中心论"史观不过是一种"英雄史观"，是从霸权角度出发的一种史观，因为近代海上强国——西欧国家掌握霸权，所以强国的历史成了某些史学家所认为的世界的历史。世界政治体系中的近代强国何以垄断近现代的世界政治体系，许多史学家都为之迷惑。蓝色的海洋无疑是强国的工具，确切地说是在一种强烈的征服和索取欲望的驱使下，由海上的军事力量构成了强国的利剑。

其实，战舰与大炮的发展史就是海洋霸权的发展史。按照海上强国的发展来看，它的发展是沿着葡萄牙、西班牙、荷兰、英国（与法国）、美国这个轨迹前进的。

15世纪，欧洲的文艺复兴和技术进步同时取得了令人瞠目的成就，而军事技术革新不仅为近代主权国家的出现立下了汗马功劳，同时也是海洋强国崛起、掌握霸权的因素。

一方面，就大炮而言，14世纪制造的大炮几乎无法使用。虽然到15世纪研制成功了熟铁造和青铜造大炮，但这些大炮仍使用石头炮弹，而且移动起来极不方便。到15世纪下半叶，由于发明了铁炮弹和颗粒状火药，小型火炮的威力显著提高，移动也方便了。这样，大炮使中世纪的船只、城堡变得不堪一击了。

另一方面，航海技术在以亨里克王子为代表的葡萄牙海洋发展史中得到发展，使葡萄牙成了世界上第一个具有近代意义的海上强国。

亨里克王子所代表的葡萄牙王国依靠两种工具：一是新式海船。亨里克王子在航海方面发展了横挂帆船和三桅杆船，这种船能够胜任外海远航，代替了以往在地中海中最为常见、以摇桨为主的单层甲板大帆船，发展了横挂帆船和三桅杆船。二是船上的新式火炮。在亨里克王子之前，海船还不能装载很多大炮，如小吨位快帆船通常只能载15门大炮。到了16世纪初，由于炮筒横置于船体，便能载相当数目的大炮了。以往大炮只能安装在上甲板或艏楼、尾楼，这时也能装在甲板上。1514年，葡萄牙竟造出了能载186门大炮的巨舰，这无疑加速了葡萄牙成为海上强国的步伐。

这种堪称"大炮母舰"船的出现，使大西洋各国占据了海上的绝对优势，进而称霸世界。海上强国葡萄牙及西班牙将霸权建立在了美洲、东亚殖民地上。1509年，葡萄牙人任命为印度副王的弗朗西斯科、德阿尔梅达与大陆古国埃及进行了一场战斗，葡萄牙人依靠每船几十门大炮的犀利武器一下子就击溃了埃及人，从此得以纵横印度洋而无障碍。葡萄牙人自夸道，只要葡萄牙舰队来航的消息一传开，所有的船只就会逃之夭夭，连鸟都不敢在海上飞翔。由此可以看出，一个国家海上军事力量的强大，是如何突出海上强国的霸权，而大陆国家的落后又是何等的悲哀。

在 16 世纪、17 世纪，大炮技术还有些缺陷，即在陆地仍然缺乏机动性，船载的大炮也不能进攻大陆内地。因此，这些大炮技术和航海技术只能给欧洲带来海洋或沿海地区的优势，对于大陆腹地起不到作用。在那时，海上强国只能靠海洋或沿海地区的优势建立霸权。

17 世纪，束缚海上强国建立霸权的军事技术出现了变化，以往大炮在船上不易移动的缺陷得到改良，大炮在战场上能很容易地移动，这使得海上强国的力量得以延伸到大陆上。

欧洲的海上强国在 17 世纪、18 世纪全面入侵亚洲及北美内陆，显然就是这种军事技术革新的结果，海上军事力量不仅成了海上霸权的工具，而且由于海船能装载陆军，海船上的大炮很容易地移动到大陆上，海上强国的含义就不仅是海上强国了，而是世界强国。

对 19 世纪海上国家地理上扩张，海上运输的动力机械——蒸汽机功不可没。这使海上国家的霸权比 15 世纪、16 世纪建立的霸权更为广泛，深入到世界每一个角落成了可能。对日本人来说，蒸汽机的影响是以"黑船"（蒸汽铁甲舰）这种令人难忘的形式带来的。众所周知，日本是在蒸汽船的威胁下实行"开国"的。从整个近代世界政治体系的国家霸权来看，水上的蒸汽船和铁路似乎具有同等重要的位置，但这只是表面现象，铁路的作用是近代霸权的国内动力，只有蒸汽船才是世界霸权的载体。鸦片战争以后强行把中国纳入近代世界系统的最大技术是欧洲列强逆行于扬子江上的蒸汽船。此后，中国一度沦为半殖民地，屈服于西方列强的霸权之下。

世界上无永恒的霸权，海洋霸权如海洋本身一样是飘忽不定的。海洋，虽如上所说是由强国掌握世界霸权的利剑，但它同时又是一把拿捏不住的利剑。

16 世纪上半叶，葡萄牙的海上战斗力量占绝对优势，成为世界第一个近代意义上的海上强国，建立了一定规模的世界霸权。但到了 16 世纪下半叶，由于西班牙的舰队提高了战斗力而形成了葡萄牙、西班牙共享霸权的双极局面。

但是，当 1588 年西班牙无敌舰队失败后，海上出现了多极的局面。17 世纪中叶荷兰成了确立海上绝对优势的佼佼者。当时，荷兰不仅在战舰数量上，在其他船舶的拥有量上也远超他国。16 世纪下半叶，英国对荷兰在海上的优势发起了挑战。它集中表现在英、荷之间的 3 次战争。因此，17 世纪下半叶是英国、荷兰主宰世界霸权的双极时代。

进入 18 世纪，荷兰大势已去，再加上 1688 年荷兰的奥伦治亲王威廉作为威廉三世继承了英国王位，使海上争夺战转到了英、法之间。只不过 18 世纪上半叶由于英国处于优势而基本属于单极，到了 18 世纪下半叶才形成双极。但是在美国独立革命战争之际，英国居然与以法国为首的大陆上几乎所有国家为敌。随着美利坚合众国的独立，海上骤然形成多极。直到纳尔逊海军上将率英国舰队打败法国舰队之后，才使英国重新恢复优势地位。其后，19 世纪上半叶能与英国抗衡的力量在欧洲不复存在。

19 世纪下半叶到 20 世纪，在海上重新出现了多极格局。这是因为，一方面英、德展开了大张旗鼓的造舰竞赛，另一方面，美国也充实了海军力量。第一次世界大战后，德国的失败使海洋置于英、美两大势力的主宰之下。但是，第二次世界大战的结果使美国变成了海上霸主。"二战"后的美国不仅海军，而且作为海军羽翼的空军力量也占绝对优势。直到 20 世纪 60 年代苏联加紧研制出洲际导弹，才又改变了这种世界独霸状态，形成了双极的势力分布。

很显然，大自然给生物演化的规则是"物竞天择，优胜劣汰"，而海洋给海上霸权的竞争规则亦是如此，即"弱肉强食"。所以，当一国的海上军事力量强大时，它就可以傲视他国，取得霸权。但任何一个国家都不会永恒地强大，因此，海洋国家中的强权霸权也就会易主。

海洋霸权是一种意识、一种思想、一种意志；海上军事力量是实现这一意识、思想和意志的工具，而海洋则成为近、现代演绎世界霸权更替的舞台。

第十一节　中国海战略地理形势

在海洋国土的概念下，我们应该理性地审视中国海。

中国海是西太平洋的一个边缘海。中国的西部深入亚洲腹地，东部位居远东之要，南部与南洋各国相望，近抵太平洋与印度洋的结合部，直逼两大洋的交通咽喉，瞰制战略水道，东南面向太平洋，是海陆兼备的东方大国。

中国居于亚太地区的中心。亚太是当今世界三大经济区之一，也是目前世界经济发展最为迅速的地区。与北美、欧洲经济区有一个非常大的不同点，亚太地区多数国家需要以海为媒沟通联系，以海为路进行经济交往。海洋对亚太各国有无法替代的重要作用，这种独特的地理形势为中国发展海洋事业提供了特殊的需求。

但中国所具有的自然条件对于走向大洋并非十分有利，更谈不上优越，中国处于世界的"边远"地区。在近代史上，当西方各国发生资产阶级革命，经济与科技迅速发展，资本主义势力急剧向全球扩展，并因此形成真正的"世界形势"后，世界的政治、经济与科技中心一直位于西半球。西方称东亚地区为"远东"，表明了中国及其主要周边地区远离"世界中心"的客观形势。这种形势无疑会对中国发展海洋事业，利用这个世界通道广泛开展对外交往产生不利的影响。

中国只面对太平洋，发展海洋事业、特别是全球性海洋事业的自然条件与美国、加拿大、俄罗斯等濒临3个大洋的海洋大国根本无法相提并论，与澳大利亚、印度尼西亚、南非、智利、阿根廷等濒临两个大洋的国家也无法相比，甚至与英国和日本等岛屿国家也有很大的不同。在一定的意义上，中国的客观条件远不如美国、英国、法国、西班牙等拥有海外领地的国家，甚至不如拥有尼科巴群岛的印度有利。不仅如此，由于中国海被第一岛链紧紧环抱，呈一个半封闭的海域。中国走向远洋的航路十分狭窄，有些大门甚至掌握在别国手中。此外，特定的地理环境还使中国在海域划界问题上，与周边国家有着较多的纠纷，可见中国拓展海洋的条件远不是"较为理想"。

中国辽阔国土的西部地处亚欧大陆深处，是沟通亚欧陆上交通的枢纽地带，战略地位十分重要。这里的边境地带多有高山险阻，自古以来有"丝绸之路"穿越浩瀚戈壁，跨过崇山峻岭，经新疆通往亚欧各国。新中国成立后又修筑了兰新、兰青铁路和直达边境的公路。在与中国西北相连的中亚地区有3条铁路与欧洲连接。从这里出发可达西亚和欧洲各地，因此，这里成了沟通西欧陆上交通的枢纽地带。英国战略地理学家麦金德在研究全球地理区域因素之后，曾提出这样的论点：世界上最重要的地区是亚、欧、美大陆组成的"世界岛"，而东欧和亚欧大陆的中部（指中亚地区）是世界岛的心脏。根据这种地理现实，引出了"谁控制了心脏地区，谁就能控制世界岛，谁控制了世界岛谁就控制了全世界"的战略结论。尽管这种论点显然具有一定的局限性，但是仍提醒人们，中国西部及其附近的整个中亚地区为重要战略地区。中国发展海洋事业对欧亚大陆腹地各国的经济与科技发展、加强各方面的联系具有巨大的促进作用，其重要的战略辐射作用不可低估。

从地理形势看，亚太地区一直是冷战时期美、苏两个超级大国互相争夺的热点地区之一。第二次世界大战以后，美国基本上控制了西太平洋地区，并曾利用日本4岛、琉球群岛、台湾及菲律宾群岛所构成的"第一岛链"，对中国大陆进行包围封锁。目前，美国仍把设在亚太地区的军事基地和军事设施作为一条链条式的前沿基地，主要分为东北亚基地群和西南太平洋基地群。中国沿海距离美、俄在西北太平洋的主要军事设施多在 400~800 海里左右。凭借这些基地，现代海军力量均可直接威胁到中国本土。

中国东北地处亚欧大陆东部的边缘地带，陆地面积相当于日本、朝鲜总和的两倍多，临近美、俄、日几大势力，具有极为重要的战略地位。这里山环水绕，土地肥沃，资源丰富，工业发达，交通便利，技术基础良好，经济潜力雄厚。北部隔黑龙江与俄罗斯远东地区相对，距俄罗斯的西伯利亚铁路在 200 千米之内。西伯利亚铁路是连接俄罗斯欧洲部分与远东地区的大动脉，对于俄罗斯开发西伯利亚、发展远东地区东向出海具有至关重要的意义。中国发展海洋事业居于一种十分有利的地位。东北地区东部，隔乌苏里江与俄罗斯远东南部的滨海地区相邻。这一滨海地区，南北狭长、横宽纵短，这里有俄罗斯海军东出和南下太平洋的重要基地。在这一带，还分布有朝鲜半岛、图们江口地区、日本海、黄海等对中国有重要影响的区域，在政治、经济、军事等各方面都有极大的战略意义。

中国南部面向西太平洋，辽阔的南海海域地处沟通太平洋与印度洋，连接亚洲及大洋洲的十字路口，对中国发展海上力量，扼控战略水道，反对霸权主义侵略扩张具有重要意义。中国南部海域自古以来是东方各国海上交往的要道，素有“海上丝绸之路”的美誉，近代又发展为在世界范围内具有重要经济、军事意义的战略海域。特别是日、美、俄的远东海上航线，有许多要经过这里。由日本到东南亚、中东、非洲、欧洲和澳洲等地的航线大多数要经过中国南海，美国从东南亚输入的橡胶等战略物资和从中东运往西太平洋地区的石油几乎都要经过中国南海。俄罗斯从欧洲到太平洋的两条主要航线——中航线和南航线都要经过南中国海。在南海这片浩瀚海洋里，由北向南有东沙群岛、西沙群岛、中沙群岛和南沙群岛。这些岛屿扼海上交通要冲，是控制周围海域和海上交通的重要立足点。加之这一海区自然条件较好，适合大型舰只活动，利于发展海上力量，而且又有大陆和海南岛为依托。因此，中国具有开发利用南海和战略水道的便利条件。

中国与许多内陆国家相毗邻，老挝、不丹、锡金、尼泊尔、阿富汗、哈萨克斯坦、塔吉克斯坦、吉尔吉斯斯坦和蒙古。这些国家在出海口方面的需求对中国发展海洋事业、加强周边联系、促进经济发展也可产生有利的影响。

中国海区有许多重要的海峡、水道，如渤海海峡、台湾海峡和琼州海峡。在海区外围还有朝鲜、琉球、巴士、马六甲等海峡水道。另外，中国山地、丘陵地海岸的突出特点是：突出的岬角，深入的海湾、湾岬相间，岛屿罗列；在岛屿与大陆之间、岬角与岬角之间，也形成了众多的水道，这些水道往往沟通着重要的港湾、基地、海域和岛屿，海峡水道众多，是四海相连的纽带。从地理的角度看，中国近海的海峡是海区内四海相连的纽带，战时保持对这些海峡的控制，是保障海上兵力战略机动的先决条件，是保交、破交作战的主要战场。海峡水道临近大陆，是海陆联系的必经之地。从海陆交通的联系来看，中国近海海峡水道大多临近大陆，是大陆与海上联系的必经之地，战时严密封锁这些海峡、水道是在中国沿海地区抗登陆作战的重要内容。

中国沿海有众多的港湾和江河入口，又有一系列近岸和外围的海峡、水道。这些海峡和水道大多窄狭，形势险要，是抵御外敌入侵的天然关口。中国近岸海峡水道傍岛依陆，水面狭窄，岸上火力可有效控制海面，而大中型水面舰艇在狭窄海域机动受限，封锁反封锁作战将反复出现，对战略全局关系重大。

中国近岸岛屿多数成群，岛与岛之间海湾、锚地众多，避风防潜条件良好，许多港湾往往航门狭窄，两侧岬角突起，形成许多纵横交错、四通八达的水道。例如舟山群岛的港湾锚地就有几十处之多。这些港湾水道易于防守控制，是海军保存兵力、待机歼敌的天然依托。对海上兵力分散驻泊和隐蔽待击是十分有利的，能为海军轻型舰艇的隐蔽出击，出奇制胜提供有利的客观条件。但由于水道狭窄，岛屿相间，也易于封锁。

中国海分南北两大部分，形同一个巨大的"哑铃"，台湾周边海域就是"哑铃"之柄。台湾海峡联系我国近海南北，是东海的一部分，是海上的咽喉要道。台湾海峡是东海和南海的最捷航路，也是西太平洋海上交通的重要通道。

台湾海峡西岸为闽东山地和闽南丘陵叠嶂地带，有众多的天然良港，海峡东岸为台湾岛西部平原，岸线平直、港湾甚少，易攻难守。在海峡南部靠近台湾岛一侧纵列着澎湖列岛。澎湖列岛东距台湾 25 海里，西离大陆 72 海里，扼距海峡南口，形成台湾岛西南方的海上保障。

台湾海峡海底地形起伏很大，大体上可分为澎湖水道、台湾浅滩、海峡西部和海峡东部 4 个部分。近海有诸多的海峡水道与外海相通，敌若进中国海必先经过这些海峡，这有利于充分发挥潜艇作用，于交通线集中的海峡水道处线长达 3000 多海里，航行持续时间长，中间可供利用港口基地甚少，而且大部分航线处于海、空兵力作战半径之内，所以有较充分选择破交作战的时间和地点的自由，以出其不意地打击敌人。渤海海峡以东和青岛至上海之间的航线，远离海岸，外侧无岛屿遮障，航行暴露。但这里水域开阔，航线选择余地大，不易被敌封锁。南方舰区则海岸外倾，航线距岸较近，且岸线曲折，岛屿众多，因而航线较隐蔽，便于利用岛岸掩护。

中国有漫长的海岸，海防正面十分宽大，而中国各主要经济区又多集中在沿海地带，使中国濒海翼侧十分暴露，抗登陆作战任务艰巨。不仅如此，由于海军兵器射程的加大，远程舰对地导弹甚至隔着沿岸岛屿就可以攻击中国本土，使这些岛屿在很大程度上失去了原有的屏障作用。

在海域划界问题上，拥有远洋的一个孤岛就可以得到几十万平方千米的专属经济区，其重要意义更是显而易见的。南海诸岛则远离大陆，是海上力量在南海活动的主要依托。但岛屿分布稀疏，相互支援困难，易被分割。其中南沙群岛北部距大陆就有650海里，使得南海大部分岛屿处于轻型兵力的作战半径之外，难以得到岸基航空兵的支援掩护，后勤补给也难保障。

▌第十二节　海洋权益与国家利益

海洋覆盖着地球表面积的71%。浩瀚的世界海洋是一个万水汇聚的连续整体，与人类生存环境及社会生活息息相关。

海洋对于任何一个临海国家来说都具有十分重要的战略意义。中国既是一个大陆国家，也是一个海洋国家，中国是位于欧亚大陆东端太平洋西岸的文明古国，曾经一时奉行过闭关锁国政策，但那是历史。中国从来没有失掉过与海洋的密切联系。中国历史上数度繁荣昌盛，也都同海洋开放相关。海洋对中国当前和未来发展的意义从来没有像今天这样特别重大，中国未来的繁荣有赖于对辽阔海洋国土的充分开发和对世界海洋明智的利用。

第二次世界大战之后，社会主义国家以及许多新独立的国家登上国际舞台，国际海洋权益的斗争既激烈又错综复杂。海洋权益争夺的背景与历史上以军事和航海贸易为主的情况不同，带有极浓厚的资源色彩。大陆架丰富的油气资源逐渐被勘探察明，并投入商业性开采，使各沿海国家把目光集中到它们领海及领海以外的海底区域。传统的海洋渔业利益，同样受到沿海国家的高度重视。许多沿海国家相继提出扩展海域的主张。

在这种形势下，根据联合国决议，1958年2月14日至4月27日在日内瓦举行了第一次国际海洋法会议。这次会议有86个国家参加，最后通过了著名的"海洋法四公约"，即：《领域与毗连区公约》《渔业与公海生物资源养护公约》《大陆架公约》和《公海公约》。四公约在否定所谓"三海里领海惯例"和确认沿海国享有领海外渔区和大陆架权利上，都作出了明确规定。但是，第一次海洋法会议，在领海宽度和领海外渔区的法律制度方面没有达成普遍接受的协议，致使国际海洋权利的纷争更加复杂化，第二次日内瓦海洋法会议便以失败而告终。

前两次海洋法会议召开时，许多亚非国家尚未独立或独立不久，没有参加会议。1958 年《大陆架公约》规定的"可开发深度原则"，随着开发技术的突飞猛进，又有导致沿海国无限制扩展海洋管辖范围的可能性；运载火箭技术的发展增加了人们对公海海底用于设置核武器的担忧；深海锰结核勘探开采也提到了国际议事日程。第三世界国家马耳他常驻联合国代表阿维德·帕多教授，于 1967 年向联合国大会提出了"国际海底专门用于和平目的"和"国际海底资源为人类的共同继承财产"两项著名原则，促成了第三次海洋法会议的召开。

第三次联合国海洋法会议有 150 多个国家和地区参加，从 1973 年 12 月 3 日开始，经过近 9 年的会期，于 1982 年 4 月 30 日，以 130 票赞成，4 票反对，17 票弃权的表决结果，通过了《联合国海洋法公约》。

30 多年来，维护中国海洋权益一直作为我国海洋科学考察的重要任务之一，科学家们做了大量工作。但是必须指出，在中国维护海洋权益的观念，经过了一个逐步加强的认识过程，海洋权益已经迫切地摆在了崛起的中国面前。

海上航路是大自然的"天赐之物"，海运是无须耗费巨资建造和几乎无须维修的大通道。船舶运量之大，运费之低廉是汽车运输和空运无法比拟的，直到现代仍然是人类对海洋的一种最重要的利用。世界各国，特别是各沿海国长时间把海运作为最重要的运输手段，海运将在中国未来运中占据越来越重要的地位，然而也是需要我们认真维护的一条脆弱的大动脉。相应的，围绕船舶制造，港口、码头建设，新辟航线，海图测绘及各项航海保证业务，海洋科学考察也必将有更加深入的发展。

"谁控制海洋，谁便控制世界。"对中国及广大爱好和平的第三世界国家来说，海洋是反对侵略、保卫国家安全、保卫世界和平的战略要地。在人类历史上，海洋军事一向是海洋科学研究考察发展的主要的推动力之一，也是一种利用海洋的重要途径，海防依然是我国不刻意回避的问题。

世界海洋渔获量占渔业生产总量的 90% 左右，在中国水产业总产量中，即便是近年淡水养殖业大规模发展的情况下，海水产品也保持在 70% 以上。从新中国成立到 20 世纪 60 年代，我国藻类生产已形成规模，产量居世界第一位。随着人工养殖对虾、贻贝、扇贝、牡蛎、文蛤、海鳗的各种技术关键问题的基本解决，中国的水产养殖已达到相当规模。然而在快速发展中，我们也遇到了很多问题，在有些方面已经做过了头。今天，在海洋里我们不断地收到海洋向我们发出的"彩色信号"和"美丽的警告"。

随着现代海洋科学考察的发展，现已探明，在世界海洋巨大水体中及海底内，蕴藏着陆地绝大多数种类的资源，海洋资源已绝非"渔盐之利，舟楫之便"所能概括。海洋资源除空间资源、生物资源之外，尚有：化石燃料资源（石油、天然气、煤等）、深海矿物资源（锰结核、多金属软泥等）、滨海矿物资源（沙、砾石及其他金属、非金属砂矿）、海水化学资源（海水、无机盐、铀、重水、溴、碘等）、海洋动力资源（潮汐能、波浪能、温差能、盐差能）等。

改革开放初期，我国海上油气开发尚处于探索阶段，没有形成规模探明储量和产量。直到1990年，我国海上油气才形成勘探规模，探明地质储量5.3亿吨。从改革开放到2011年，我国海上油气产量由5%增至20%，占全国油气产量的五分之一，产能格局也发生了重大变化，东部、海上和西北油区三足鼎立。在我国四大海域中，唯有黄海海域尚无探明储量。渤海和东海海域油气田已初具规模，南海开发仅限于其北部，主要集中在珠江口盆地和莺—琼盆地，即包括琼东南、莺歌海和北部湾3个小盆地。

在四大海域中，渤海油气产储量一度占国内海上油气产储量的68.5%，但到21世纪初，这一比例降至20.2%。2011年，渤海油气产储量急剧回升至71.7%和69.9%，重新成为海上油气勘探开发的主产区。受外部条件影响，东海油气产量仅限于东海陆架盆地西部，2011年剩余可采储量仅占国内海上油气剩余可采储量的2.16%，产量仅占国内海上油气产量的0.18%。在南海，我国海上探明地质储量主要分布在南海北部。

目前，"由陆及海""由浅入深"已经成为全球油气勘探行业的大势所趋。大型深水装备是"流动的国土"，是海洋石油工业发展的"战略利器"。近年来，我国海洋石油大型装备制造的陆续投产，标志着我国海洋石油工业"走向深水"正在迈开实质性步伐。

海洋虽然资源丰富，但它毕竟是波涛汹涌、变幻莫测之地，向它索取财富必须具有相当的海洋开发技术和社会生产力的进步。当陆地资源枯竭或供不应求，海洋开发技术又使商业性开发成为可行之日，便是海洋资源大规模开发之时。海洋是重要的后备资源基地，对国家未来的发展具有十分重大的潜在价值。

第二次世界大战之后，特别是近十几年来海洋资源开发的深度和广度得到了迅速的发展。近几十年来，世界上逐步形成了一些新兴的海洋开发产业，其中，初具规模的有海洋石油业、海水增养殖业和海滨旅游业。同时，在当代诸如人类起源、地球生命、地壳构造、极地冰盖消长及海平面升降、温室效应、海气热能交换及中长期天气预报等关系人类生存环境的重大研究项目以及人与自然重大科学课题研究中，海洋科学考察越来越起着举足轻重的作用。

作为我国海洋发展立足点的沿海地区，陆地面积只占全国陆域15%，而社会总产值却占全国的60%以上，是中国经济起飞的发动机和黄金地带。保障海洋国土安全与保障中国经济重心地区，保证我国海上运输通道的畅通无阻关系密切。防止海上入侵，避免海上冲突，消除海上恐怖势力必然成为我们必须关注的问题。

国家安全范畴包括海、陆、空、天，海洋是国家安全的一道屏障。我国兼具海陆，近代以来受陆海双重夹击，而主要威胁多来自海洋。当代"中国威胁论"者主张遏制中国崛起，重点目标也是阻止中国东出海洋。环中国海、西北太平洋区域是遏制中国崛起必须利用的战场，也是我国近海防御的重点区域。大洋是霸权国家围堵中国的战略区域，也是我国突破围堵，实施战略威慑和反击的活动区域。建设能够控制管辖海域及其毗连海域、走入大洋的基本制海能力，才能有效地维护国家安全。

▌第十三节　海权的启示

哲学家西塞罗、政治家沃尔特雷利爵士、彼得大帝、"海权论"作者马汉异口同声——谁控制了海洋，谁就控制了世界。这是早期罗马共和国的著名哲学家西塞罗通过罗马与迦太基两次"布匿战争"后感悟所发出的传世名言，这句名言在天地间长久回荡，这句话由2000多年前的西塞罗口中说出，不能不使人叹服他对人类生存与发展之道的敏锐洞察力！从英法两国的"百年战争"，到英阿之战"贝尔格拉诺将军号"巡洋舰被击沉，历史一次又一次地证明了海权的重要性。

美国认为，全世界88%的人口和80%以上国家的首都都位于距离海洋不到1000千米的地区，也就是说，它们都在海军战术武器的打击范围之内。在新的地缘战略条件下和世界性的变革时期，海军作为一个军种，在保障国家利益和安全方面起着十分重要的作用。它既可以保护本国领海、专属经济区和其他相关海域，又可以在海洋战区执行各种作战任务，并给沿海方向上的陆军提供所谓精确打击的支援。因此，大力发展海军成为一些国家增拓本国资源、发展海外经济、防止他国侵犯海洋权益的必然选择。

"谁控制了海洋，即控制了贸易；谁控制了世界贸易，即控制了世界财富，因而控制了世界"——英国政治家沃尔特雷利爵士有感于英荷战争以及英国成为"日不落帝国"的发迹史，道出了与西塞罗几乎相同的声音。

"只有陆军的君主是只有一只手的人，而同时也有海军才能成为两手俱全的人"——俄罗斯罗曼诺夫王朝第4代沙皇彼得一世——彼得大帝，在争夺欧洲以至世界霸权的进程中，深感"俄罗斯需要的是水域"，深知海洋对于俄罗斯的生存与发展至关重要，而极力扩充的俄国海军，则成为俄罗斯的"另一只手"。

"谁拥有优势的海军，谁就能控制海洋，夺取制海权""海上帝国无疑是一个世界帝国"——美国的马汉，在深入研究了有史以来著名海战的战略战术及其影响之后，以军人特有的理智和史学家的智慧，提出了制海权决定一个国家国运兴衰的思想，其有关争夺海上主导权对于主宰世界命运具有决定性作用的观点，更是盛行世界百年而不衰，这就是著名的"海权论"！

海权，虽然有广义、狭义之分，有军事性海权（包括战略性、战役性、战术性）、综合性海权（政治、经济、军事、科技等的综合）之分，但是，说到底就是在海洋区域活动中所具有的自由属性。

纵观人类文明发展史，土地、海洋、蓝天是大自然的"造物主"所给予人类的"三位一体"的生存环境。从陆地走向海洋，从海洋飞向蓝天乃是人类生存与发展的必然走向。但就现代人类的生存与可持续发展而言，飞向蓝天——太空，还不至于成为强烈的需求。而走向海洋，开发和利用海洋，则是迫在眉睫的务实选择。因此，今天的人类比以往更加关注海洋，今天的政治家、军事家以及那些关心着民族、国家生存与可持续发展的人们，比以往更加关心自己海上活动的自由属性——海权。

海洋的连通性，使得彼此之间出现交叉、重叠，甚至是争议，而海洋的流动性，使得这些交叉、重叠、争议又彼此交融，所以，在海洋上的权益之争不同于陆地，涉及面更广，也较陆地复杂。纵观整个人类文明发展史，因土地之争而发生的战争，始终是其"不可摆脱"的伴生物。不管发动战争的政治家和将军们如何粉饰他们使用武力的正义与道德性，"大炮一响，黄金万两"确是不争的事实。

经济为战争提供不可或缺的物质基础，战争既能够严重地阻滞和破坏经济的发展，也能够刺激和驱动经济的发展，甚至能够促进经济关系的变革与革命，因此，人类战争史从一定意义上讲也是一部经济发展史。

据瑞典和印度学者统计，从公元前 3200 年到公元 1964 年间的 5164 年中，世界上共发生了 14513 次战争，此间只有 329 年（约 6.4%）是和平时期。还有人统计，5500 年来，人类共经历了大小 14550 次战争，仅有 292 年（约 5.3%）是和平时期。匈牙利的一位教授曾经作过统计，自第二次世界大战以后的 37 年（约 13505 天）中，全世界共爆发了 470 次局部战争，就全世界范围而言，只有 26 天是无战争日。

在陆战、空战、海战中，陆战往往由政治因素所引发，空战往往围绕陆战或者海战而展开，海战则多由经济因素所引发，海战的胜败不仅关系着一个国家、民族的安危荣辱，而且关系着一个国家、民族的生存与发展。

第八章　海洋文化

　　海洋文化，对于我们的传统文化来说是一个全新的话题。

　　人们都有这样一个常识，海洋是生命的摇篮，风雨的故乡。这最主要的是告诉了我们，生命诞生于占地球表面积71%的海洋。

　　因此可以说，在远古时期，自然界是生命的舞台，奠定了人类诞生的基础；人类诞生后，自然界是人类的舞台，演绎了人类文明的进程而沉淀了历史，从朴素和幼稚地崇拜自然，走向了科学认知自然而创造了文化。

　　文化属于社会科学范畴。它涵盖了社会文化、民俗风情和审美意识等。而作为人类社会的发展，主要靠自然科学和社会科学两大动力推动其发展。自然科学是研究自然现象与规律的科学，而社会科学是研究社会关系与发展规律的科学。

　　我国的海洋文化是传统文化的一部分，但目前对中国海洋文化的认识，国内学者尚无权威性的共识，尤其是海洋文化理论研究亟待加强。本文就中国有没有海洋文化、海洋文化观与海洋文化的缺失、现代海洋文化凸显、海洋意识、海洋文化现状、海洋文化传播与影响、海洋文化的意义与作用、海洋文化发展走向等问题浅述一管之见。

第一节　龙从海上来

中华民族的图腾是什么？这个图腾被人信仰的最初心理又是什么？

龙，生于神话，行于水天，敬仰于民间，称王于四海。

龙，是一种自然力的神话形象，由最初的雨神到水神，再到海龙王，由此成了刚健、勇毅和力量的象征。最后登上了至尊的官化的宝座，终于铸就了傲视天下、主宰万物的天性。

"官化"了的中国龙，作为海神，便不再以管海事为主，兼职替玉帝做起了陆神的生意。因而正是这条中国龙成了联系中国人与海洋的主线，从它身上可以一窥中华民族的海洋意识和中国王朝的海洋观。

人类的童年是神话的盛年，神话是先民思维的工具和内容，先民在神话中表述他们的已知世界和未知世界，用神话来解释世界的所以然；对未知世界，按照自己的理想模式创造性地作出解释。正是在这种情况下，中华民族的图腾——龙诞生了，这体现的是我们先民最初认识水和海洋的心理。

龙，作为中华民族的图腾，从诞生于水（海），而后走上陆，从一种信仰，最终成为至尊无上的最高权威这一演进，中国龙的命运基调以尊儒为主，以敬海为辅，是世界上独一无二的。

这独一无二的现象延续至今，会不会令我们尴尬？

深究其历史根源，我们的先民最初的海洋心理其实就是"龙的心理"，因为他们最初信仰和长期崇拜的海神就是龙。时至今日，中国人有谁不认为自己不是龙的传人？

在中国人眼里，龙比上帝（玉皇大帝）要近一些，因为神话中龙是直接管辖海洋之王。但后来渐渐地，龙不仅是海洋之王，连陆地上王朝的统治者——皇帝也自称起龙来，而且还要加上"真龙"之特称，以示自己不是"假龙"。这恰恰说明中国人自古便把海洋看得比大陆更高，海洋之王不仅可以统治海洋，还可以统治陆地。然而，这一演进导致中华民族逐渐形成了一种特殊的海洋心理：眷恋陆地的亲情，对海洋存有畏惧。所以海洋之王——龙王可以在名义上居于首位，手下之众却并不愿意去龙王管辖的疆域——海洋，因为中国王朝是大陆上的王朝，对海洋是陌生的。

龙，从海走上陆，被完全异化了，这应验了中国的一句老话："种了别人的地，荒了自己的田。"这种异化改变了先民最初对水（海）的崇拜和信仰，直至改变了后人的海洋思想观念。所以，中华大地上的古人便把海或水与苦难或荒蛮联系在一起，如对茫茫沙漠，称之为瀚海；称北方西伯利亚荒凉苦寒的不毛之地为北海；把深重的灾难称为苦海；称远离文化中心的边塞为边海；称处于不同文化形态中的民族地区则为海外，对中原之地称为海内。尽管我国古有所谓"祭海之乐，同于祭天"之说，但这正是证明了对自然力的祭祀和崇高越隆，越说明对这种自然力的畏惧。由此可见，中国人对海洋的畏惧深深扎根于传统的文化心理之中。

龙，在中国封建王朝出现之前作为神话出现。之后，在中国数千年农耕文明的演进中，龙的地位被渐渐提高，最终被供奉在了中国人的龙王庙中。

生在神化，嫁于现实；生在大海，嫁于陆地，这是中国"龙"的命运。

"龙"，被"官化"了。当古人受封建帝王的影响，尽管也认为龙王是海洋的统治者，但依然会觉得生活在陆地也好，生活在海洋也好，都不能由自己掌握命运，其命运不是由陆上的皇帝决定，就是由海里的龙王决定，相比之下，陆地比海洋更安全，于是对海洋渐渐淡漠了。历史上中国尽管一度有过领先世界的航海技术，却缺席了世界大航海时代，正如黑格尔所言："尽管中国靠海，并在古代可能有着发达的航海事业"，但中国"并没有分享海洋所赋予的文明，海洋没有影响于他们的文化"。

龙的"官化"，自然而然成了儒学之外的附属品，并逐渐沉淀为民族海洋意识与海洋观的历史底色，这直接影响和束缚了中华民族征服海洋的欲望。崇儒为本，敬海为辅，成了"官化"的龙从海走上陆后命运的基调。但无论如何抬高儒学，龙的原本形象从未被淡化，在中国人的心中都能清楚地感到它的存在。

龙的被"官化"，儒家思想的鼻祖孔子老先生有着杰出的贡献。因为他对原始海洋采取了不宽容的冷漠态度，谈及天时，他只是强调天的永恒不变，要人们对天遵从和敬畏，"不违天命"。孔子从天命观和其最基本的"仁""礼"学说出发，淡化了原始海神。儒学对海洋的排斥是中华民族海洋意识长时期淡薄的文化根源。

儒学对龙的改造，是在神话中树立了以龙为统治者的统治秩序，以便使神的世界再现"礼秩"，而这个统治秩序显然是模仿人间王朝来设立的。所以在龙登上陆地尊者的宝座以后，便不如以往那么自由潇洒，当它最后被锁在"君权神授"这座"监狱"里时，在相对封闭的大陆与开放的海洋的天平上，大陆一端被投入了一个重重的砝码。

其实，龙神、海神被"官化"、帝王化后，渐渐地失去了神性，成了一堆抽象的名称官号。这也进一步反映出中国帝王个性被儒学所抹杀，儒学思想笼罩了帝王的现实。龙如此被规范成帝王本身，那还能指望它体现海神的自然力吗？还能反映帝王走向海洋、征服海洋的勃勃雄心吗？还能使帝王们具有创造力和生命力吗？

显然，龙的帝王化显示了中国封建王朝海洋道路的尽头，封建社会被稳定到了极致，也显示了帝王个性化的丧失。

从历史来看，一方面，"龙"的王朝一味只从自己的角度出发，逆时代潮流而行，且一直顽抗到20世纪才终于破灭。这使中国失去了几百年的发展时机，迎头赶上世界的最好时光丧失了。另一方面，资本主义经历了大航海时代后进入帝国主义时代时，中国人陆上活生生的"龙王"们却在封建主义的束缚下，两千年一成不变，即使有时有点变化也只是个性的丧失与皇帝们的千面一孔。中国苍老的"龙神"以至落到了令老百姓们只有崇拜而无信仰的地步。最终对龙神只有崇拜，失去了信仰，逐渐演变成了民族海洋意识和海洋观的底色。

信仰是人心灵的产物，是个人的意识行为，同时也是自身价值的所在。

信仰一词是这样定义的：它是人类特有的心理现象。是人对自身之外的物质或精神的信任和依赖。是人类否定自身获得救赎的产物。人类能够认识自身天然的不足，有机会正视自己。对自身不足的认识，人类大胆否定自身，寻求帮助和联合，人类才有机会生存和进一步发展。否定自我，寻求依赖，是信仰的开始；否定自我，获得拯救是信仰的归宿。在信仰中，人摆脱了实在的困苦和困惑，获得了精神宁静，实现了对自身和生命的超越。

信仰在人类社会的文明进程中发挥的作用是：道德生活是伴随人类发展始终的社会现象，而信仰是支撑道德生活的基石，是人类生存须臾不可分离的基本生存条件，它从根本上决定着人类道德实践的范围、层次和方式。

信仰不但赋予道德以自律的本性和意义，而且是人们的精神支柱和道德选择的坐标；信仰不但可以提升人们的道德境界，而且可以塑造人们的道德人格；信仰不但是道德行为的动力，而且是人生路上的"指向灯"。

人们都知道龙神其实并不存在，当龙神自海洋登陆被"官化"后，虽然人们对它只有崇拜而失去了信仰，但龙依然具有强大的生命力存在并根植于人们的心中。

今天，历史要问："龙，还能回归天性吗？"

中国海要问："龙，还能回归海洋吗？"

第二节 关于海洋文化

我国的海洋文化源远流长，据考古学者的研究，人类早于数十万年前旧石器时代的初期，就已向海洋文化踏出了第一步。到晚旧石器时代，大约距今4万至1万年前，人类对海洋资源的开发出现了明显的增加。在这一时期，我国沿海的先民就已开始了征服海洋的活动。但是，我国远古的海洋开发活动，多表现为神话等在民间流传，这些故事说明了什么，在当时社会是一种什么体现？

什么是神话？高尔基说："一般说来，神话乃是自然现象，对自然的斗争，以及社会生活在广大的艺术概括中的反映（高尔基《苏联的文学》）。"这说明了神话的产生，也是基于现实生活，而并不是出于人类头脑里的空想。高尔基更明白地说："它是与生活有紧密联系的。所以当我们研究神话的起源，古代每一个时期的神话所包含的特定意义以及诸如此类的问题时，都不能离开当时人类的现实生活、劳动和斗争而作凭空的推想。"

社会发展史告诉我们，原始人进入历史的时候，还是半动物的，因而也是十分贫困的。在这样的条件下，原始人同周围自然作斗争是以极其薄弱的装备为基础的。所以原始人是自然的奴隶。他们被贫困和生存斗争的困难所压倒，起初还没有脱离周围的自然界。在长时期中，原始人无论对自己或自己借以生存的自然条件都没有任何联系的观念。后来逐渐才开始对自己周围的环境有了极为有限的幼稚观念。再往后一点，当人类的两手教导头脑，随后聪明一些的头脑教导两手，以及聪明的两手再度更有力地促进头脑的发展的时候，原始人才开始在自己的想象中使周围世界布满了超自然的存在物——神灵和魔力。这就是所谓的万物有灵论。从这些蒙昧的观念中，产生了原始神话和原始宗教，而这种原始神话和原始宗教，正是原始人从劳动中发展起来的日益聪明的头脑所创造出来的，也正是原始社会的低下生产力的一种反映。我们今天研究我国海洋文化的产生与发展，必然要从我国民间流传的与海有关的神话开始。这种海洋神话与我国其他神话同样是我们祖先所创造出来的，是神话产生时社会的低下生产力的一种反映。

我国海洋神话与其他神话一样无系统、无条理，零星片段存在于世间，其原因是什么？鲁迅先生在《中国小说史略》里列举了三点：

一是因为中华民族的祖先居住在黄河流域，大自然的恩赐不丰，很早便以农耕为业，耕作勤劳，所以重实际，轻玄想，不能把往古的传说集合起来熔铸成为鸿文巨著。

二是又兼孔子出世，讲究的是修身、齐家、治国、平天下的一套实用的教训，上古荒唐神怪的传说，孔子和他的学生们都绝口不谈，因此后来神话在以儒家思想为正统的中国，不但未曾光大，反而又有散亡。

三是神鬼不分的结果。

鲁迅先生一语中的，他对中国神话的看法也同样指出了我国海洋神话缺憾的原因，实在说来也是指出了我国海洋文化自古以来不能成书，不能成体的原因所在。

神话是民族性的反映，各国的神话都在一定程度上反映出了各国民族的特性。我国的神话包括海洋神话，自然也在好多地方反映了中华民族的特性。从我国保留下来的古代神话片段如"夸父逐日""女娲补天""精卫填海""鲧禹治水"等所记述的事迹看，我们的民族，诚然是一个博大坚忍，自强不息，富于希望的民族。神话里祖先们伟大的利人利己的精神，实在是值得我们后代去学习，去发扬。研究神话，就能了解民族性的根源。研究海洋文化，方能光大我们民族的未来。

神话，自人类的童年时代开始。

神话是人类对世界起源、自然现象和人类社会生活的原始理解。海洋神话传说，是人类对海洋中的各种自然现象和人类围绕海洋进行的种种活动的独特理解与表现。

海洋神话，是海洋文明的本体之一。海洋神话传说离不开海洋，离不开人与海洋的无穷纠葛。一个民族的海洋神话的色调，是由这个民族的海洋文明基调决定的，它受这个民族海洋事业的兴衰左右，反过来，也作用于航海者的精神并进而影响海洋事业的发展。

在整个海洋文明中，海洋神话是最为光彩夺目、意趣横生的一部分，也是最能反映人类文化观念的一部分。

当海浪第一次托起原始人类的独木舟时，海洋神话就匆匆赶来，与人类一起踏浪远航了，他们同舟共济，甘苦与共，一起经历磨难，一起拥有光荣。海洋神话，是人在海天之间用桅杆的巨笔绘出的自我，是对人类自身的歌颂与祭奠。

创造神话的时代已经过去，世界在震颤中平衡，变得清晰而且简明，令人整日从现实的白日走向现实的夜晚。所有浪漫，所有的想象，所有无所羁绊的创造和所有非理性的诗意都让位给电子计算机单调冷漠、节奏平缓稳健的运转。海洋神话这只航船似乎已远离我们而去，再不回返。

无限的怀恋加深了我们探索它奥秘的渴望，了解它，实际上就是了解人类自己的过去……

　　从事海洋活动的一切物质与精神的行为活动产生的不同形式的成果都是文化现象，它属于文化范畴。这些文化现象最终都归于文化，就像万千江河归于大海是一个道理。"文化海洋"为什么被列在最后？文化问题也是最难的问题，它需要漫长时间的积累，并被社会实践反复证明才能沉淀下来。说它漫长是指作为一种文化不是一代、两代、几代或是一两百年才能沉淀下来的。一种文化只有经过漫长的积累和沉淀并经过不断总结、不断重新认识、逐步凝练，逐渐丰富和提升才能形成，最后才能得以传承。正是基于这种认识，中华民族从事海洋活动的历史已有 2000 多年，即便是现代海洋科技事业，从 20 世纪 20 年代初算起，也已有 80 多年，所以今天我们适时进行研究、总结、凝练和传承海洋文化是我们海洋人必须要回答的命题，也是海洋人的一种责任，这有助于在海洋事业发展的过程中发挥文化的引领作用，规范海洋从事者的人生观、价值取向和行为道德，促进海洋文明的进步。

　　中国的海洋史同我们民族的历史一样，是悠久而漫长的。中华民族在历史发展的进程中生存、发展和演进。随着历史的进步、社会的发展，特别是在多元化社会的今天，人们对自身的思考、认识和研究也越来越深入，越来越引起广泛的关注。以人为本、生存理念、文化传统与现代的文化认识同时被提上重要议程。因此有人预言，人学，将成为 21 世纪的显学；有的哲学家断言：人学与哲学，是一个跨世纪的主题，当代的哲学思考必然要转移到对人的研究上来。因为当今的时代精神就具体地体现在对人的强烈呼唤和关怀上，这就是历史发展和演进的进程中所赋予时代的人文精神。

　　所谓人文精神，无非是对人的关切和关注；对人的生存状况和生存境界的关切和关注。社会主义现代化建设最主要的任务是发展生产力，促进社会的全面发展和进步，进而实现文化与文明的进步。生产力的发展要靠科技进步，社会整体的发展要靠各个领域的全面建设。而科技的进步、社会全面发展的速度和质量，从根本上来说都离不开人，又都取决于人。倡导人文精神，是实现人类社会文明的最终目的。

　　我国的海洋事业经过多年的奋斗，已经发生了翻天覆地的变化，特别是近些年来，更是取得了令世人瞩目的成就。同社会整体发展的其他领域一样，海洋事业发展到今天同样提出了对从事海洋事业的人的研究，提高到对人的认识方面来，这是我国海洋事业发展的时代命题。

　　人天生有脊梁骨，成人后由于脊梁骨完好地发育，才使这个人身材挺拔，气宇轩然。不仅如此，还由于脊梁骨是由一个个骨节组成的骨节链，可以活动自由，能使人具有完整的人的功能。陆地上脊椎动物大多是如此，对于这一现象，可以称为"骨节效应"。陆上的脊椎动物都长有肢和足，那么海洋脊椎动物与陆上脊椎动物相比，海洋动物由于大多没有肢和足，这种"骨节效应"就显得尤为重要。

带鱼是大多数人都熟悉的一种鱼，内陆人称之为刀鱼。带鱼细细长长的身体正是靠骨节链的作用才能在海里游动自由，动作敏捷，这时"骨节效应"就充分地显现了出来。因此，对于海洋文化，"鱼骨效应"是否能给予我们一点启示呢？

这种启示应该有两个方面。一是与海洋事业发展伴生的文化是海洋业各学科、各门类文化现象的综合表现；二是依次有序的发展与传承，也可以理解为编年次序的积累与体现。因此，目前的海洋文化研究还十分缺乏对海洋各学科、门类有序的历史性基础研究和相互关系的文化环境与氛围研究，也就是说没有充分地体现出这种"鱼骨效应"。目前，我们海洋业的整体海洋文化氛围尚不能形成气候，正是缺乏这种"鱼骨效应"的联系，因而十分难以系统化，更难以产生整体的社会效应。

根据"鱼骨效应"我们来延伸到对海洋人的思考和研究。对于人的思考和研究，对人的关切和关注，并不是自今日始。很早以前，中国古代的哲人就提出了"天人合一""天人之分"的思想，探讨了人和自然的关系，探讨了人在宇宙中的地位问题。孔子的"仁学"和儒家伦理，也曾致力于人与人的人际关系研究。古希腊德尔菲神庙上早就刻下了一句箴言："认识你自己。"

长期以来，人类致力于探索自然的奥秘，研究社会发展的规律，从而建立起相当发达的各门自然科学和社会科学。相对来说，今天的自然科学发生了前所未有的变化，而就社会科学来说，人们对自己的认识反而落后了，以至酿成现代社会仍有遗失自我、失落自我，生存无所依傍、精神无所寄托的现象。

海洋事业融于中国社会整体之中，这种现象在海洋界是否存在？答案将是肯定的。因此可以说，提出我国海洋人文科学问题，思考和研究海洋人文精神便是毋庸置疑，顺理成章之事。

反思中国历史，反省中国文化，探讨国民性，摸索中国人自强自立之路，是近代先进的中国人毕生追求的奋斗目标。同样，中国海洋事业在中国社会整体发展与进步中初现活力的今天，反思中国海洋史，反省中国海洋文化，探讨海洋者整体意识和民众性，探索海洋中国民族复兴之路只是一个时间问题，却是今天和未来必须要回答的问题。

鲁迅先生曾说："其首在立人，人立而后凡事举。"今天，中国的海洋事业确实取得了辉煌的成就，但我们尚不是海洋强国。因此，我们是否可以这样认为：在海洋事业发展进程充满希望的今天，我们对完全有别于陆域生存环境而从事海洋事业的人的存在和人的本质研究，仅仅限于直观自身，反思自身是不够的。必须把握人的全部生活（与陆域环境千丝万缕的联系），人的一切实践形式和一切关系，其中包括人与自然的关系，人与人的关系，人与社会的关系，社会上这一层人和那一层人的关系，这一行与那一行的关系等。

在这个基础上，确立我们的生存理念，确立我们的人文精神实为明事之举。

"海洋人文科学"是学者在近年提出的一个概念，什么是"海洋人文科学"？这就是一个文化问题。

是否可以这样认为：海洋作为地球生命支持系统的一个重大部分，在因其自然属性而产生的自然科学的基础上，尚存有保障、推动和提升其事业发展，涵盖政治、经济、文化、军事、教育、科技、哲学、法律、外交、宗教、民族、民俗等方面的学科延伸作用与意义，此即为海洋人文科学。

自然科学问题需要用自然科学研究的方法论来解答。而社会科学问题则需要社会科学研究的方法论来回答。海洋事业的发展如果长时期停留在"自然海洋"层面，而忽视了"人文海洋"的另一层面必将有失偏颇，长时期存在必将导致海洋事业的社会价值倾向失衡，而制约海洋事业发展，滞后社会的进步。

我国近、现代海洋发展史表明，始于20世纪20年代的海洋自然科学奠定了海洋科学事业的基础，并成为我国海洋事业整体发展的强大原动力。进入21世纪，我国海洋事业进入一个新的历史发展时期，毋庸置疑，海洋科学必须继续发挥其巨大的推动作用而引领前卫。然而，随着海洋事业整体水平的发展，与之伴生的海洋人文科学弱势已经日益强烈地凸显出来。这是当物质文明达到一定发展水平后社会进步的必然反映，是文化与文明进步提出的必须回答的课题。这关系到是否尊重客观规律、尊重社会进步与人类文明在新的历史时期把我国海洋事业整体发展全面提升到一个新水平的大问题。

倡导海洋人文精神，发展海洋文化，是我们事业兴旺发达的需要，是我们海洋从业者的责任，也是一种使命。海洋事业任重道远，需要我们共同努力。

第三节　中国有海洋文化吗

文化是一个不那么好懂的概念。当代西方学者罗威勒（A. Lawrence Lowell）很富思辨地认为："在这个世界上，没有别的东西比文化更难捉摸。我们不能分析它，因为它的成分无穷无尽；我们不能叙述它，因为它没有固定的形状。我们想用文字来界定它的意义，这正像要把空气抓在手里似的。当我们去寻找文化时，除了不在我们手里以外，它无所不在。"

有一段时间里，西方学者把文明和文化作为同义词看待。《世界文明史》的作者认为文明即一种先进文化：一个文化一旦达到了文字已在很大程度上得到使用，人文科学和自然科学已有某些进步，政治的、社会的和经济的制度已经发展到至少可以解决一个复杂社会的秩序、安全和效能的某些问题这样一个阶段，那么这个文化就应当可以称为文明。

"文明"一词在中国文献里最初见于《易传·文言》中的"天下文明"。现代汉语中一般用"文明"指人类社会的进步状态，与"野蛮"相对。而广义的文明与文化没多大的区别，《辞海》注："文明，犹言文化。"在文化学里，有关文化的概念多达 160 多种。

当代哲学家张岱年指出："文化有广义、狭义之分。狭义的文化专指文学艺术。最广义的文化指人类在社会生活中所创造的一切，包括物质生产和精神生产的全部内容。"

我们研究的海洋文化则是文化的一种类型。是相对于大陆文化而言的一种文化形态。

海洋文化是世界性的文化现象，有关海洋文化的定义也多达几十上百种，至今还没有一个公认的定义。有的认为：海洋文化是人类文明的源头之一，是人类拥有和创造的物质和精神文明的重要组成部分。也有人认为：海洋文化是一种泛文化意义和文化现象，是海洋生态环境所提供的对人们生活、生产、价值观念、性格、习俗的物质的、精神的总体文化现象和表现。西方学者认为：古希腊及地中海的文化就是典型的海洋文化，是西方文化的源头等。

人类在其自身生存、发展的历程中广泛接触海洋，与浩瀚而又神秘的蓝色空间发生无穷的纠葛，逐步认识了海洋。这一过程，是人类智能的灵光照临海洋的过程，同时也是人类创造海洋文明成果、形成海洋文化观念的过程。这一过程，几乎和人类与海洋接触的历史一样古老。

当代海洋文化学科建设的积极倡导者，中国海洋大学教授曲金良在其《海洋文化概论》中表述："海洋文化，作为人类文化的一个重要组成和体系，就是人类认识、把握、开发、利用海洋，调整人和海洋的关系，在开发利用海洋的社会实践中形成的精神成果和物质成果的总和。具体表现为人类对海洋的认识、观念、思想、意识、心态，以及由此而产生的生活方式。"

中国是一个滨海的国家，有 1.8 万多千米的大陆海岸线和 1.4 万多千米的岛屿岸线，早在约 1.8 万多年前的旧石器时代，我国沿海的劳动人民就开始与海洋打交道，过着拾贝抓鱼的渔猎生活。7000 多年前的新石器时代，我国沿海的劳动人民就发明了风帆、舵、桨，开始驾舟出海。春秋战国时代，海洋开发已上升为国家意识，韩非子有"历心于山海而国家富"的名言。到了秦皇汉武时代，中国的航海技术已经可以远涉重洋了。然而，自称对中国的文明有深入研究的德国大哲学家黑格尔对中国的海洋文明下了一个错误的判断，他在《历史哲学》一书中提出中国"并没有分享海洋所赋予的文明"，海洋"没有影响于他们的文化"。由于黑格尔在学术界的崇高地位，200 多年来，这一判断一直影响着国际文化学和文化史学界，使灿烂的东方海洋文化，被锁在历史的深宫里不被人识。

为了探求中国海洋文化在其世界和中国整体文化中的历史地位，当代许多学者进行了积极的探索。

中国科学院自然科学史研究所的宋正海研究员早在 20 世纪 70 年代末就开始研究海洋文化，他从自然科学史和一个海边出生的人的独特视角感知中国古代海洋文化的存在，在理论和实践上，对德国哲学巨擘黑格尔 200 年前对中国海洋文明的论断进行了否定，并于 1978 年在汉堡举行的第 4 届国际海洋学史会议上，发表了《中国传统海洋学史的形成和发展》一文，引起了国际社会的强烈反响。1992 年，宋正海又率先在《中国海洋报》著文提出中国海洋文化的农业性观点。在其《东方蓝色文化》一书中认为："世界海洋文化并非只西方的一个模式，中国古代还有另外一种重要模式。并且可这样说，如果把西方的海洋文化称作海洋商业文化，那么中国古代海洋文化应为海洋农业文化，两者均是世界海洋文化的基本模式。"

厦门大学历史系教授杨国桢也是国内较早开展海洋文化研究的学者。他认为："中华民族的形成，经历过农业部族和海洋部族争胜融合的过程，中华古文明中包含了向海洋发展的传统。在以传统农业文明为基础的王朝体系形成之后，沿海地区仍然继承了海洋发展地方特色。在汉族中原移民开发南方的过程中，强盛的农业文明，吸收涵化了当地海洋发展传统，创造了与北方传统社会有所差异的文化形式。"

通过以上可以得出结论：中国有海必定有海洋文化。

中国海洋文化的个性是什么？

在众多的海洋文化研究成果中，海洋文化是这样一种文化个性：开放、拓展、交流、兼容。中国海洋大学教授曲金良把它归纳为 6 个方面：内质结构的涉海性、异域异质文化之间的联动性和互动性、价值取向而言的崇商性和慕利性、历史形态而言的开放性和拓展性、社会组织行为和政治形态方面的民主性和法治性、哲学与审美角度的本然性和壮美性。与曲先生同样做过海洋文化个性研究的广西民族学院教授徐杰舜在他的《海洋文化理论构架散论》中归纳为5个特征：外向性、开放性、冒险性、崇商性、多元性。前者和后者一北一南，表达有详有简，但在把握海洋文化的普遍个性上观点基本相同。

那么，中国的海洋文化有没有自己的个性呢？回答是肯定的。

北方学者宋正海在其《东方蓝色文化》一书中认为："蓝色文化在东方和西方的表现是不同的，作为东方蓝色文化重要代表的中国古代海洋文化确实与西方传统的海洋文化有着巨大的差异，中国海洋文化有着鲜明的农业性，其基本内涵是'以海为田'。"中国海洋文化的农业性传统使沿海的农业经济在多数时期都得到了长足的发展，也使海洋渔猎、海水养殖、海水盐业及水产品的粗加工业占有沿海经济的极大比重，从业人口也是最多的一个涉海行业。但由于受到中原农业文化影响的抑制，海洋的商业性没有得到张扬，历代统治者都采取重农轻商的政策，阻碍了商品经济的发展和海外贸易的拓展。

南方学者、华南理工大学人文学院的谭元亨教授认为：以江浙海洋文化发展为例的北方学者"回避了（中国）海洋文化的商业性特质"。他不赞成把海洋文化划为两种，另划出一个"海洋农业文化"来，海洋贸易本来就是与商业文化无法割裂开来的。他认为广府文化（北回归线以南珠江流域及两广沿海），具有鲜明的商业性、慕利性，有向海外拓展乃至殖民的特征，有开放和兼容的胸襟，有2000年长盛不衰的海外贸易等，这是中国最典型的海洋文化形态。

南北两位学者就中国海洋文化的个性各自作出了完全不同的判断，我们相信，在这个问题上有不同看法的中外学者还大有人在。这说明了中国海洋文化这一研究领域的广域性和复杂性。但是判断是做学问的前提，中国海洋文化究竟有哪些特性呢？这是我们必须回答的。

我们认为：中国的海洋文化，从其本质来看，仍然具有西方海洋文化相同的特征，只是在其文化发展的不同时期、不同区域，依据主流文化影响的强弱而有不同的表现形式而已。因为西方的海洋与中国的海洋在其自然属性上都是开放的，海洋的资源都是流动的，从事海洋资源开发的工具都是共性的。人类向海洋发展的力度和广度，取决于所在历史时期个体或集体对资源、利益、财富乃至安全的依赖程度，同时也要依据技术条件和自然环境。并不一定长年与海洋打交道的人就能冒险，许多内地人也能冒险。要不要冒险主要看是否需要，冒险能否达到目的主要看个体或集体驾驭风险的能力。殷人东渡是因为这个群体成了叛军，可能被周王杀掉而铤而走险，徐福东渡是为找秦始皇需要的长生不老药，哥伦布是受马可·波罗等西方旅行家的影响，到东方来找金子的。他们都是有了某种强烈需要或者被迫才走向海洋。中国的海洋文化为什么在一定历史时期具有与西方不同的农业性，是因为中国的沿海海岸多平地，也很肥沃，适合于种植，比造船渔猎和贸易来得直接稳当，技术和习惯上又得到中原农业文明的滋养，没有很大的压力要走向海洋谋生。而地中海沿岸一般多山地，不适合种植，环境逼得他们走向贸易，这也是不争的事实。现在因为受人口、资源、环境的压力，中国海边那点平地再也生不出花了，养活不了日益增长的人口了，就不得不建港口、挖鱼池、搞临海工业、沟通物流、发展贸易，海洋文化的商业性、幕利性显露出来了。这和西方地理学派关于"土地饶脊使人勤勉"的道理是一样的。这也说明，即使在一定的历史阶段形成了某种文化个性，随着历史条件和自然条件的改变，也是可以得到改变的。

同一时期不同的区域其文化的个性表现也是不同的。江苏、浙江、福建一带沿海，受中原文化影响大，虽然历史上也有发达的航海业和造船业，却没有相应的较普及而持久的航海贸易。而广州因为地处岭南，山高皇帝远，中原文化影响小，航海贸易一直长盛不衰。这也是有些学者一直认为广州有典型的海洋文化形态的理由。

东西方海洋文化在其交流的过程中，是经过了对峙、碰撞、兼容、再生的过程的，越是交流频繁，相互兼容的东西越多，相互补益就越大，其文化就越有活力。这一点东西方也是没有本质区别的。老牌的海洋国家在他们的全盛时期也是文化交流最频繁最充分的时期，不论是以传教的方式还是以铁甲兵舰的方式。元代江西籍的汪大渊，因为从小接受了海外文化的影响，成了我国最伟大的民间海上旅行家和航海家。孙中山推翻帝制，"五四"新文化运动，毛泽东的新民主主义革命至邓小平的改革开放，都无一不是在东西方文化的强烈对峙、碰撞、兼容中获得再生的产物。开放和交流是东西方海洋文化发展中最基本的也是最优秀的特征。

答案是明确的，中国海洋文化个性不仅具有西方海洋文化的共性，同时兼有浓厚的"以海为田"的农业性。

▌▌ 第四节　中国海洋文化

文化是一个大题目。说大，文化博大精深；说小，在我们身边无处不在。在世界各国争相发展的今天，在我国社会主义市场经济日臻完善的社会条件下，文化的存在是必然的，但我们需不需要文化？现实中的主流文化要不要传承传统文化？这是我们应该认真思考的问题。

2010年10月28日，美国众议院以357票比41票压倒性的票数通过了一个决议案，把2560多年前中国孔子的诞辰作为纪念日，在21世纪的今天，"世界警察"的美国众议院通过了一个与我们有关的决议，这意味着什么？

文化肩负了使命与责任。

对于现代社会，西方社会学家有这样的定论，维护社会长治久安和谐发展需要法律、道德、媒体和宗教四大支柱的支撑，而这四大支柱同属于文化范畴。今天世界各地的局部动乱甚至战争，无不与法律权威性的动摇，道德观念和价值取向扭曲，媒体不负责任和宗教信仰的缺失有关。

法律对于文化素质高和自觉性强的人来说是不具约束力的，因为具有高文化修养的人，个人的自觉行为都在法律允许范围之内。现今人们都说经济发展了，生活富裕了，法律更健全了，而道德观念和价值取向都出现了扭曲。

再如社会上出现的种种道德层面的问题，从文化的角度分析，不外乎有三个方面的原因。

传统文化概念淡化。中华民族5000年文明为什么能够延续到今天？这是因为我们的传统文化有一种亲情凝聚的力量。历朝历代的君王们，都明明白白地看到了这一点。汉朝425年，这是自封建社会体制建立以来最长的朝代。汉朝以孝治国，绝大部分皇帝都提倡孝道，孝文帝、孝景帝，一直延续下来。这不是哪一个君王，一时兴起随便作出的决策。几千年文明，几千年的国家，从国家到家庭，传统文化血脉相传于我们的礼仪之邦。但是到了19世纪末20世纪初，中国积贫积弱，外国列强大肆入侵，中国很多有识之士开始反思，中国为什么落后，为什么被动挨打，然后一股脑儿把责任推到我们传统文化这边来。这就导致了从20世纪初开始对传统文化的否定态度，导致后来几代人直至现代的年轻人几乎与传统文化无缘。

海洋文化的作用是什么？

中国海洋事业的发展要不要文化的引领？要不要人文关怀？海洋文化该如何发展？现状与弱势是什么？这些问题是中国海洋事业未来发展必须要回答的问题。

我国海洋文化无疑是中国传统文化的一个组成部分，这已是不争的事实。今天，面对世界多元文化的冲击与挑战，中国传统文化的世界性问题已日益凸显。因此，我国海洋文化的现状应引起海洋从业者深深思考，海洋文化的弱势应引起反省。

进入21世纪，中国在经济上取得了举世瞩目的成就，中国如何在文化上为当今世界提供更多精神资源，成了中国和世界最普遍关心的问题。同样，中国海洋事业要在其中有大作为，海洋文化是不可或缺的精神资源和动力。

语言与文字是文化传承最基础的手段。而语言又是一个民族观察世界的方式，也是一个民族世界观、价值观的具体体现，是一个民族文化的根本。文学写作是一种文化中最富有活力的组成部分。因此，就海洋文化来说，其对海洋事业贡献的价值如何评价，在传统文化体系中如何定位，海洋文化如何发展，都将是海洋从业者现在和未来必须面临的问题，以及我们必须承担和开拓的事业。

海洋从业者应该认识到这一点：无论是在传统文化中，还是在世界多元文化中，海洋文化的地位就是海洋事业的地位。如果把文化的东西去掉，尽管海洋事业有诸多科技成果的支撑，但在多元文化的社会与世界中仍然无法改变任由摆布的局面。对于这一点，我们必须要有清醒和明确的认识，海洋文化是海洋从业者生存的精神归宿，究竟该如何研究、绵延和发展，这一点值得我们理性认真思考。

始于 20 世纪末的近代中国海洋事业，已经走过了很长时间，涌现出了许多科学家，取得了许多令人瞩目的科学发现和科研成果。但现实无情并继续地告诉我们，这些海洋科学家为什么与其他科学领域的科学家不能齐名，海洋事业的社会认知度为什么长时期低下。这与海洋文化的复兴、发展和传播不无直接关联。

现状是，海洋从业者师出自然科学占绝对主导地位。自然科学强调理性的逻辑思维，而人文科学强调激情的形象思维。我们师出自然科学的从业者是否想过，在从业的过程中难道不需要亲情吗？不需要友情吗？不需要激情吗？不需要道德吗？不需要喜、怒、哀、乐的释放和宣泄吗？说到底就是需要不需要文化？

不得不承认，上百年来，从未诞生一部系统描写中国海洋事业历程与发展的小说，至今还没有一部完整反映海洋事业的电影或电视剧（仅有少部分海军题材的文学影视作品）。如此现状，该如何让国人认识和了解海洋事业？如何提高海洋事业的社会显示度和认知度？难道我们只能停留在嗔怪国人海洋意识薄弱的层面吗？海洋从业者的使命和责任呢？我们为什么不能培养出自己的海洋作家和海洋文化学者，为中国海洋事业摇旗呐喊？

我们不妨简单梳理一下世界海洋的科学发现与文化的经典之作：人类对海洋的科学发现与创举是伟大的。1405 年（明永乐三年）至 1433 年（明宣德八年），我国航海家郑和七下西洋，开辟了中国通往印度洋的航线。1519~1522 年，葡萄牙航海探险家麦哲伦率领船队环球探险，证明了地球是圆的。

1910 年的一天，躺在病床上的德国气象学家、地球物理学家魏格纳发现地图上的非洲与南美洲、欧洲与北美洲两岸轮廓是如此相吻合。这一启示，使他产生了一个闪念，这就是大陆漂移假说的最初思想。

1911 年秋，魏格纳得出了"大陆漂移"的肯定论证。这是一个地球浪漫诗人的梦想，1915 年他写成了《海陆的起源》一书，创立了"大陆漂移及板块构造学说"。

同海洋的科学发现相比，海洋文化的经典之作同样不同凡响。1837 年，丹麦作家安徒生创作了海洋童话《海的女儿》；1869 年 11 月，法国科幻小说家儒勒·凡尔纳出版了科幻小说《海底两万里》；1901 年，俄国第一次大革命前夜，伟大的革命作家高尔基写就了长诗《海燕》；1918 年，美国海军少将、理论家、历史学家马汉出版了影响世界的著作《海权论·海权对历史的影响》；1952 年，美国小说家海明威发表了著名的海洋小说《老人与海》。

今天，我们没有理由否认这些海洋文学作品对世界海洋文明发展的影响和促进作用。从安徒生《海的女儿》问世，到海明威《老人与海》发表，前后历时 115 年，跨越了人类的 19 世纪和 20 世纪。在这 115 年中，中国的海洋事业沉默了吗？ 1928 年 10 月，青岛观象台海洋科成立，令人费解的是，这个机构首先是由我国的一位作家、戏剧学家宋春舫首先倡导的。这是我国最早的海洋研究机构，它标志着中国近代海洋事业进入了发轫期。

在 20 世纪 20 年代末至 30 年代中期，中国一大批新文化运动的文化学者、作家，如梁实秋、王统照、闻一多、老舍等一时间云集青岛见证了那一段历史。1936 年，老舍先生在青岛完成了小说《骆驼祥子》的写作。但遗憾的是老舍先生笔下的主人公祥子是京城人力车夫，虎妞是京城民女。试想，如果老舍先生笔下的祥子是码头的老搬（旧社会时的码头工人）、虎妞是青岛街头卖蛤蜊的，那么对我国海洋文化将会产生什么影响？对青岛这座海滨城市的文化又将会沉淀下什么？

历史只有遗憾，没有假设，留给后人的只能是深思过后的警醒。这种警醒作为业外人士由于从未接触过海洋而缺失尚可原谅，但作为海洋后人若缺失不能不说是一种悲哀。

警醒过后，我们应该做些什么？海洋文化的沉淀、传承和传播依赖于海洋文化写作的能力、水平和交流。就其作品而言，包含着 3 个重要的层面。一是知识层面。普通人读海洋作品，可以了解他所不了解的海洋世界，了解海洋事业独特的知识，这是知识层面。二是人性层面。海洋作品要进入大众视野，融入社会，必须要具有普遍性，这种普遍性是人的共同性的反映，这就是人性层面。三是艺术层面。只有源于生活又高于生活的海洋文学作品，才能升华为艺术，才具有生命力和广泛的传播性，这是艺术层面。好的作品可以让人百看不厌，可以引起读者共鸣，可以令读者落泪，可以流传久远。

也许有人会说，中国古代同样产生过海洋神话故事，如精卫填海等。但我们必须注意到，类如精卫填海，甚至是龙的诞生，这些与《海的女儿》比之有一个最大的不同，这就是西方文化把人动物化而直面挑战；而东方文化则把动物人性化借以寄托。这体现的是两种截然不同的面对现实的文化态度。

今天，我国海洋事业的发展已迫切需要海洋文学作品的出现，迫切需要海洋文化产品的生产与传播。与此同时，海洋从业者同样需要人文关怀，全民族海洋意识更需要文化的引领！

近些年来，我们的民族突然间对犬科动物产生了浓厚的兴趣，一时间关于狼、狗的书籍充斥文化市场，充斥社会，备受一些人的青睐。然而，就在我们津津乐道人类社会进入了海洋世纪时，却依然漠视了海洋中存在的比犬科动物更具凶猛本性的鲨类动物，更具团队意识的鲸类动物，更具坚毅精神的龟类动物。这种现象说明了什么？告诉了我们什么？又该让我们思考什么？

摆在我们面前的责任是：海洋文化究竟应该怎样在传统文化的基石上光大，我们又应该如何在千姿百态的世界多元文化和传统文化中看待和对待海洋文化，如何塑造和伸张自己的特性，这关乎中国海洋文化未来的发展，关乎海洋事业未来的发展。

上百年前，海洋事业的先驱们，不知道他们开创的事业会如何发展，事业的发展又会对海洋文化有何贡献。但可以相信，他们一定希望中国海洋事业能够坚定自信地参加到其他科学领域的对话中去，一定希望中国海洋事业能够自强地挺进世界民族之林。也一定希冀海洋事业能孕育出中国的海洋作家和人文学者，能够生动而有力地向社会表明和阐明中国海洋人的经历和梦想。

海洋文化是一个大课题，不要说面对世界，仅就面对世界人口五分之一的中国读者，面对中华民族5000年的悠长历史，我们应该做些什么？写些什么？只有通过海洋文者的艰辛努力，才能让与中国海洋事业伴生的文化呈现出独特的魅力和风采，引领中华民族全面走向海洋。为此，中国海洋事业才会五彩斑斓，丰富多彩。

第五节 中国海洋文化的衍生

史学家们认为，现代西方文化的源头是古希腊的海洋文化。是古希腊的海洋文化孕育了近代和现代人的民主意识、科学精神。因而经过了黑暗的中世纪后，经过文艺复兴、启蒙运动，创立了现代科学和现代文化。处在同一时期的中国却没有产生这种民主意识和科学精神。

1776年是3本世界著名历史文献问世的年代：1月英国《国富论》出版，7月美国《独立宣言》发表，而中国的《四库全书》的编撰工作正进入高潮时期（1773~1783年）。对这3本书进行比较会发现十分有趣的现象：从字数上看，《四库全书》最为庞大，达3亿多字；《国富论》则是50多万字；而《独立宣言》仅有4000多字。从印刷技术来讲，《四库全书》用毛笔书写，而《国富论》《独立宣言》则使用由中国人发明的活字印刷术来印刷。从印刷数目来看，《四库全书》仅有7部，而《国富论》《独立宣言》则印制了上千册。前者体现了君主时代皇权对知识的垄断性与排他性，而后者体现了民主时代知识的大众性与公共性。

其实，最让人感兴趣的还是这3部书所阐明的思想和所起的作用。《国富论》的核心是"经济人"与"看不见的手"的思想；人是理性的，是专为自己打算的，是受自我利益驱使的，每个人在追求自我利益的同时，也促进了社会利益，政府不应当干预个人追求自我利益的过程，而应当遵循一种自由放任的游戏规则。这部书是对新兴的资本主义经济发展的经验总结，是对工业革命条件下国民经济运动系统的、完整的描述。此书对英国、对世界未来200年经济的发展产生了广泛的、深远的影响。

《独立宣言》则是在政治中开创了一个新时代。它播下了自由的种子，它向全世界宣布，"人人生而平等，他们都从他们的'造物主'那里被赋予了某些不可转让的权利，其中包括生命权、自由权和追求幸福的权利。为了保障这些权利，所以才在人们中间成立政府。"它在政治上公开宣判了封建君主的死刑，并勾勒出新制度的基石：人人生而平等。《独立宣言》不仅广泛影响到法国的《人权宣言》和其他一些国家的民主运动，而且以其政治的建构为经济的发展提供了一个广阔的、自由的空间。

《四库全书》是对中国古代典籍的一次总编撰。这是封建皇帝为了炫耀盛世而进行的一项工程。《四库全书》的编撰过程还是一个文化毁灭的过程，它销毁、窜改一切对清政府不利的书籍。《四库全书》就其内容而言，是农耕时代文化的凝练，它本身没有多少创新性。这部书仅是历史的回声，它并没有让人感受到新时代的气息。

3部历史文献，向世界展示了3道不同的风景：

一本书规划了新时代的经济制度；

一本书确立了新时代的政治体系；

一本书囊括了旧时代的社会静止与停滞。

1776 年的美国，一切都处于新生的状态。而且，她从一开始就踏上了一条通途和引导未来之路。她的制度安排如此神妙，以至于后世 200 年对它仅限于修正和改良；她的宪法设计为经济的起飞打开了一条奇异的通道，以至于经济沿着宪法设计的航线腾迈于九天之上；她发明了一系列现代市场所必需的规则与组织，如 1791 年的合众国银行以及华尔街的诞生，这些都是非比寻常的。

1790 年前后，美国的工业生产总值只占世界工业总产值的 1% 左右；到 1900 年，美国工业总产值约占世界工业总产值的 30%，成为世界上最富有的、最大的工业国。

而这时的中国，正沿着千年已来既定的路径，慢慢下滑，并且由于被专制制度"销定"，在某一低效率的状态下而导致停滞，制度变迁与技术变迁的能力日益减弱。一切都趋于停滞：制度的、文化的、经济的、变迁路径的……尽管康乾盛世使中国经济执世界经济之牛耳（拿国民生产总值作比较，清乾隆十五年，即 1750 年，中国制造业生产总值比英国多 6 倍，比整个欧洲多三分之一），但从 1750 年以后的两个世纪，全世界工业产值增长了 300 倍，而中国只增长了 5~10 倍，其停滞性由此可见一斑。

1995 年 12 月，世界经济合作组织发表了一份题为"世界经济 200 年史"的分析报告。报告指出，1820 年中国是最大的经济强国，排在印度、法国和英国前面。仅仅 20 年后鸦片战争发生时，中国经济已退居第 8 位，而美国升为第 5 位了。

1851 年，美国南北冲突拉开帷幕，这场冲突一直持续到 1865 年。无巧不成书，也是在 1851 年，洪秀全领导一股农民在广西金田村举行武装起义，太平天国革命由此肇始，这场革命从地理上看也是南北冲突，从时间上看也是持续到 1865 年。美国南北战争的伟人是林肯，中国南北冲突的代表是洪秀全。

尽管从时间上、冲突形式上，这两个国家发生的战争，有很多相似之处，实质却是完全不同的。美国的南北战争是一场真正的革命，而中国的太平天国革命实质是一场南北战争。当 1863 年林肯在葛底斯堡的演说中讲民主就是"民有、民治、民享"时，中国的同治皇帝和洪天王却在拟着"奉天承运皇帝诏曰"的圣旨。

历史又过了 50 年，到 1900 年，中美两国的停滞与活力的反差更加鲜明：

美国已开始享受着工业革命的成果，而中国人尚不知工业革命为何物；美国在 1900 年一年中批准了 400 多万项专利，铁路、轮船、电报电话、电灯开始广泛运用，而中国人对于专利还一无所知；美国已是世界上最大的工业国，而中国依然是世界上最大的农业国；这时美国 40% 的劳动人口从事农业，而 100 年前是 90%；中国这时 90% 以上的劳动人口从事农业，这一比例在 100 年前就是如此；美国人的平均寿命是 47 岁，而中国人的平均寿命在 40 岁以下；美国的民主制度已趋于成熟，两党制、分权制均已定型，而中国依旧是封建皇帝在发号施令，依旧是"皇帝诏曰"，依旧是"接旨"，依旧是"皇上万岁，万岁，万万岁"。

当然，停滞与新兴之间并没有一条绝对不可逾越的界限，新兴的若长久不变就会走向停滞，停滞的若进行根本性变革也会变得充满生机与活力。

历史又转动了半个世纪，到 1949 年，中美两国的发展出现了新的气象。中国因中华人民共和国成立而变得充满活力，社会与经济的发展获得了新制度强大的动力支持，尽管共和国有过无数的风风雨雨，但新生的社会主义制度通过改革不断调整资源配置的方式，使之趋向优化，一切都变得生机勃勃。而美国在战后尽管经济上因为新技术革命的催动有了长足进步，但 50 年来在她的经济与社会发展中晃动着的停滞性与僵化性，每个有洞察力的人都会感觉得到：20 世纪 50 年代麦卡锡主义的出现体现了美国政治制度的保守性与停滞性，20 世纪 60 年代侵越战争的发动和黑人民权领袖马丁·路德·金的被暗杀，体现了这一制度的侵略性与反动性，20 世纪 70 年代经济出现停滞体现了这一制度经济上的僵化性与局限性，20 世纪 80 年代的"星球大战计划"体现了这一制度的军事攻掠性与资源的浪费性。

一切都是可变的，中国传统文化的阴阳互动互变哲理再一次得到了印证。

在中国历史上，大清王朝的衰落走到了顶点，其原因是什么？

当美国这颗"资本主义新星"在世界冉冉升起时，中国却处于危机四伏、走向衰败的大清王朝统治的晚期。

世界历史上不同文明国家和社会的繁荣和衰败、再生或消亡，是不同国度和不同民族相对运动的结果。当 18 世纪西方思想家还在盛赞东方文明古国——中国时，它实际上已进入了一个长期的停滞时期。

著名的史学家侯外庐先生，曾把发展到公元 8 世纪中期"安史之乱"前的盛唐时代，视为东方中国文明自身发展上升所达到的最高点。在那时，各种有关社会关系方面的规范已基本定型。它们的基本原则和大多数具体规定，被一代又一代的统治者所袭用。到明清时代，无论刑典、民法、中央与地方政府体制、土地和赋税政策，还是文化方面的规定，大体都沿用了盛唐时期的做法，只不过根据当时所处的现实情况在一些具体做法上有所变通而已。

中国真正开始落后于西方社会，是在 18 世纪的中叶。在这之前，虽然英国已在 17 世纪中叶完成了资产阶级革命，但由于其生产力仍处在工厂手工业阶段，因而与农业社会为主的中国社会生产力水平相差不大。

直到 18 世纪中叶，当英国开始工业革命时。中国才与西方的发展拉大了距离。据美国历史学家保罗·肯尼迪在《大国的兴衰》一书里的统计，从 1750 年到 1900 年这 150 年间，中国在世界制造业中的份额，从 32.8％降为 6.2％，其工业化的人均水平从占世界比重的 8％下降到 3％。与此同时，整个欧洲、英国和美国分别从占世界制造业比重的 23.2％、1.9％和 0.1％上升到 62％、18.5％和 23.6％；工业化人均水平分别从占世界比重的 8％、10％和 4％上升到 35％、100％和 69％。

在这 150 年里，西方文明迅速赶超了东方文明，美国经济发展的水平大大超过了中国。而满清王朝的统治者们仍然陶醉在过去中国文明的盛世美景之中，对外部世界一无所知，以为中国仍然是"泱泱大国"，君临天下，四周皆为蛮夷。1774 年编成的中国百科全书《四库全书》，竟把意大利传教士利玛窦所介绍的世界五大洲视为荒谬奇谈。更有甚者，1793 年乾隆皇帝在致英王乔治三世的信中，妄自尊大，公然宣称："天朝德威远被，万国来王，种种贵重之物，梯航毕集，无所不有。"

腐朽的清朝统治阶层在国内强化中央集权专制统治，阻碍经济发展。对于外部世界则拒绝交往，实行"海禁"，闭关锁国，致使中国在 100 多年的时间里，大大落后于西方国家。最终使中国人民饱尝了 100 多年丧权辱国、遭受列强压迫欺凌的痛苦，并经历了长期向西方学习的社会变革的历史探索过程。

以上的事实告诉我们，中国海洋文化的产生与发展是在长期的儒家文化占据独尊地位的大华夏文化背景下艰难发轫而延续下来的。

中国海洋文化能传承传统文化吗？

近代之后，有一个问题被中国人反复地提出。这就是具有 5000 年辉煌历史并有丰厚内容的中国传统文化是否已经而且应该死亡，是否中国的传统文化正在阻碍中国人走向世界？

19 世纪末，雄心勃勃的西方人把象征未来灿烂光辉的自由女神像矗立于纽约港外，面向大西洋，它代表着西方资本主义海洋文化走向新的文明。

然而，人类文明进程将这样注释：20 世纪是大西洋的世纪，西方的世纪。而历史的辩证法将应验中国先哲老子的论断："物壮必老""物极必反"。人类文明史并将这样记载，前后不到 100 年，20 世纪成了告别西方中心的世纪。

浩瀚的大西洋是历史的见证。它目睹了西方文明的兴起和强盛，让世界看到了西方工业文明席卷全球，它使人类第一次跨出慢条斯理的农耕自然节奏，发现世界上真正伟大的不是神，不是无言的自然，而是人自己。与此同时大西洋同样用汹涌波涛洗涤西方文明带来的血腥、罪恶和不幸。两极分化，殖民体系，力的征服，世界大战，局部连续不断的战乱，对自然过度的掠夺⋯⋯

人类文明的进程走到这样一种地步，在兴盛的阴影笼罩下，西方的海洋文明忘记了西方传统文化的古老咒语："天堂不属于残暴的富有者"。这是文明的坠落，力的坠落，财富的坠落。

西方海洋文化的兴起源于海权思想基础，是本质上的海盗逻辑与海盗行径。地球虽小，但地球不会仅仅属于一个民族或一个国家，而是永远属于全人类的。所以，以我为中心脚踏群雄，不是你死就是我活，以血与火相见，以力分高低；扩张、进攻、征服，不断地扩张、征服，造成了地球上阴阳失调，制造了过多的不平等和骚动。

"阳极则阴，阴极则阳。"中国人同世界其他民族一样，在探索海洋之时冷静地审视传统文化，继而用木材最先造出了世界上最大的楼船，最早把自己的发明指南针用于航海……这一切不是为了扩张、征服和掠夺，而是为了交流、布施与和为贵。这便是中华民族海洋文化与西方海洋文化本质的差别。在人类文明史的进程中，中国海洋文化萌芽时期过多地缺少了海洋所赐予的坚挺、扩张、征服、竞争等个性的"海权"思想的确立。

今天，人类文明进程已发展到一个十字路口，这就是西方的衰落，世界的重心由大西洋开始转向太平洋。

太平洋沉默了一个世纪。面对未来，如同英国历史学家汤因比独具慧眼的世纪预测那样，"太阳重新从东方升起"。

这，是否预示着儒家文化的现代崛起？

进一步，是否预示着21世纪是人类更大跨度的世纪，即文化世纪？

再进一步，是否预示着人类生存方式的更高形态的起步？

海洋曾托起了西方文明的繁荣，海洋还能托起东方文明的辉煌吗？人们期待着，中国海洋的崛起将推动东方海洋文明的腾起，将实现未来世纪人类生存方式更多形态的发展。

今天，中国的现代化已向世人证明，中国必须开放，必须走向世界。然而，走向未来的中国需要确立一种什么样的海洋战略思想？为此，我们有必要首先思考一下中国海洋文化的传统文化思想基础问题。

"21世纪，将是海洋世纪。"那么，海洋世纪将给人类，给中国以何种文化的启示呢？

海洋世纪，海洋文化将成为人类文化新视角的基本角度；文化圈将成为人类最基本的活动单位；文化形态的冲突和融合将成为未来世纪最基本的面貌。

基于此，我们十分有必要在传统文化的基础上，结合海洋战略思想关注和研究中国的海洋文化。从新角度看人类，从文化形态看社会发展，从更辽阔的世界进程来看待一切。

中国海洋文化研究，其核心是对中华民族在21世纪的振兴和腾起作出文化上的说明；从价值观念、精神心态、思维方式的文化隐结构和无意识层次进行分析，展现再造我们民族未来辉煌的内在依据。

文化本质上就是人化，是历史发展过程中人类物质和精神力量所达到的程度和方式。文化本身一般分为物质文化、制度文化和精神文化。海洋文化作为一种独立形态，同其他文化一样，其最精要、最核心的是价值观念、精神心态、思维方式等构成的文化观念层。相比于物质文化、制度文化，文化观念是文化的深层结构和隐结构，是一个文化形态的根本标志。

世界文化的发展是多元的、多中心的，不存在某种单一的模式。西方的海洋文化是近代始于以儒家学说为主体的中国文化系统，以印度教、佛教为主体的印度文化系统，以伊斯兰教为主体的阿拉伯文化系统和以基督教为主体的希腊罗马文化四大系统之后的西方文化。

就中国的传统文化而言，其发展经历了3个阶段。第一个发展时期充满生气的发展时期是公元前5世纪到前1世纪，这是以中原黄河流域文化为主体的融合时期。第二个发展时期自东汉及唐、宋各代，跨出了本土，传遍整个东亚，进而转化为具有国际色彩的东亚文化。第三个发展时期便是近代之后。这一阶段，传统文化与西方文化发生着激烈的冲突。这种冲突触动了传统文化的外壳，即物质文化层面。1894年，中日甲午战争惨败，宣告当时的"中体西用"理论破产，整个时代几乎同时认识到，中国传统社会之所以不如西方，不仅在坚船利炮的物质文化层，更重要的是社会政治体制的行为文化层，这里便有一个"海权"思想指导的制度行为问题。中国传统文化对自我的认识，经历了由物质文化到制度文化再到文化心态的层层深入的认识，这是一种充满痛苦的自我认识。

在近代之前，中国传统文化始终走在世界的最前列，据不完全统计，17世纪前世界创造发明的总量中，75%是由中国首先做出的。中国的造纸、印刷、火药、指南针四大发明为资本主义的兴起奠定了技术上的基础。更为重要的是，中国传统文化在其发展中形成了极具特色的人文精神和人文传统。我们研究中国的海洋文化，本质上是发扬光大其精要和精华，如中华民族在政治上、文化上统一的本领，在历史上逐步培养起来的世界精神，儒教世界观中的"人道主义"，儒教和佛教中所具有的"合理主义"，东方自然观中对宇宙神秘性的信仰，佛教和道教的直觉以及天人合一的观念等。

一种文化要发展自己，就要善于进行自我否定，只有善于否定自己的文化才能广泛地吸取其他文化的优点和长处，才能使自己处于不断变革不断发展之中。

这种否定不是无限度的笼统否定，否定是为了进步。实现传统文化的现代化或者传统文化的现代转型，并不是传统文化的"改头换面"，也不是中西文化的简单拼凑或西方文化的单纯移植，而是在吸收和继承古今中外一切优秀文化遗产的基础上，在社会主义现代化建设的实践中创造新的文化，它是现代中华民族新的民族精神的凝结，是中华民族自我形象和民族性格重新塑造的过程。

因此，我们有充分的理由相信，海洋文化必将传承和复兴中国的传统文化。

第六节　中国海洋文化的全球化

从哲学的角度来说，传统与现代是对立的统一。传统是本源，现代是流动，这种时代流随着时间与历史的发展不断沿着传统的轨迹延续，无论现代的特征如何显著，这种延续始终印有传统的痕迹，挥之不去，抹之不掉，不管你是否愿意，永远不会以人的意志为转移。反之，传统被赋予显著的时代特点，是社会发展的必然，这时代流是源的传承，是脉的延续。

中国与西方最早由对话开始，而后走向对抗。就美国而言，它是继英、法、德之后崛起的世界强国。中国与其从对抗开始而走向对话。对抗与对话，对话与对抗，在这不断的交替过程中，有心的中国人终于发现了中国与美国有着太多的似与不似之处。并引发了深深的思考，关于强大与"纸老虎"的思考；关于文化与文明的思考；关于大陆与海洋的思考。

似：中美两国同处于北半球；一个受着太平洋西岸波涛的冲击，一个受着太平洋东岸海浪的拍打；两国陆地面积差不多（一个是 960 万平方千米，一个是 936 万平方千米）；两国都有世界主义的思想。

不似：美国是世界上文化最年轻的国度之一，而中国是世界上文明最古老的国家之一。美国建国史只有 200 年，而中国从秦始皇起算也有 2000 多年的历史；美国是实行市场经济最古老的国家之一，而中国是实行市场经济最年轻的国家之一，前者已有 200 载，后者仅有二十几年；美国有着最发达的物质文明，中国有着深厚的精神文明；美国是个人主义的天堂，中国是群体主义的国度。

通过这些似与不似的对比，便可发现同为大国，同为太平洋沿岸的国家，同为世界主义的国度，但文化与制度背景的巨大差异，历史长短对民族理解力塑造的不同，决定了中国古老文明所孕育的长远思维与美国年轻文明所催生的眼前思维之间存在不可避免的差别与距离。当中国走向世界，与西方特别是美国进行深入对话和较为透彻了解过后，同样会发现，以鲜明的开放性、开拓性、崇商性和多元性为主导特征的海洋文化意识日益凸显出来，并不可阻挡地渗入或融入中国的社会。

海洋文化本质特征较为系统的表现：一是就海洋文化的内质结构而言，是它的涉海性；二是就其海洋文化的运作机制而言，是它的对外辐射性与交流性；三是就海洋文化的价值取向而言，是它的商业性和慕利性；四是就海洋文化的历史形态而言，是它具有的开放性和拓展性；五是就海洋文化的社会机制而言，是它具有社会组织的行业性和政治形态的民主性，相应的也就具有法治性；六是就海洋文化的哲学与审美蕴涵而言，是它具有生命的本然性和壮美性。

当中国全面走向世界，我们应该对中国的海洋文化做一些哲学思考，这种思考的针对性是什么？从远处来说，我们应该认识和理解西方所面临的哲学危机和文化危机，以便对世界环境和世界形势有一个清醒的看法。然而，更重要的是为了中华民族的伟大复兴。

我们不得不承认这样的事实，从 1840 年鸦片战争开始，中国便被西方帝国主义的侵略强制地拉上了世界的历史舞台，从此以后，中国历史从其自我意识的唯一性和封闭的自我完满性中走了出来，不得不成为世界史的一部分。中国文化原来的那种唯我中心、唯我尊贵的传统观念，在现实历史事件强有力的冲击下被动摇了，不少人接受了西方人所宣扬的欧洲中心论的世界文化图景，似乎中国是一个衰落中的国度，而且它并不是"中央之国"，而是处于以欧洲为中心，在西方海洋文化推动下生机勃勃发展着的近代世界工业文明范围的边缘之外的。面对这种对中华民族的生存和发展十分不利的现实处境和观念变化，中国人必然地开始学习西方，并反省自身。反省的问题是：我们为什么弱，他们为什么强？我们为什么穷，他们为什么富？围绕这个问题，中国人努力了几十年，思考了几十年，总的看法是：中国必须在旧有的传统的基础上有所改变，而不能再按自己以往所走的那条路子走下去了。如何改变？开始是在器物的层面上考虑问题，后来转入对政治制度的变革的尝试。当这些都失败之后，便又转入了对精神文化（如民族性、国民性、人的素质等）的探究和思考。无论是"变器"还是"改制"或者"改性"，这些思考和实践上的尝试，都自觉不自觉地有一个参照的坐标系，那就是近代以至现代的西方文化和由这种文化所形成的制度文明和物质文明。一方面反思中国文化传统，探究这个文化的"本性"；另一方面了解和研究西方近现代文化，探究它的机妙之所在。同时，对中西文化进行比较对照，以求寻找中国自身应该走的、也可能走的社会历史发展道路。一个半世纪的中国历史以其丰富多彩的且十分不同的各种实践方式和历史事件向中国人说明，企图原封不动地维护中华民族的古代文化传统的全面价值系统，而只想在肤浅的表面或文化结构的较外层次上作些应付性的变更，是不可能从根本上解决在西方文化已经十分深入影响着的今天我们所面临的社会历史发展问题的。同样，企图原封不动地照搬西方文化或者强制地引入西方文化的某一个或某几个价值体系，而无视我们民族对它的接受可能性与可行性，无视我们民族自身几千年以来所形成的"原有的"社会历史机制，也是不可能真正解决我们所面对的、必须予以解答的时代难题的。换句话说，100多年来，凡是真正促进中国历史发展、社会进步的事件，都是自觉不自觉地以全面观照中西文化态势、正确处理中西文化关系为基本指导思想的。盲目地、片面地守古或弃古，盲目地、片面地仿西或拒西，都只能给中华民族的社会发展和精神成长带来阻滞以至于灾难。因而，我们需要一种宏观的、广阔的世界主义的（或曰全球性的）文化视野。更重要的是，这种视野的宏观性和广阔性并不应是一种感觉性、零碎性和杂多性，因而形成一种机械主义的折中和凑合，而是应该达到系统的通观的全面性和整体性，即是寻求先进文化。那么，时代为我们提出来的对中华民族在当代的现实发展之路及其文化前景进行研究的问题，很自然地就不只是一个经济学问题或社会学问题，也不只是一个实证的文化学问题，而是一个文化哲学问题。

可见，无论是从文化的角度来思考，还是从哲学的角度来思考；也无论是从学理的角度来思考，还是从时代意义的角度来思考，文化哲学的问题，应该是当代的中国人重视并加以研究的理论课题。由此便引发了我们对中国海洋文化的哲学思考。这种思考将十分有助于我们大兴海洋文化和启迪"中国海权"意识与理论的形成。

第七节　海洋意识

海洋意识是海洋文化传承与延伸的思想条件，那么什么是海洋意识？

辞海定义："意识是人脑的机能，是人脑所特有的对客观事物的反映。"而海洋意识，就是人们对海洋与人类社会存在、发展的作用、地位及重要性的总体认识或反映。

可以这样认为：海洋意识就是一种看到海洋的存在，认识到海洋的作用并向海洋发展的意识。海洋有两大最基本的特征，开放和交流。从这个意义上说，中国的海洋和世界的海洋没有根本性的区别，海洋意识本身也没有东西方的不同，但由于东西方各个民族或国家的文化背景、经济环境、地理因素、人口状况、历史时期的不同而有不同的理解和作用。近代西方人看到这种特征，利用海洋来扩张、掠夺和殖民，现代美国人利用海洋来称霸，采取"世界警察"的方式向世界输出他们美式的意识形态，进而牟取暴利。多数国家和民族利用海洋的这种开放和交流的特征发展自己的海外贸易，寻求全球经济贸易的自由化。今天的WTO就是爱好和平的海洋国家在发展经济当中的海洋意识的集中体现，WTO体现的就是国与国之间、地区与地区之间在商品和信息的交流上最大宽度的开放与交流。

我们提倡的海洋意识既不是西方老牌帝国主义者的扩张和殖民掠夺，也不是美国人主张的输出他们的所谓民主，搞霸权主义，而是指一种开放环境下的发展观。我国的海洋意识是一种集群，它是由海洋国土意识、海洋资源意识、海洋科技意识、海洋环保意识、海洋文化意识、海洋防卫意识等一系列的意识集群组成的。

海洋国土意识是指在《联合国海洋法公约》的原则指导下划归沿海国家管辖的内水、领海、毗连区、专属经济区和大陆架，也是国家领土的一部分，是国家应该管辖、维护的海洋权益。根据《联合国海洋法公约》的原则和我国的主张，我国约有内水20多万平方千米，领海38万平方千米，专属经济区200多万平方千米，总计约近300万平方千米的管辖海域，习惯上，称它为海洋国土。

海洋国土意识在国民的海洋意识中是最为主要的意识，是更深一层的海洋防卫意识的基础，是国门地理边界的海上边界，是海洋意识中决定性的意识。

海洋经济（资源）意识。海洋中潜藏着巨大资源，如空间资源可以用来建港口，办交通兴海运；海水资源可以用来养殖、晒盐、冷却和提取化学元素。还有渔业资源、矿产资源、旅游资源等，这些都可以开发产生经济效益。这些资源有些是可再生资源，是国民经济中的优势产业，有长远经济效益的产业。海洋经济意识就是认识到海洋资源开发前景和潜力，能够产业综合经济效益的意识。

海洋环保意识。海洋的水体交换对污染物质来说，既有带走污染的作用，也容易被其他地方的污染侵害。人类必须清楚海洋的这些特质，自觉地保护海洋环境。

海洋科技意识。海洋是未来科技的重要战场。21世纪是海洋的世纪，在陆地资源濒临枯竭，人类不得不走向海洋的时候，只有最先进的科技手段才能较方便和经济地获取海洋资源。现在人类进入海洋从事经济开发的产业，大部分是高科技产业，如海上石油、天然气的开采，海洋药物和生物工程的开发，海洋化工和海水利用等。人类对海洋的认识也要靠高科技手段，对气候和海流的观察需要高科技，对深海的探查也需要高科技，对灾害的预警预报也要靠高科技，没有科技意识是不能够下海的。

海洋防卫意识。海洋是联系世界的通道，海洋既可以通过联系世界带来财富，也因太难设防而带来灾祸。海洋的防御不同于陆地，海洋的防御是立体的防御、动态的防御。海洋的安全是国家安全里最为重要的部分。

美国在19世纪末出了一位影响美国现代历史的人物，叫马汉。全称是艾尔弗雷德·塞耶·马汉。他是一位海军少将。是美国历史上最著名的和最有影响的海军理论家，是美国海权理论的创始人。1890年，马汉所著的《海上力量对历史的影响》（1660~1783）问世，在美国内外引起了强烈反响。这本书里有些什么观点呢？

他最著名的观点就是：控制海洋，特别是在与国家利益和贸易有关的主要交通线上控制海洋，是国家强盛和繁荣的纯物质因素中的首要因素。

这个观点就是海权论的核心。"海权"一词译自英文"Sea power"，一般翻译为"海上力量"，但其词义含有控制和权力的意思。在《简明不列颠百科全书》中解释为国家"用来将军事力量向海洋扩张的手段"，而从广义理解为"控制和利用海洋的权力"更符合原义。马汉海权论的杰出贡献在于总结了历史发展规律，适应着当时资本主义向外扩张的需要，认为"获得制海权或控制海上要冲的国家，就掌握了历史的主动权"，并且列举了"许多世纪以来，英国商业的发展、领土的安全、富裕帝国的存在和世界大国的地位，都可以直接追溯到英国海权的崛起"，进而提出了"海权对世界历史和国家的兴衰具有决定性的影响"的著名论断。纵观世界发展史，便是一部"调整海洋、国家、海权三者关系的历史"。我们看到，无论是早期崛起的葡萄牙、荷兰、西班牙，还是后来居上的英国、德国、法国、美国、日本等国家，都是靠"走向海洋而繁荣，凭借海权而强盛的"。马汉的海权论，不仅造就了一个只有两百余年历史却超越了所有文明古国而跃居世界头号超级大国的美国，而且从16世纪开始以来近500年的历史印证了海权在调整全球政治格局上已经继续起到的决定作用。

这是美国的海洋意识。它是以海权论为核心的海洋意识，是西方海洋文化精神的代表。海权论在美国等一些西方海洋国家中享有非常高的地位。

我国是一个丧失海权近600年的沿海国家。有资料统计，在近250年中，我国的国土丧失掉了150万平方千米，这150万平方千米中，还不包括海洋国土的丧失。如按照《联合国海洋法公约》和我国的主张，有了海参崴，有了冲绳列岛，有了夜莺岛我国能够增加多大的海洋国土面积？在图们江出海口，中日海洋划界，台湾、钓鱼岛、北部湾划界等问题上，我们能够争取多大的主动权？这是难以计数的国家利益。

丧失了海权，陆权最终也不能保。海权是唇，陆权是齿，唇亡而齿寒。一部中国近代史就是这样写的。

对于我们今天的中国来说，讲海洋意识，最首要的就是国家安全，就是要通过经略海洋来实现国家安全的战略利益。中国人的海洋意识应集中于一点，拓开传统的地理视野，认清中国的海洋利益边界和战略安全边界，独立自主，发愤图强，建设现代化的海洋强国，完成统一大业，实现中华民族的伟大复兴。

第八节　海洋人文精神

研究海洋文化，并不是为研究而研究。它是和现实社会需要紧密相连的。在接触、学习中国海洋文化现有史料，思考和研究它的实践价值的几年中，我们领略到倡导海洋文化对于改革开放和 WTO 国际环境下的中国的现实意义和积极作用。中国的沿海地区占了国家 60% 的 GDP，中国改革开放以来新兴的海洋产业和临海工业，是中国最优良的资产集群。广阔的相当于陆地国土三分之一的管辖海域蕴藏着可养活 1 亿人口的蛋白质和无以穷尽的资源与能源。海洋的现实存在和潜在资源储量无疑正提升着它的文化意义。中国的海洋文化发展，再也由不得黑格尔的武断论断了，也由不得大一统的中国大陆文化或者黄河文化的轻视和排挤了。存在决定意识，那么中国就应该有了向海洋发展的文化意识和价值趋同，就应该有了从器物文化、思想文化到制度文化建设各个发展层面都具备的文明链条，就应该解答或回答一些社会问题了。

从自然哲学的角度，中国大陆文化或黄河文化也不完全是"山"的文化，还有"河"。黄河是我们中华民族的母亲河，黄河、长江、珠江、松花江等对中华民族的文化影响是很深的。如大禹治水，三过家门而不入所体现的文化精神的影响就很大。中国河流特别是长江、黄河从高山流向海洋的巨大落差（平均达到 1000 多米，超过世界任何一个国家的河流）形成了河流季节性的防洪抗灾，也给中国封建制度延续以重要影响等，这种影响甚至某些方面还胜过山的影响。在习惯上，历朝历代的皇帝称自己统治的区域为"江山"，江山是中国统治者领土和势力范围的简称。民族英雄岳飞北上抗金打出的口号也是"还我河山"。可见对于中国的文化来说，河和山是一个有统一的文化含义的东西，它们是中国文化自然哲学意义的主体，是不可分割的。因此我们可以说中国大陆文化是山和河的文化。这种文化，既有山的威仪气度，也有河流的曲折深沉；既有山一样稳定保守的道德力量，也有如河流一样激越奔放、生生不息、源远流长的持久活力。

中国海洋文化也不是纯水的文化。除了水（海），还有海湾、河流入海口和岛屿。在西方海洋文化发祥地的古希腊及地中海沿岸，海岸平地少，但海湾多，海岛多。海湾可以为远航的船只防风，可以为航行者建码头、锚地休养生息，可以堆积货物、聚蓄人气、积累财富、发展文明。西方海洋文化（即地中海文化）也是以水为介质，以海湾、海岛为依托，通过数千年的蓄积和交流而产生的一种文化形态。中国海岸的海湾、河流入海口及岛屿对中国海洋文化的形成和发展也是起了重要作用的，也不是一种纯水（海）的文化。它既具水（海）的无形无色、无孔不入的活力和随机性，又具海湾、河口地区的内聚性和恒常性；既具有"流水不腐，户枢不蠹"向海外流动的发展意识（元明以前的航海活动、新中国成立前的下南洋、新中国成立后的偷渡、走私等），又有海湾、海岛似的成伙成团，自成体系的归根情结，是海和湾共铸的文化形态。

中国海洋文化以水（海）和湾作为自然象征，那它产生的是怎样的文化精神呢？

人海一体、利义并取，齐家爱国，活学活用，抱团守成，前仆后继。

这就是我们中国海洋文化在当代发展中体现的主要文化精神，这种文化精神多数不是靠大陆文化中的道德力量支撑的，而是海洋中的利益驱动来支撑的，认识到这一点的区别有助于我们了解处在海洋文化精神支配下的海边人或海岛人遵循的是何种价值观念，怎样对待政策、法律和规则，怎样处理人与海洋、人与陆地之间，人与人及家庭家族和神祇之间的关系，怎样应对社会和自然环境等。

认识到有海洋文化背景的人的文化环境和文化形态，有助于在新时期构筑大陆文化与海洋文化相结合的新的大中华文化价值观，有助于在社会主义市场经济体制和 WTO 环境下建立和完善适合不同文化背景人群的市场经济规则，有助于剔除和抑制在不规范不适应的市场经济法则下出现的走私、偷税、造假、虚开增值税及坑、蒙、拐、骗等社会顽疾的产生，有助于有传统文化背景的中国人如何与有海洋文化背景的外国人打交道，做生意，进行国际合作。这就是我们无数中国人在走向海洋，建设海洋强国的行动中需要探索和寻找的人文精神。

第九节　区域海洋文化与民俗

海洋文化在我国沿海的形成与发展地域广阔，内容丰富，历史悠久，具有适应自然海洋文化伦理规律和东方文化特色。

中国有海洋文化特征的区域文化，形成文化个性并有学术分类的，从北到南大概有以下几种：一是齐鲁文化；二是吴文化，也称吴越文化；三是闽台文化，包括台湾省在内的闽南文化；四是潮汕文化；五是广府文化，也包括香港、澳门在内的西方海洋文化；六是雷州文化等。非常有趣的是，在历史非常古老、文化异常发达的辽东沿海地区、冀东沿海地区，却少有特征明显的区域文化的描述和研究。在山东半岛，我们看到的齐鲁文化，仿佛感觉不到很多的贸易性特征，故而海洋文化的成分少。正是在与大海不断抗争中，逐渐形成与规矩了人与人、人与大海之间的伦理关系。这种关系的延续与传承，在不同的沿海地域积淀了不同的人文意识，从而形成了不同地域的海洋文化。

妈祖现象最初只是我国闽南区域海洋文化的一部分，随着历史的进程，如今不仅演变为我国海洋文化的典型代表，同时也逐渐演变为东亚海洋文化的重要组成部分。

妈祖是受到中国人崇拜的海神，自宋朝以来直至清代，妈祖与黄帝、孔子成为三大由国家祭祀的神明。时至今日，信仰妈祖的华人群体仍然规模庞大，有资料表明妈祖信徒达 1~2 亿人。其中台湾岛总人口的 70% 信仰妈祖；新加坡总人口的 70% 同样是妈祖信徒；香港、澳门的妈祖信徒占居民人口的 50% 以上。

妈祖是源于我国最具典型意义的海神。

妈祖即天妃，又称"天后""天母""天上圣母"，福建和台湾称"妈祖"或"妈祖婆"，广东俗称"婆祖"。此外还有"水仙圣母""林夫人"等称呼。

在我国的沿海各省（市、区）以及东南亚各国，凡有航海和漕运的地方，莫不有天妃庙。甚至于远在太平洋中心的檀香山也有天妃庙。其中台湾一地即有天妃庙 500 余座。天妃是我国与海洋打交道的人们心中的"女海神"。她犹如西方的圣母玛丽亚，又犹如东方的救苦救难的观世音菩萨。

海神娘娘，名林默。相传宋太祖建隆元年（公元960年），农历三月二十三日，福建莆田湄洲林家生一女，因她"生至弥月，不闻啼声"，父母乃命名为"默"。

宋太宗雍熙四年（公元970年）九月初九，林默在湄州岛猝然"升天"。人们怀念敬仰她，在其"升天"之地立庙祭祀。从此，民间流传着林默生前拯溺救难和"升天"后显灵护国庇民的许多神话故事。

在历史上，随着我国航海业的发展，妈祖信仰得以广泛传播。

天妃在宋代就不断地被加封，其中 136 年间共计加封 13 次。明代永乐年间又加封为"普济天妃"，清代康熙时再加封为天后。自宋、元、明、清以来，航海家、渔家及沿海地带的各族人民一直把她当作自己心目中的保护神，他们走到哪里，海神娘娘的神话就传到哪里，天妃宫就修到哪里。目前，全世界大型妈祖庙约1500座，妈祖的信徒达1.3亿人。在我国沿海地带到处可见到天妃宫，连西沙、南沙群岛上，也发现有渔民建造的天妃庙。"妈祖现象"作为一种顺应自然伦理过程中的海洋文化现象，对中华民族文化的影响之大由此可见一斑。

不同区域海洋文化的体现各有不同，海洋民俗便是海洋文化现象典型的集中体现，它顺应沿海民众社会生活需要而产生，在海洋独特的自然与文化环境中发展、演变和积淀。

综观中国海洋民俗，其显著的特点一是由于海洋自身的流动而赋予的交流性与同化性；二是古代海洋民族无论如何发展与变化，但始终保持着以汉族为主体的基本体系，反映了民俗活动之更强的传承性。

民俗，即民间风俗，指一个国家或民族中广大民众所创造、享用和传承的生活文化。民俗一旦形成，就成为规范人们伦理与行为、语言和心理的一种基本力量，同时也是民众习俗、传承和积累文化所创造成果的一种重要方式。

海洋民俗是我国多民族多种民俗的一个重要组成部分，是我国民俗文化的一个支脉。海洋民俗由于产生与形成的环境而与陆域山野有着极大的差异，因此在产生、形成与发展过程中所表现出的物质形式、行为和心理方式，精神与社会组织等均与陆域山野民俗有着十分大的异同，因而体现出特有的特征。

海洋物质民俗体现出强烈的海上生产的集体性，商贸活动的分散性与慕利性，饮食的随意性，服饰的粗犷性，居住的群体性和交通的开放性等。

海洋社会民俗体现出强烈的血缘交流性，地缘分散性和业缘的组织性等。

海洋精神民俗体现出强烈的精神包容性和豁达性，信仰的相对统一性等。

海洋语言民俗体现出强烈的广义的豪迈性和狭义的地域性。

海洋民俗与我国其他民俗一样，主要有教化功能、规范功能、维系功能、调节功能。

教化功能是指民俗在人类个体的社会文化过程中所起的教育和模塑作用。

规范功能是指民俗对社会群体中每个成员行为方式所具有的约束作用。

维系功能是指民俗统一群体的行为与思想，使社会生活保持稳定，使群体内所有成员保持向心力与凝聚力。

调节功能是指通过民俗活动中的娱乐、宣泄、补偿等方式，使人类社会生活和心理本能得到调剂。

渔业民俗是渔文化的主要内容。其经济和文化价值在人类的文化发展史上居于特殊的重要地位。

福建漳州府的海上占谚习俗自古流行。他们的"占天"看风雨，"占云"看阴晴，

"占风"（飓风）看潮汛，"占日"看晴风，"占雾"看雾雷，"占电"看飓期，"占潮"看水势等习俗，长期形成了选择乘船出海捕鱼的有利时机，以保证人船安全，渔业生产顺利。

我国南北方渔业生产的工具、操作方法和过程都明显不同，捕捞经验也因地而异。在南方，海上捕鱼网具有筌网，有蒲网。在海口处石多的地方用流网、旋网。在海口处有沙无石的地方捕鱼用拔网、重网联起来进行操作。捕鱼情景也很动人，广东琼州一带有"水国"之称，人们大多以舟楫为家。有的妇女，一手把舵筒，一手煎鱼囊中，儿女在背上，攀罾摇橹，批竹纵绳，非常艰苦。这样一幅幅南国渔民捕捞水产的民俗生活图景，正是多少世代以来渔民生活累积的再现。

远古渔猎时期，原始观念中的自然崇拜，在渔业生产民俗中一直传承至今。许多渔民出海时，都要举行祭祀，以请求海神和渔民行业的神祇，保佑捕鱼获得丰收，人们平安归来。这种祭祀仪式，每年都按规定举行。渔民崇信龙王、水神、妈祖、海神，认为全心全意可以使自己得福免祸。福建、浙江省一带渔民则认为妈祖是他们的保护神。他们为了防止不吉利的行为发生，对船只驾驶特别慎重。作业时，语言禁忌很多。一切都是为了有利于捕捞顺利，获得丰收。《越绝书》记载：大越海滨渔民，要"春祭三江，秋祭五湖"，以求海神保佑他们一年之内过上"饭稻羹鱼"的平安生活。

我国沿海渔区渔民的吃、穿、行无不表现出特定的海上渔家风俗习惯。渔民特定的生活习俗，就是一切都围绕"海洋""海岛""海味"，体现出海洋文化的独特魅力和生活特征。海上渔民一生以酒为伴，这是渔民生活风俗之共性，但南北方沿海渔民喝酒有酒的类别之分。

在我国最大的渔场舟山群岛，渔民喝酒，表现出独特的俗趣。

喝祭海神酒。祭海神酒又分为开洋酒、谢洋酒。每逢春汛、夏汛、秋汛和冬汛的第一天出海之前，渔家总要聚集港湾滩头，举行祭海神仪式，以酒、鱼和三牲供奉。祭海神仪式结束后，渔民就在海滩上大碗大碗地饮酒，以壮开洋征海之行色，以求一汛之丰收，此为开洋酒。而谢洋酒，则是渔民为庆贺一个鱼汛的丰收，也为感谢海神的护佑，在海滩举行的祭海神仪式。此仪式后，渔民将船抬上岸搁至安全处，然后开怀畅饮，一时港湾海滩上酒碗高举，酒香四溢。

喝庆贺"水龙"赴水酒。此即在新的渔船造好，举行祭海神、祭船官菩萨仪式之后，渔民在自己新下海的渔船上喝祈求吉祥、平安的喜庆酒。东海渔民有两处家，一处是海上以船为家，而且捕鱼人一年四季大部分时间在船上劳作，从时间上讲是以船为家的时间更多；再则是陆上的家，但没有渔船，就无以养家。因此，渔民更加爱船、敬船，将新船入海即"木龙赴水（谐音富庶）"仪式作为自己的盛大节日，即使再贫困，此时也要置办水酒鱼肉，邀来乡亲父老和船上伙计开怀畅饮一番，以求出海一帆风顺，返港鱼虾满舱。

喝年节酒。渔民身居海上孤岛浮洲之间，时时与大海相伴，出没风涛之中，他们把过年这个节日看得更重，因而也以饮酒相庆。因常年劳作在海上，难得家人团聚、亲友相会，在漫长的使用木帆船的年代，渔民春节前后半个月就不出海了，许多渔村、渔家就相互请吃"岁饭"，欢聚喝酒。有的从农历十二月二十日就开始互请，大多是从正月初三、初四开始互请，直到正月初十出海捕鱼方结束。吃"岁饭"之风，在渔岛自古即有之，至今还十分流行。有的渔老大喝酒喝得兴起酣热之际，干脆脱了鞋袜，光脚踏泥地，这样不仅浑身酒热可以透过脚心通体散发，而且酒量不减，久喝不醉。

渔民爱酒与长期海上劳作有关，酒可除寂、壮胆、祛寒。

在我国东、黄、渤海各渔岛、渔港、渔家，特别是正在出海捕捞作业，或是正在航行途中的渔船上，食鱼习俗乃至日常饮食习俗，都表现出许多与众不同，这是渔家在特定环境下形成的殊风异俗。这些殊风异俗，不仅世代相传，而且约束甚严，无论是岛上、船上的渔家自身，还是外来之客，都必须严格遵守。否则，就被认为是大不敬，或是不吉利。

吃鱼不能翻鱼身。渔民食鱼，除了带鱼、鳗鱼等鱼体较长的鱼，无论是黄鱼、鲳鱼、鳓鱼，或是石斑鱼、虎头鱼等各种鱼类，一般都仅去其不能食用的鱼内脏，而保留"全鱼"，鱼体中间划几刀，以使油、酱之类作料渗入鱼肉入味。烹饪熟了之后，端上桌来也是全鱼。

吃鱼时，一般是主人先以筷指鱼示请，请客人尝第一筷，然后宾主一道食用，甚为好客、热情。但这一面鱼体的鱼肉吃净后，却不能用筷子夹住鱼体翻身，不仅主人自己不会去翻鱼身，也不让客人去翻鱼身。总是由主人预早持筷，从上一面已用过的鱼体的鱼刺空缝里将筷子伸进去，再细心地拨拉出整块的鱼肉，请客人食用，以此示范。

吃鱼时不仅筷子不能拨翻鱼身，而且嘴也不能说"翻"字，主人总是在做示范动作的同时说，"顺着再吃"或"划过来！"

身处海上的渔民，素以豪爽、好客闻名于世，而在吃鱼这件事上为何有如此严格而细致的规矩和习惯呢？归根结底，是为了避免一个"翻"字出口，或有"翻"的动作出现，即使是客人吃完饭把筷子横放在空碗上，也会被认为是人去、船空、桨在，而使主人不悦。这些忌讳习俗，可说是千百年来根深蒂固。

渔民终年四海漂泊，风里走，浪里行，全靠一艘渔船为家，靠其保平安，图丰收。他们把船看作自己的性命所系，养家糊口所依。岁岁年年，生生世世，绝对不愿有船"翻"的事发生。再则，渔民视船为"木龙"，而龙又是鱼所变，所谓"龙鱼""鱼龙"之说即是此意。由船不能翻到"木龙"不能翻，到鱼不能翻，皆因"鱼"和"龙"紧密相连，且又事关渔民的生命财产安全和一家生计所在，故而"吃鱼不能翻鱼身"也就成为一种俗定的规矩，被所有渔家人所认同和严格遵守。无论是在渔民家里，或是渔船上，这个习俗都不能违反。

羹匙不能背朝上搁置。在渔船上或渔家做客，你会看到渔家人在吃羹或汤食中，所用羹匙都是背朝下平放在桌上或碟中，而决不会将匙背朝上搁在羹汤碗沿，男女老幼皆遵循这个习俗。这是因为渔民及其家人最忌讳"翻"船之类现象。羹匙形状像船，渔家人从心理上不愿意看到羹匙倒置的情景，反映了渔家人祈求海上平安的心愿。

舟山列岛，古时处吴越海上交界之处。春秋战国时，为越国东境句章县海中洲属；战国后期，楚灭越置江东郡，为楚国江东郡句章县地。这种独特的地理环境，决定了海岛渔民服饰，势必要受吴越古风影响。

吴越地处海滨，吴越人为谋生常年出没风涛，诚是"处海垂之际，屏外藩以为居，而蛟龙又与我争焉。是以剪发文身，烂然成章，以像龙子者，将避水神也"。同时，吴越之地除了冬季稍冷，春夏秋均较暖热，所以不仅于越先民，吴人也喜着紧身短衣，即为"短缝不结，短袂攘卷"。而且其衣襟一般都是朝左边开，即为"左衽"。这种左衽衫袖口窄小，且腰间系丝带或短裙。

东海列岛渔村，自古以来，直到清朝、民国时期，乃至20世纪50年代前期，渔民冬季穿的多为粗布大襟衫，开左衽，为夹衣，初春、秋末为单衣；就连棉袄，也是左衽大襟式，棉背心则是左衽大襟无袖；而夏季，大多为对襟无领无袖衫，襟上以布质纽襻，裤子则为裤腿肥大的龙裤，腰系市质"撩樵"，即为腰带。而渔妇服饰，除也是左衽大襟衫和"兑裤"外，一般均在腰际系一条长及盖膝或短至膝上的裙裾，俗呼"布襜"。这种服饰，十分明显地展示出春秋战国时期吴越先人服饰遗风。

东海渔民喜爱的十字裆龙裤，就是吴越古风在渔民服饰习俗上的集中体现与发展。清末民初，渔民中盛行用蓝色或青色斜纹花其布料制作十字裆龙裤。这种龙裤，裤腰两边用七彩丝绒绣上"八仙过海"图案，或是绣上观世音菩萨的莲台祥云，或是绣上青松白鹤，还有黄龙飞禽等图样；腰身前后裤子上，再分别绣上"顺风得利"与"四海平安"等祈求平安丰收的字样。

明清两代及民国早期，渔船上的服饰穿着还有等级分别。如春汛、秋汛，渔船上不管是船老大，还是船员都穿单裤，但到夏汛，船老大穿长的薄质布料裤，而船员则穿短裤。这是因为船老大一般只管操舵等，下网、拔网和起鱼货等活都是船员承担，海水、鱼腥容易沾湿沾污衣裤，故而船员大多穿短裤。随着时代变迁，渔民服饰习俗上的这种差别也渐渐消失。

舟山群岛的交通习俗，不可避免地也受到吴越古风的熏陶与影响。古吴越沿海地区，是中国舟船的发源地，早在史前时期已通舟楫用以交通，即有"越人便于舟"之说。到春秋战国时期，吴越沿海的造船业与海运业已很发达，越人"以船为车，以楫为马"，而吴民则素称"不可一日废舟楫"。舟山列岛地处吴越海上交界处，对内可达长江、钱塘江，对外可通四海大洋，周围岛屿之间又各自孤处，内外交通，唯有船楫行于海。而舟山列岛地处东海外海，其岛上先民，乃是"东海外越人"无疑。东海小岛上之"外越"，应是所有越人中最善于驾驶海浪的弄潮儿，也是海上交通的强者。此习俗在长山列岛，庙岛群岛均是如此。

在我国北方沿海，特别是在长山列岛、庙岛群岛、渔家的习尚大致是相同的。

以前，男婚女嫁，均由父母之命、媒妁之言而定。双方父母同意后，由媒人往来双方之间，议定彩礼，然后男方到女方家"下金送婚贴"（旧订婚礼式）和商定婚期。结婚前一天，新郎乘花娇带乐队去女方家过宿，此谓"亲迎"；翌晨，新娘盛装，头蒙遮羞布，亦称"蒙脸红"，由其兄长抱进花轿，民间谓之"抱轿"；到男家下轿时，由新郎之父或叔伯，以筛子遮住新娘头，新郎在前，新娘随后，到天井香案前"拜天地"，正堂拜祖先。拜毕，新娘执帚扫地 3 下，旁人代念喜歌："一扫金，二扫银，三扫骡马成了群。"然后，始入洞房坐床。旧俗坐床时，新娘不卸装，不吃喝，戒便溺，否则被人视为不祥之兆。3 天后，夫妻同回女家，俗谓"瞻舅"（回门）。为趋吉避凶，在女家停留的时间，以回日确定，一般都回避"一、四、七、十"和"二、五、八"，多选择"三、六、九"回门。如逢一"瞻舅"，须在女家至少住两宿，逢三才能回来。俗曰："瞻舅"回三，养儿做官。如逢九"瞻舅"，一般都当天回来。俗曰："瞻舅"回九，两家都有。

旧时习俗，殡俗普遍实行土葬，葬式简繁不一。一般在病人咽气之前，将"寿衣"穿好，抬至堂屋咽气瞑目，男谓"正寝"，女谓"内寝"；其后，通知至亲，此谓"报丧"；亲属省容后，始将死者装进棺里，此谓"入殓"；入殓后，在家停灵 3 天，死者子女穿孝服，戴素冠，分早、午、晚 3 次去土地庙焚香烧纸，此谓"送米汤"，戴素冠，分早、午、晚 3 次，去土地庙前火化纸扎的牛马轿夫和若干纸锞，此谓"送盘缠"；第 3 天早饭后，子女最后一次到土地庙火人纸钱，此谓"辞庙"。"辞庙"归来的子女忌进家门，男的跪在预先扎好的杠架前（放置灵柩用的架子），女的站在街门旁，同时放声大哭，民间谓之"嚎丧"；继而，将死者灵柩从厅堂抬出来，放至杠架上，捆扎停当，杠子头（请来抬灵柩的指挥者）一声喊"起"，搀扶孝子的人，立即将预先放在灵柩前的泥盆摔碎（俗称"摔辞盆"和"起灵"），抬杠的人随即将灵柩径直抬至茔地；掘墓穴前，或僧道或"杠子头"用雄鸡冠子血染锨刃，于墓穴地轻刨三锨（俗谓"破土"），然后众人始动手掘墓穴。墓穴掘成后，将灵柩安放于内（俗谓"落葬"），死者子女在墓穴两边各抓 3 把泥，扬在棺上（俗谓"抓土"）；继后，众人动手将棺埋好，垒成椭圆形的土丘，子女叩拜与死者告别。

出殡 3 天后，死者子女要到墓前重新修坟墓，俗称"圆坟"。自死者去世之日起，每隔 7 天，子女到死者墓前焚头烧纸，以示悼念。直至七七四十九天为止，此谓"烧七"。一周年称"期年"，两周年称"小祥"，三周年称"大祥"。至此，子女始脱孝服。

随着人类社会的不断进步，人们普遍对民俗广义地理解为：民俗是人民大众创造、享用和传承的生活文化。它既包括农村民俗，也包括都市民俗；既包括古代民俗传统，也包括新产生的民俗现象；既包括以口语传承的民间文学，也包括以物质形式、行为和心理等方式传承的物质、精神及社会组织等民俗。民俗虽然是一种历史文化传统，也是人们现实生活中的一个重要部分，对于规范民间的人与人，人与自然间的伦理道德发挥了不可替代的作用。正如老子所说：甘其食、美其服、安其居、乐其俗。

海洋文化是一个国家、民族的特定地区、社会群体中的大众在一定生态环境中所创造、享用和传承的物质文化现象，它贯穿人类生产实践活动的全过程。

海洋文化在我国沿海的形成与发展地域广阔，内容丰富，历史悠久，具有适应自然海洋文化伦理规律和东方文化特色。

吴越文化是指现今江浙一带的文化，带有较浓重的海洋文化特性。

从地理环境来看，浙江一带海岸多为基岩海岸，在数万年的地理变迁中，也经过了数次海侵和海退，江苏、浙江是吴越文化的发祥地。吴越文化区域人的文化性格中有较重的慕利性和贸易性特征。

从政治上来看，吴越地区始终处于封建政权统治的边缘。但是在经济、文化以及对外交往等方面，吴越地区有着自己的许多独特优势。由于南方土地、水利、气候等自然条件适合于农业文明的发展，吴越地区的经济早在两晋南北朝时期就已呈现了良好的势头。至唐宋时，该地区更是成了中国封建农业经济发展的中心区域，对于整个中国的经济发展起到了极大的作用。

吴越地区不仅以其自身的许多先进性特点展现了一种地域文化的重要价值，而且又以其独特的地理优势与人文优势，开拓了许多文化对外传播与对外辐射方面的重要渠道。濒临大海，依托大海的地理特点，致使该地区逐渐成为中国经济和文化东向传播与扩展的重要窗口，也使该地区的文化因子中，融入了较多的创造性与开拓性精神，表现出了较多的对外发展，对外辐射的需求欲。如地缘海隅的地理环境，先进发达的航海技术，繁荣兴盛的港口贸易，开放开拓的地域心理等。正是这些方面的因素，促使吴越文化摆脱了中国传统文化固有的保守性与封建性，逐渐走向了东亚环海文化圈的大家庭中。

闽台文化是福建台湾一带的文化，是中国较显著的含有海洋文化的区域。

福建东临大海，占有全国五分之一的海岸线，有良好的港湾条件，又有台湾作为西太平洋的屏障，受热带风暴影响相对小。一方面，闽台人本身长期与海洋打交道，在海洋渔猎、煮海为盐和以海为田的劳动中形成了具有地域色彩的海洋文化；另一方面，闽台地区早在南朝时期，就与海外建立联系，海外文化对闽台文化的影响主要通过海上贸易、外商定居闽台地区、闽台人越洋后回归故里等几个途径。北宋时，泉州成为当时名震一时的国际贸易港，被称为"涨海声中万国商"。这时候的泉州与36个海外岛国有着贸易关系。到了南宋和元代，泉州成为世界第一商港，为数众多的印度人、波斯人、阿拉伯人、欧洲人为世界大港的繁华所吸引，定居泉州。闽台也有大量的客商和航海家、地理学家随着商船队远涉重洋，到海外去发展生意和考察地理。东西方文化在这里发生了激烈碰撞和交融。

在长期与海洋打交道和与海外文化的交流中，闽台文化形成了自己鲜明的特点。

一是形成从大陆文化向海洋文化过渡的"海口型"文化。二是从蛮荒之地到理学之乡的建构，是"远儒"和"崇儒"并存的二元辩证。三是从明、清海禁到开海的反复，可以看到闽台地区商贸文化和农耕文化的强烈对峙。福建先民们历来就有"以船为车，以楫为马，往若飘风，去则难从"的文化传统。海外学者曾对开发台湾的先民作过 DNA 的分析研究，推测大约在 5000~1000 年前，就有越人从福建出发，进入台湾，成为台湾先民的族源之一。然后再越过台湾进入菲律宾，向南逐岛漂移，并进入夏威夷群岛、库克群岛、波利尼西亚群岛和新西兰群岛。四是从殖民的耻辱到民族精神的高扬，闽台文化体现了强烈的爱国情结。

潮汕地区位于我国东南沿海广东省与福建省的交界处，古称潮州，随着近代汕头市的兴起，汕与潮并荣，故习惯上称为潮汕。

潮汕三市山水相连，文化相同。潮汕文化起源于潮汕先民、成形于秦汉、发展于唐宋、昌盛于明清、创新于现代，是中华民族传统文化的一个小分支，有中外文化兼容的特点，尤其富有海洋文化的特色。恩格斯在 1858 年写的《俄国在远东的成功》一文中，指出汕头是中国"唯一有一点商业意义的口岸"。

据考证：中国的海洋文化在地处"省尾国角"的潮汕得到发育，比较典型的是这里的潮人文化和客家人文化。二者都可以说是海洋文化与大陆文化的结合。如果细分，潮人文化是以海洋文化为基础，受到大陆文化的改革；客家文化是以大陆文化为底本，得到海洋文化的滋养。

广府人主要由早期移民与古越族杂处同化而成。广府文化的特征以珠江三角洲最为突出，既有古南越遗传，更受中原汉文化哺育，又受西方文化及殖民地畸形经济因素影响，具有多元的层次。广府文化的中心城市广州，自古以来就是广东乃至岭南区域政治、经济和文化中心。

广府人由于最早受到海外，尤其是近代西方先进文化思想的影响，得风气之先，加上强悍的民性，冒险、创新的气质，因而反抗性和斗争性也特别强烈，在中国近代史上精英继出，有一种"敢为天下人先"的宝贵性格特征。

海洋文化是一个国家、民族的特定地区、社会群体中的一定生态环境中所创造、享用和传承的物质文化现象，它贯穿人类生产实践活动的全过程。

海洋文化在我国沿海的形成与发展地域广阔，内容丰富，历史悠久，具有适应自然海洋伦理规律和东方文化特征。

第十节　海洋文化同样决定民族未来的命运

海权，对于人们的启示是深刻的，当然，不同的人会有不同的理解。但必须明确的是海权仍有硬实力和软实力之分，海上力量当是硬实力，而软实力往往又会左右硬实力作用的发挥，这又回到了中国惨痛的教训：不是器不如人，是制不如人。

今天的中国人，一直以"上下五千年的历史"为骄傲，自诩为农耕民族、大陆民族。其实，这只是基于已有历史知识的一种认识而已，并不是真正的历史内涵。

1970年夏季，台湾当地居民在台南县左镇乡菜寮溪溪谷采到一片灰红色的古人类化石。经日本考古学者用氟锰法测算，断定是3万年前一位约20岁的男性青年的顶骨。这一史前人类被命名为"左镇人"，迄今为止，他是我们发现的最早开发祖国宝岛的先驱。他的出现，将台湾原始社会的历史在长滨文化的基础上，向远古推溯了两万年左右。来自大陆的"左镇人"何以到达台湾？

据考证，3万年前的台湾海峡还只是一片低洼地，后来才在最近一次的海侵后变成今天的海峡。"左镇人"的发现，让台湾一些学者为之兴奋不已。一位叫黄大受的教授曾在台湾《中央日报》发表文章呼吁"改写中华古文明史"。他认为，中国人一直以炎帝、黄帝为始祖，故自称"炎黄子孙"，一直以黄河流域为发祥地，故称其为"黄河母亲"。其实，自 20 世纪 80 年代以来，在历史学、考古学、民俗学等领域的科学研究中发现，中华文明史的开端不仅可以进一步向上古延伸，而且是由单一的农耕文明、大陆文明向多元化拓展的。比如，中原仰韶文化遗址距今已超过 5000 年，东北赤峰地区红山文化距今也在 5000 年以上，西北大地湾文化遗址距今已达 7000 年，浙江河姆渡古文化遗址出现了距今 7000 年的早期海洋文明。考古发现，生活在东南沿海的"饭稻羹鱼"的古越人，在六七千年前就敢于以轻舟航海；百越文明也属于海洋文明。今天的东南亚、南太平洋诸岛上的许多民族，都与古越人的后裔有一定的血缘关系。

今天的中国人，不能被历史上认识的局限性所形成的既定结论所局限，在中华民族的基因中，原本就有海洋文明的成分，能从泾河、渭河走向北部大漠、西部戈壁、南部中南半岛、东部大海的中华民族，也具有走向海洋、走向世界的基因与能力。也许是受了传统的单一"农耕民族"讹论的影响，历史上的中国虽然很早就走向海洋，但并不具有海洋民族应当具有的海洋意识和海权意识。

第一，我们拥有大片海域却长期轻视经略海洋。从远古时期起，中国人的社会活动就一直是以陆地农业经济为主，从没有把海洋经济摆在重要的地位。从世界各国发展历史看，以农为本必然导致重陆轻海的思想观念。中国从神农、黄帝起，尤其是儒家思想成为主流思想之后，农本商末的思想就占据了主导地位。

虽然，历史上涉及海洋经济政策的改革，如管仲的"官山海"，桑弘羊的"盐铁论"，以及唐、宋时期的"市舶司"和历朝历代颇为辉煌的远洋贸易，这些曾对社会经济发展起到积极的促进作用，但在整个社会活动中，经略海洋始终处于"配搭儿"的地位。

第二，航海技术先进，但航海的驱动力低下。历史上的中国，造船业曾经位于世界前列。其船型之多，不下千余种，仅渔船就有两三百种之多，因此，被称为拥有"世界上最多的船舶图样"。"中国帆船"（戎克船）这个词，在英国、法国、葡萄牙、荷兰、德国、意大利等国家的一般文献、辞书中，早已成为专门名词。

到宋元时代，中国航海者已进入"定量航海"的阶段，对海洋气象、水文的变化规律和对信风的运用已经十分纯熟，磁罗盘导航、锚泊和使舵等技术在当时都是最先进的。然而，先进的技术并没有驱动出认识地球的理论，也没有带动起探索未知世界的欲望，更没有变为获取财富的途径。正如英国学者李约瑟先生所说：中国人是伟大的航海技术发明者，而非伟大的航海民族。中国人并没有通过海洋"发家致富",更没有通过海洋向海外"殖民"。

第三,茫茫大海无遮无拦,无边无界,却被很多人生生地视为了"天然屏障"。历史上的中国,把海上经济看作对陆地经济一种可有可无的补充,宋、元以前,中国基本上没有遇到来自海上的威胁,自给自足的大陆经济无需向海洋索取资源,更没有向海外发展的雄心伟略,海防充其量被视为"看家护院",而谈不到"海权"。

自秦始皇开始的"西北甲兵""东南财税"格局,逐渐使华夏大地的统治阶层求安于大陆上的一方沃土,即使是有"开拓四海"的行动,也主要是为了求得"归顺"和"宾服"。在中国人的眼里,海洋是"屏障",而非"宝藏"。

第四,从上国之尊,到屈膝签订城下之盟,航海的辉煌无法抹去海洋的伤痛。历史上的中国人,多以"仁爱""中庸"的道德观和"中华上国"自居,海上征战,经略海洋,大多以恢复政治秩序为目的,视海洋资源为他人之物,视海上通道为他人之路。当欧洲人还在地中海打转转时,中国的郑和已经"七下西洋",但始终没有像西方一些国家和民族那样,不仅通过海洋走向世界,而且通过海洋征服地球。

鸦片战争之后,中国重臣屈膝签订不平等条约,而老百姓仍在趾高气扬地称这些西方的外国人为洋鬼子,相比之下,"二战"战败后的德国军官,却可以在柏林的大街上跪在地上认真地给美国大兵擦皮鞋。耻辱、蔑视、嚣张不能用一时的胜负来看待,气势与尊严绝不仅是战胜者的专利。

当代最具权威和公允的《联合国海洋法公约》由全世界 150 多个国家参与制定,历时 9 年,经过漫长的争吵和妥协,终于在 1982 年 4 月 30 日获得通过,并于 1994 年 11 月 16 日正式生效。1996 年 5 月,中国正式加入该公约。

按照《联合国海洋法公约》,中国所拥有的管辖海域为 300 万平方千米,水域纵深由基线以外 12 海里,延伸至 200~300 海里。换句话说,国际海洋法规赋予了中国新的海域,中国在国际法律文书上具有对这些海域的权益和权力。然而,历史又一次清清楚楚明明白白地告诉我们:在国际关系中,活生生的现实摆在那里都可以佯装没有看见,一纸公文又能具有多大的效用?在强权者的眼里那就是一纸空文!

从《联合国海洋法公约》生效以来的国际情况看,简单地在地图上画上一道线,口头上宣布一下某片海域的归属权,声明自己对某片海域的主张,这些对于海洋活动、海洋开发和利用海洋并没有多少实质性的意义。对于一个国家来说,缺乏海上开发和利用海洋的能力,海上力量薄弱,所谓的领海、归属、管辖无异于是纸上谈兵。可以说,不重视利用《联合国海洋法公约》这个武器来维护中国的海洋权益是一种失策，然而，我们更要切记，以此为灵丹妙药，寄希望于用这个公约以及国际舆论来解决中国的海洋权益问题，无疑又是一种自欺欺人的幻想。

目前，世界上普遍认为拥有全球性海权的国家只有美国，其中一个重要的原因就是它有一支全球性的海军力量，似乎这支力量就能够确保美国坐稳"海上霸主"地位。其次是俄罗斯海军，虽然苏联解体但俄罗斯海军仍然实力不凡，仍是一支仅次于美国海军的"远洋海军"。而英国、法国、中国、日本，则被视为世界上的二流海军国家，只拥有能够控制离本土一定距离海域的制海权。这一分析虽有一定的客观性，但是仔细想想，他们对于中国海上力量的估计似乎高于客观实际，这是恭维，还是麻痹？我们应有清醒的认识。

经历了百年海洋沧桑的中国人，胸中既有历史的耻辱又有走向海洋的雄心壮志。"海洋热""海权热"方兴未艾，今天的中国海权何在？

2009 年 3 月，当美国海军的侦测船"无瑕号"进入中国南海刺探军事情报被曝光后，国内一些媒体对国民的海权意识进行了一次联合调查。结果表明：80.6% 的人不知道黄岩岛的位置；96.8% 的人没读过被西方奉为经典的《海权论》；57.1% 的人不知道中国海监的确切身份。很少有人知道，在中国南海有条九段线，知道从十一段线演变为九段的人，更是凤毛麟角。在我们社会的普通公众心目当中，包括中学生甚至大学生，中国的疆域面积往往是指 960 万平方千米，忽视了我们还有 300 万平方千米的"蓝色海洋国土"。

历史上，世界先后出现的海洋强国都有自己的软肋，这与后来海洋强国的不断更替有着直接关系。在世界四大文化古国中，现已消亡或断裂了 3 个，唯有延续至今并深刻影响世界的华夏文明长存于世。究其消亡或断裂的原因，固然各不相同，其中海洋文化恰恰都是他们的软肋。华夏文化中方方正正的汉字，世代流传天人合一的理念和稳固的价值观，是我们内在的文化力量，这是任何强大军事所不能摧毁的，这是我们的幸运，应该感谢老祖宗。她无态，却能如影随形，你的所有所作所为都带有这个影子；她无形，却能驱动万物，你的所有所作所为都在其操控之中。

建设海洋强国需要实力，硬实力需要构建的过程，而软实力则要有历史与文化的配合，软、硬两者配合交融，互为阴阳。中国走向海洋，既不能沿着西方的路子，更不能生搬硬套西方的思维，只有华夏文化之精华，之灵魂，才能引导中国，开化世界，为人类书写新的历史。

1980 年底，就在圆满完成中国首枚洲际导弹发射试验任务之后，凯旋的"济南舰"却神秘地消失了。1 年之后，"济南舰"再次出现在人们的视野，舰上增添了卫星导航系统。几年后，"济南舰"又加装了直升机平台等新装备，搜潜、反潜能力和反舰能力大大提高。人民海军战斗力的提高，无疑增加了中国在国际舞台上的话语权，但反过来讲，人民海军的发展只有与国家海外利益与战略结合，才不至于是"纸上谈兵"与"花拳绣腿"，才能获得真正的内在发展动力。

走向海洋，零星的行动不能行，需要思想，更需要大战略思维，这是全民族的行动。因为，纵观中国历史"走向海洋"多数是被逼出来的。其一，外在的挑战使我国的海洋不安全了，只能走向海洋保家卫国；其二，在经济发展需求的驱动下，土地、能源和空间资源不足了，故而走向海洋开发所需资源。总之，两者都是迫于形势的被动行为，而不是基于思想的主动行动。

在联合国海洋法会议上，中国代表团有 3 个使命，即：反对霸权主义，支持第三世界，维护国家利益。中国历来奉行与邻为伴的做法来处理与周边国家的关系，然而这并没有使周边一些国家停止对南海诸岛的步步蚕食，形成今天中国海洋权益受到侵占的事实，可谓"冰冻三尺非一日之寒"。同样是在联合国海洋法会议上，世界海洋大国首先是维护自己国家的海洋权益，维护他们的国家利益。

这就是历史，我们不能苛求前人，但我们也不能不接受教训。

冷战结束后，世界从未停止过局部战争，在朝鲜半岛、越南、阿富汗、伊拉克、利比亚等地多次响起了枪炮声。已经过去的历史证明，中国——作为"礼仪之邦"的一个世界大国一直在尽着自己的义务，海洋权利却在不断地被挤占。

新中国成立之后，毛泽东多次说过一句耐人寻味的话："旱鸭子也得下海。"

1988 年 9 月 14 日，中国核潜艇向预定海域发射运载火箭试验获得圆满成功，从而使中国核潜艇真正具备了核打击的能力。美国《海军学会会报》评论说："当中国宣布从潜艇上发射弹道导弹试验成功时，事情已经变得十分清楚了，中华人民共和国即将成为世界第五个拥有海基威慑力量的核大国……"中国用两弹一星和核潜艇的实际行动，打破了帝国主义核垄断的梦想。

2008 年底，人民海军舰艇编队从三亚出发，远赴亚丁湾执行护航使命任务，中国军舰踏着郑和当年的脚步终于又一次驶进了亚丁湾，执行一项远离本国数千千米的使命任务。

2012 年，我国第一艘航空母舰"辽宁舰"完成了单舰海上试验试航后缓缓靠上青岛海军码头。

1954 年夏天，一位名为曾汉隆的渔民在莺歌海发现"海上冒着小泡泡"的奇怪现象，无意之中解开了中国海上石油"信"的一页。从 1958 年起，海南岛西南角的莺歌海陆续出现了近 10 个探井，莺歌海成中国海洋石油人心中的圣地。

58 年后，壳牌公司与中国海洋石油总公司签署了一份分成合同，其合同区域位于海南岛以西海域、莺歌海盆地。合同约定壳牌公司在勘探阶段持有 100%

的权益。一旦进入开发阶段，壳牌的参与权益比例为49%，中海油的参与权益比例为51%。

1999年，在中国内海——渤海，美国康菲公司发现了有"海上大庆"之称的蓬莱19-3油田，2002年底第一期项目投产，日产原油3.5万~4万桶。仅仅不到10年时间，2011年6月，该油田B、C平台分别发生严重溢油事故，由此引发了中国内海乃至中国海最严重的溢油和生态污染事件。

在东海，2003年5月由中海油、中石化、优尼科和英荷壳牌四方合作的项目进行合作签字，中海油和中石化合起来绝对控股，这便是东海的"春晓"气田。整个项目估计在投产两年后可年产气约达25亿立方米。然而，由于周边国际政治形势的牵制，至2012年，"春晓"平台已搁置6年之久，中方不仅没有收获一桶油气，而且每年还要投入资金对"春晓"气田的设施和设备进行维护保养。

海洋油气业最令人担心的并不是油气业产值的问题，而是海洋油气业的整体战略等问题。有专家指出：中国海洋油气业的发展战略和整个海洋发展战略一样，重北轻南，这才是最值得担心和反省的。从战略上来说，这是非常短视的行为，因为渤海是中国的内海，而且平均深度只有15米左右，开发难度不大，也没有任何海权争议，渤海的石油不应该急着开发，而应该作为后备资源。可是，这里大规模地开发油气资源，让渤海已经成为中国内地污染最严重的海域，导致该海域的环境急剧恶化。

改革开放以来，我国海水增养殖业迅速发展，全国海水养殖面积：1978年约为10万公顷，1992年约为49万公顷，1999年上升到109.5万公顷。海水养殖产量：1978年为45万吨，1992年为243万吨，1999年为974万吨。海水水产品养殖所占比例由1978年的12.5%，发展到1992年的35%，1999年上升为39.4%。养殖品种从20世纪70年代的少数几个品种，发展到目前的40余种，其中，产量在万吨以上的海水养殖品种有15个。海水增养殖业的养殖面积逐年扩大，养殖产量数十倍增加，所占比例逐年提高，养殖品种不断增加。然而，这些发展的直接代价是近海环境严重受损。我国海水养殖业曲折发展的历程，从一个侧面告诫人们：海水养殖作为一个产业，由于其自身的发展与海水环境有着密切的联系，只有以不破坏养殖水域周边环境的生态平衡为前提，才能得以顺利持续发展。

无论是军事还是经济，今天的海洋竞争，实际上已经成了海洋科技的竞争。没有发达的海洋科技，即使有广阔的领海也只能望洋兴叹。海洋以其丰富的资源、广阔的空间以及对地球环境和气候的巨大调节作用，成为全球生命支持系统的一个重要组成部分，是人类社会可持续发展的宝贵财富。

走向海洋，中国要综合运用外交、科技、贸易、军事等手段，面对现实，积极参与大国之间的博弈，争夺海洋将成为重中之重，如何确定海洋战略便成为当务之急。因此，海洋强国战略具有特别重要的地位，中国能否和平崛起，首先要看中国能否在牵涉一系列国家生存问题的海洋上崛起。

这些都是向海洋发展的成果，但不是我们进军海洋的战略走向或趋势。海洋战略不是海军的战略，不是经济的战略，也不是科学发展的战略，海洋战略是国家的，是全民族的行动，是中国全面进军海洋长期发展的走向。但是，我们不可以急功近利，不能急于求成，更不可能期望着速战速决，常见成果。战略是耐力和思想的博弈，是文化的碰撞与对抗，是民族大智慧的体现。只有在中华文化的沃土里，在东方智慧之中，才能生长出中国海洋的大战略思维，并切实成为全民族的实际行动。

古人云："知耻而后勇。"

未来的中国，一定要走向海洋，成为世界的巨人！

后 记

海洋，浩瀚无垠，深邃莫测。

如何写好海洋普及文章，是照本宣科式的翻版，是哗众式粉墨修饰，或是取宠式演绎发挥，还是深刻认知后的感悟，而去写成让读者既能喜欢、又能读懂的文章，一直是很多人在不断探求的答案。

在海洋界工作了50多年，一种习惯性的思维在未被从思想深处受到痛击时的写作，往往会自鸣得意地认为是经验，是成熟。其实不然。

我国现代海洋科技事业发轫于20世纪20年代初，过去的岁月里历尽艰辛，一代代人为此作出不懈的奋斗和牺牲，换来了许多科学的发现、发明和创造。因而也涌现出了许多科学家、英雄模范和仁人志士。但当我们回眸过去，可查阅的历史记述，特别是详尽的关于人文与环境的记述少之又少。事过境迁之后，正是由于缺少这些关于人文的文献记述和物证，后人将无法再现逝去的时代活剧，这不能不说是海洋事业的一大缺憾。

这是一个知识与文化的矛盾与统一的问题。

海洋事业的文化缺失，本质上是一个文化自信的缺失问题。这一缺憾的根源在于海洋文化的弱势，长时期的弱势。今天，当一句"讲好海洋故事"的话语，点破了海洋文化弱势的迷津时，让笔者猛醒一个海洋文者应该再去写什么。

这就是：海洋故事，中国主题。因此，才有了此书《简明中国海洋读本》，以期成为能让更多读者产生兴趣，能读得懂，看得明白的一本既深奥又浅显，既科学又人文，既传统又现代，既广义又狭义，既喜怒又哀乐的全方位的海洋读本。

海洋界的从业者大多以学自然科学居多，一旦融入世界多元化社会，有心人便不难发现我们的事业凸显出的文化自觉和文化自信的弱势还在持续。从长远意义来说，这种弱势产生的后果对事业的整体发展而言，将是不完整的，甚至是致命的。因为人文关怀说到底就是对从业者的关怀，对人的自身综合素质的关怀，对人精神与灵魂的塑造，这对事业的整体发展将起到无可替代的引领作用。

科学者即探索者，探者修远。

文者即行者，行者无疆。

事实上，科学者追求的是科学性。每当文者与科学者讨论历史与现实中的海洋时，往往科学者会漠视海洋事业发展进程中的人文元素，总是强调专业性、逻辑性和特殊性，或是忽视了科学对人类文明贡献的因果作用。是乎人文的观点科学者听起来总觉得是雾里看花，为什么？原因其实很简单，当我们强调个性时往往忽视了一项事业的社会性。这雾里看花不是说否定事实与人物的存在，而是缺少事与事，人与人之间的内在关联与外在的联系。说到底就是缺失社会普遍性、思想性、故事性和历史的深刻性。用作家的话说就是主题寓意浮浅，没有情节，少有故事。可想而知主题不鲜明，没有故事性的事件与人物，是不具普遍的社会性的，对于社会性的人文科学来说是不具有更大意义的。其结果便是梗阻了事业与社会的融通和交流，因此也就不会有社会认知度。

正是由于文者的实践，笔者在相当长的一段时间里始终思考着 50 年来对海洋事业的亲闻、亲见和亲历，直至熟悉的海洋界曾经发生的许多重大的事与人的存在与关联，说到底就是关注和思考鲜明的主题下社会性的内在与外在的相互联系，今日之海洋与社会的关联，社会与海洋人的关联。一番思考过后，想起在 20 世纪 80 年代到老作家峻青家里做客时，峻老曾对笔者说过的一番话。他说：你成年累月在海上工作，每天都要面对大海，生活在大海之中，时间长了，自然就习以为常，会自认为眼之所及便是整个社会或世界，因而产生了审美疲劳。这时你会对大海感到漠然，而失去冲动，缺失震撼是无法产生激情的，而缺少激情是写不出好文章和好作品的。

今天想来，峻老的话指出了长期从事某一项工作的习惯性思维定式和对身边客观事物存在反映的愚钝、麻木，甚至是认知的疲劳。由此笔者想如果不超越这种定式，若想赋予事业以浓厚的文化内涵，这种定式往往将会成为思维与写作的障碍和瓶颈。

不是吗？当今天我们提笔时，对于祖国的海洋大业在事过境迁之后，很难把过去的人和逝去的岁月相融合，重现那曾经的火红年代，而无法演绎那激情燃烧岁月里的活剧。算来始于近代的中国海洋事业，从 20 世纪 20 年代到今天还不足 100 年，海洋文化的缺失不能不说是一种莫大的遗憾！这种遗憾的核心是什么？是否应该深刻地认识是文化与人学的缺失，说到底是文化自信的缺失？

这是一种思考，更是一种自我的再认识。

建设海洋强国，我们要思考什么，要自我再认识什么？

《经济学人》说："人类已经进入 21 世纪，推动社会进步的思想却变得贫乏。如果社会没有任何进步的话，那你所得到的就是别人失去的，只有具备朝着平等和自由等理想进步的力量，整个社会才能免于走入伪善和自欺的危险境地。"对于现代社会而言，推动进步的力量主要有以下几类：一是科学。它具备改变世界的能力，但从社会进步的角度而言，科学需要精确的管理，以免其潜在破坏力释放出来。二是经济发展。但即使是资本主义最坚定的辩护者都认为，只有法制的束缚才能让其释放出能量推动社会进步而不造成危害。三是社会道德层面对于思想领域风向变化的敏感性，以及如今所说的"社会治理"——由法律和社会制度所构成的民主制度。这两者配以科学和经济等物质上的推动力，才能有力地促进社会和思想层面上的进步。

显然，后两者对现代社会日显重要。

海洋事业需要进步与发展，海洋事业同样需要历史，需要历史经验，更需要文化自信和正确思想的传承。

李明春

2017 年 5 月 1 日于青岛